环保公益性行业科研专项经费项目系列丛书

化学工业园生态化改造与规范化管理

张龙江　钱　新　编著

中国环境出版社 · 北京

图书在版编目（CIP）数据

化学工业园生态化改造与规范化管理/张龙江，钱新编著. —北京：中国环境出版社，2015.12
（环保公益性行业科研专项经费项目系列丛书）
ISBN 978-7-5111-2373-2

Ⅰ. ①化… Ⅱ. ①张…②钱… Ⅲ. ①化学工业—工业园区—生态化—环境管理 Ⅳ. ①X321.2

中国版本图书馆 CIP 数据核字（2015）第 282872 号

出 版 人 王新程
策划编辑 丁莞歆
责任编辑 黄 颖 曹靖凯
责任校对 尹 芳
封面设计 宋 瑞

出版发行 中国环境出版社
（100062 北京市东城区广渠门内大街 16 号）
网 址：http://www.cesp.com.cn
电子邮箱：bjgl@cesp.com.cn
联系电话：010-67112765（编辑管理部）
010-67175507（科技标准图书出版中心）
发行热线：010-67125803，010-67113405（传真）
印 刷 北京中科印刷有限公司
经 销 各地新华书店
版 次 2015 年 12 月第 1 版
印 次 2015 年 12 月第 1 次印刷
开 本 787×1092 1/16
印 张 15.25
字 数 328 千字
定 价 52.00 元

总　序

我国作为一个发展中的人口大国，资源环境问题是长期制约经济社会可持续发展的重大问题。党中央、国务院高度重视环境保护工作，提出了建设生态文明、建设资源节约型与环境友好型社会、推进环境保护历史性转变、让江河湖泊休养生息、节能减排是转方式调结构的重要抓手、环境保护是重大民生问题、探索中国环保新道路等一系列新理念新举措。在科学发展观的指导下，"十一五"环境保护工作成效显著，在经济增长超过预期的情况下，主要污染物减排任务超额完成，环境质量持续改善。

随着当前经济的高速增长，资源环境约束进一步强化，环境保护正处于负重爬坡的艰难阶段。治污减排的压力有增无减，环境质量改善的压力不断加大，防范环境风险的压力持续增加，确保核与辐射安全的压力继续加大，应对全球环境问题的压力急剧加大。要破解发展经济与保护环境的难点，解决影响可持续发展和群众健康的突出环境问题，确保环保工作不断上台阶出亮点，必须充分依靠科技创新和科技进步，构建强大坚实的科技支撑体系。

2006 年，我国发布了《国家中长期科学和技术发展规划纲要（2006—2020 年）》（以下简称《规划纲要》），提出了建设创新型国家战略，科技事业进入了发展的快车道，环保科技也迎来了蓬勃发展的春天。为适应环境保护历史性转变和创新型国家建设的要求，原国家环境保护总局于 2006 年召开了第一次全国环保科技大会，出台了《关于增强环境科技创新能力的若干意见》，确立了科技兴环保战略，建设了环境科技创新体系、环境标准体系、环境技术管理体系三大工程。五年来，在广大环境科技工作者的努力下，水体污染控制与治理科技重大专项启动实施，科技投入持续增加，科技创新能力显著增强；发布了 502 项新标准，现行国家标准达 1 263 项，环境标准体系建设实现了跨越式发展；完成了 100 余项环保技术文件的制修订工作，初步建成以重点行业污染防治技术政策、技术指南和工程技术规范为主要内容的国家环境技术管理体系。环境科技为全面完成“十一五”环保规划的各项任务起到了重要的引领和支撑作用。

为优化中央财政科技投入结构，支持市场机制不能有效配置资源的社会公益研究活动，“十一五”期间国家设立了公益性行业科研专项经费。根据财政部、科技部的总体部署，环保公益性行业科研专项紧密围绕《规划纲要》和《国家环境保护“十一五”科技发展规划》确定的重点领域和优先主题，立足环境管理中的科技需求，积极开展应急性、培育性、基础性科学研究。“十一五”期间，环境保护部组织实施了公益性行业科研专项项目234项，涉及大气、水、生态、土壤、固废、核与辐射等领域，共有包括中央级科研院所、高等院校、地方环保科研单位和企业等几百家单位参与，逐步形成了优势互补、团结协作、良性竞争、共同发展的环保科技“统一战线”。目前，专项取得了重要研究成果，提出了一系列控制污染和改善环境质量技术方案，形成一批环境监测预警和监督管理技术体系，研发出一批与生态环境保护、国际履约、核与辐射安全相关的关键技术，提出了一系列环境标准、指南和技术规范建议，为解决我国环境保护和环境管理中急需的成套技术和政策制定提供了重要的科技支撑。

为广泛共享“十一五”期间环保公益性行业科研专项项目研究成果，及时总结项目组织管理经验，环境保护部科技标准司组织出版“十一五”环保公益性行业科研专项经费项目系列丛书。该丛书汇集了一批专项研究的代表性成果，具有较强的学术性和实用性，可以说是环境领域不可多得的资料文献。丛书的组织出版，在科技管理上也是一次很好的尝试，我们希望通过这一尝试，能够进一步活跃环保科技的学术氛围，促进科技成果的转化与应用，为探索中国环保新道路提供有力的科技支撑。

中华人民共和国环境保护部副部长

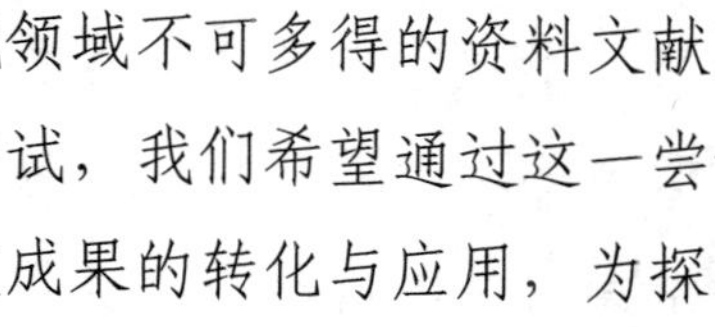

2011年10月

目　录

第 1 章
生态工业园与工业园生态化改造相关理论与研究进展

1.1 生态工业园概念

1.1.1 基本概念及特征

1992 年，美国 Indigo 发展研究所 Ernest Lowe[1]教授首次提出了生态工业园（Eco-industrial park，EIP）概念，随后其他学者也对生态工业园进行了定义[2, 3]。目前较为统一定义为：生态工业园是继工业园和高新技术园之后的第三代工业园，是目前工业园的最高级形态，是生态工业的重要实践形式。它是由自然、工业和社会构成的一个区域性系统，系统成员依据循环经济理论、生态学原理及清洁生产要求设计建立的一种新型工业园区，通过成员之间的副产物和废物的交换、能量和废水的逐级利用、基础设施的共享来实现园区在经济效益和环境效益的协调发展，具有横向耦合性、纵向闭合性、区域整合性和结构柔性等优势，是区域层面循环经济的表现形式和具体实践。尽管生态工业园的定义不一，但都是将生态环境保护和可持续发展思想渗透到工业体系的建设和运行之中。

Ernest Lowe[1]指出，生态工业园最本质的特征在于企业间的相互作用以及企业与自然环境间的作用。对生态工业园的主要描述是系统、合作、相互作用、效率、资源和环境，这些显然是传统工业园难以同时具备的。

1.1.2 基本类型

纵观国内外各生态工业园，各工业园都是因地制宜，各具特色，并没有一个统一的发展模式。目前，生态产业园有以下几种分类：① 按照建设的起点可分为全新规划型与现有改造型；② 按照产业结构不同可分为核心企业型、共生型和嵌套共生型；③ 按照行业组成不同可分为行业型生态工业园、综合型生态工业园和静脉型生态工业园等类型；④ 按区域位置可分为实体型与虚拟型。

1.1.3 工业园生态化改造

改革开放以来，我国已建和在建的开发区、高新区等各类工业园 9 000 多个，其中国家级工业园和高新技术开发区有 100 多个。但各类在建的生态工业园仅 29 个，已建成的生态工业园仅 21 个（截至 2011 年 1 月）。我国工业园基本上是依靠廉价的土地和优惠的政策起步和发展的，经济发展粗犷，资源浪费严重，以牺牲环境为代价。经过 20 多年的建设，这些工业园已初具规模，有些园区已经成为当地的工业基地。随着国家环境保护力度的加大，园区建设如果重复以前的老路，资源消耗大而且不利于环境管理，困难重重。在原有园区的基础上改造重构（即生态化改造）无疑是一种行之有效的方法。

工业园生态化改造，是指现有工业园的基础上按照产业生态学、循环经济、清洁生产的理念进行生态化的改造，建立工业系统“生产者—消费者—分解者”的循环途径和食物链网，采用废物交换、清洁生产等手段，通过不同企业或工艺流程间的横向耦合及资源共享，实现产品和副产品的信息共享与交换，最终实现园区在经济效益和环境效益的协调发展。

1.2 生态工业理论基础

1.2.1 开发区发展的相关理论与实践

1.2.1.1 开发区发展理论

国外开发区发展的理论依据主要有马克思的“规模经济理论”，讨论分工与协作利益的关系，还有取决于当地企业之间既竞争又合作的关系集合的“企业集群理论”，其中有代表性的有韦伯的“产业集聚理论”，从工业区位论角度对产业集聚进行深入研究；佩鲁的“增长极理论”，强调投资在推动性工业中，通过与其有投入产业联系的工业而导致全面的工业增长，与经济开发区的关系更为直接、更为密切；熊彼特的“创新理论”，是通过建立一种新的生产函数或供应函数，在生产体系中引进一种生产要素和生产条件的组合[4]。

国内开发区发展理论主要是以科学发展观指导国家级经济技术开发区和国家高新技术产业开发区两类开发区定位、功能特色及空间演变、发展模式为特征。区域发展的“梯度论”把工业生产生命循环阶段理论引用到区域经济学中，产生了区域经济梯度转移论。

“智能园建设理论”是郑州经济技术开发区的新探索，它结合理论研究和实践探索，在借鉴国内外关于经济技术开发区理论研究成果的基础上，指出建设智能化园区是中国经济技术开发区未来发展的方向。“生态工业园建设理论”主要研究包括在总结国内外生态工业园的理论和实践成果基础上，对生态工业园规划的理论框架、系统设计、园区集成方法和园区景观生态规划进行了系统阐述，并进行实证分析[5]。在“以经济和环境为优化目标的过程集成智能方法”的研究中，开展生态工业系统集成方法的研究与若干生态工业园的规划和建设工作[6]。探讨生态工业园的生态环境规划问题，提出了工业园生态环境分析与评价方法[7]。以常熟市国际工业园为例，在区域生态调查的基础上，就生态工业园的土地适宜度和生态敏感性两方面提出土用地评价方法[8]。国家生产中心对生态工业园的评价指标体系进行了系统研究，提出指标评价体系的设计原则和评价内容[9]。

1.2.1.2　国内外开发区发展实践

国外经济开发区的概念较为宽泛，通常又称为经济自由区，其设置目的主要是在交通发达地区和港口划出特定的区域，并通过特殊政策，以达到发展贸易、增加财政收入、创造就业机会、引进技术管理经验的目的，从而实现经济发展和繁荣。回顾世界经济开发区的发展历史，世界经济开发区大体经历了一个由单一功能向综合功能、由低层次向高层次方向逐步发展的过程，即从单一的贸易功能（自由港或自由贸易区），向工业、贸易双重功能（出口加工区），再向具有多种功能（综合型经济特区）不断发展完善的过程。20 世纪 90 年代以后国外积极开展了生态工业园的实践。20 世纪 70 年代初建立的卡伦堡工业园，经过几十年不断发展，已成为国际生态工业园的典范。在美国，有近 20 个生态工业园；在加拿大、日本和德国，很早就开始生态工业园的规划建设；泰国、印度尼西亚、菲律宾、南非等发展中国家，也正积极兴建生态工业园。总的来看，国外研究视野开阔，理论研究和应用研究并行，并开始出现了注重案例分析、规划实践和发展对策研究的新趋势。

国内经济技术开发区是在经济特区成功经验的基础上设立的，对开发区的研究内容涉及发展和运作模式、发展评估、体制和制度变迁、区位选择与发展布局、空间创新等，偏重于描述性和实证性研究。2001 年以后，共建成了 54 个享受国家经济技术开发区政策的园区。

1.2.2　工业循环经济理论与方法

1.2.2.1　工业循环经济相关理论

（1）循环经济与生态工业

2005 年 10 月我国通过的《国民经济和社会发展第十一个五年规划》标志着在我国循环经济思想已从一种学术理论和一般实践上升为一种国家战略。国外对循环经济的研究较为具体，更多的是侧重于微观层面的实证研究，可以将其总结为关于生态产业物质流分析、生态效率评价以及关于环境治理，特别是垃圾治理研究两个方面。国内研究还大多是在相关概念及发展原则和方式上的比较和借鉴，而对循环经济的理论分析不深也不够全面，相关的理论论证和定量分析就更少。国外提出的投入产出模型是定量化研究的主流，通过与其他方法结合并在区域做了实证研究，这给研究区域循环经济发展提供了思路：建立基于不同层次的生态调控模型，用多方法结合的综合集成管理解决系统管理问题。

1）发展模式选择

随着循环经济理念逐渐被人们接受，经济发展模式正在由线性经济转向循环经济，人类社会正处于线性经济向循环经济的转型期。循环经济倡导的是一种建立在物质不断循环利用基础上的经济发展模式，循环经济发展模式表现为“两高两低”，即低消耗、低污染、高利用率和高循环率，是符合可持续发展原则的经济发展模式。国内的循环经济已从思想层面转向实践，辽宁省提出实施循环经济省计划，在小循环、中循环、大循环以及废物处置和再生产业四个层面全面推进循环经济。循环经济型生态城市建设模式：2004 年贵阳市发布了《贵阳市循环经济型生态城市建设规划》；南京、天津等城市提出建设循环经济型生态城市试点；广西贵港工业园、广东南海工业园、山东烟台经济技术开发区、山东潍坊滨海经济技术开发区、山东鲁北工业园、辽宁大连开发区、新疆石河子分别开展了生态工业、循环经济的试点。

国际社会积极回应，发达国家走在了循环经济的前列。循环经济立法：德国在废弃物处理方面，建立了配套的法律体系；日本更是建立了循环社会的法律，从三个层面制定了基本法、两个综合性法律、5 个产品性质的具体法律法规。循环经济政策支持：多角度的政府奖励政策、税收优惠、政府优先购买、收费政策、征税政策。健全的社会中介组织：德国的双轨制回收系统，又称 DSD 模式；日本的回收情报网络，通过沟通信息、调剂余缺推动减量化；加拿大的中介活动，美国的社区协调中介机构。鼓励公众参与：世界环境政策的演变已经到第三代，第三代是在完善政府和企业作用的基础上要求实行信息公开，其实质是实现公众监督和企业的自律，需要公众的参与意识和参与能力的提高。运用各种手段和舆论传媒加强对循环经济的社会宣传：日本尽量减少废物发生，引导环保消费、教育市民和单位减少浪费、增进反复利用意识。

全球增加的人口及其对物质资料需求的刚性增长，使人们在创造和享受工业文明成果的同时，最大限度地减轻工业发展的负面影响，从而实现经济的持续增长和人与自然的和谐相处。经济学家和工业界对工业的发展模式进行了大量的探索，工业循环经济模式作为一种可持续发展模式走上历史舞台。

2）生态工业模式

中国循环经济发展目标，应建立一个“321”模式：“3”包括生态工业体系、生态农业体系、生态服务业；“2”指生产和消费两大领域；“1”指废旧资源再利用和无害化处置产业链。在工业循环经济理论研究和具体实践中，通常用“生态工业”这种表述，其中生态工业体系是应用现代科学技术所建立和发展起来的一种多层次、多结构、多功能的变工业排泄物为原料，实现循环生产、集约经营管理的综合型工业生产体系。与工业生态学理论的结合是循环经济发展的新趋势。

工业生态学理论和实践提倡以系统的观点看待工业生产与物资循环，鼓励企业之间的相互合作，将副产品作为资源在企业之间交换，从而减少工业产生的污染。生态工业是仿照自然界生态过程物质循环的方式来规划工业生产系统的一种工业模式，在生态工业系统中各生产过程不是孤立的，而是通过物料流、能量流、信息流互相关联，一个生产过程的废物可以作为另一个过程的原料加以利用，生态工业追求的是系统内各生产过程从原料、中间产物、废物到产品的物质循环，达到资源、能源、投资的最优利用。

20 世纪 90 年代以来，各国学者和政府在实施可持续发展战略的过程中清醒地认识到，当代资源环境问题日益严重的根源在于工业化运动以来以“高开采、低利用、高排放”（所谓“两高一低”）为特征的线性经济模式。从物质流动和表现形态角度看，传统工业社会的经济是一种“资源—产品—污染排放”单向流动的线性经济。线性经济通过把资源持续不断变成垃圾的运动，通过反向增长的自然代价来实现经济的数量型增长。与此不同，循环经济倡导的是一种与地球和谐的经济发展模式。它要求把经济活动组织成一个“资源—产品—再生资源”的反馈式流程。所有的物质和能源能在经济循环中得到合理和持久的利用，从而把经济活动对自然环境的影响降低到最低水平。

循环经济是一种善待地球的经济发展新模式，它要求划分在生产和消费活动中倡导新的行为规范和准则。3R 原则，即减量化原则（Reduce）、再利用原则（Reuse）、再循环原则（Recycle），是实施循环经济战略思想的基本指导原则。循环经济研究相关技术方法包括：

对经济系统进行物流分析。循环经济的生态经济效益最终体现在经济系统的物流变化上，该系统应尽可能大幅度地减少资源输入流，并大幅度地减少废物输出流，同时尽可能地使资源的使用限度发挥到最大。

运用生命周期理论进行评估。生命周期评估（Life Cycle Assessment）要求从物质和能源的整个流通过程（开采、加工、运输、使用、再生循环、最终处置 6 个环节）对系统的资源消耗和污染排放进行分析，从而得到整个系统的物流情况和环境影响，由此评估系统的生态经济效益。因此，不能简单地认为某种天然物品替代了人工物品就是有利于环保的，必须从整个系统过程进行分析和评价，从而得出正确的观点。

中国将循环经济作为解决制约经济发展的资源环境问题手段，进行了数年的研究与实践，目前尚存在两个突出矛盾。一是政府制定宏观政策与贯彻执行缺位的矛盾。由于国内大部分地区尚在探索构建循环经济的系统，特别是法规与标准、激励与惩罚等手段的不完善导致企业执行主体缺乏实施循环经济的动力。二是循环经济概念引用多与适用技术运用少的矛盾。循环经济涉及经济学、社会生物学、化学、物理学及生产技术等多个学科和领域，学者普遍强调循环经济作为一种环保理念的含义及其在解决生态问题中的意义，对适用技术的研究较少。

（2）清洁生产理论

企业清洁生产作为生态工业重要层次之一，组织企业内部物料循环是循环经济在微观层次的基本模式。这方面的典型事例是化学制造业的龙头老大——杜邦化学公司。为改善人类生存和生活条件，人类最初实行了末端治理，现在已经成为经济可持续发展的严重障碍。国内外污染防治的经验证明，清洁生产是工业污染防治的最佳模式和有效途径。清洁生产的优势是经济效益和环境效益的统一，末端治理是清洁生产的补充，是清洁生产的最后环节。

联合国环境规划署和我国在《清洁生产促进法》中定义了清洁生产，其内涵包括清洁的能源、清洁的生产过程、清洁的产品。我国已在各行业大力推进实施清洁生产，并开展了清洁生产审计。目前审核的重点在企业，清洁生产审计是企业实施清洁生产的重要内容和有效工具，是对企业现在和计划进行的二业生产实行污染预防的分析和评估。各企业可以了解自己的生产情况，结合物质消耗，污染排放强度及其行业特点，挖掘企业自身生态化潜力内容，推进清洁生产审计。可为管理部门提供反馈信息，加强监督。

（3）生态工业发展载体——生态工业园

生态工业园是生态工业的具体实践。单个企业的清洁生产和厂内循环具有一定的局限性，而生态工业园就是要在更大的范围内实施循环经济的法则。它把不同的企业联结起来形成共享资源和互换副产品的产业共生组织，使得一家工厂的废物成为另一家工厂的原料和能源。丹麦卡伦堡是目前世界上工业生态系统运行最为典型的代表。

生态工业园模式的研究尚处于开拓创立阶段，是建立在不同建设类型的基础上，具有稳定性、典型性、超前性特点。国内外生态工业园模式主要有：两种工业共生模式；体现能流、物流循环的核心工业模式；企业内部小循环模式；以对环境友好为目的的模式。国内大多数工业园，仅仅简单地把工厂集中，有些地方，工业园甚至成为集中污染的特区。2007 年 6 月，国家环保总局在对 11 个省 126 个工业园检查中，发现有 110 个存在违规审批、越权审批、降低环评等级和“三同时”不落实等环境违法问题。国际上，生态工业园已经通过实现循环经济，较好地解决了“集中排污”问题。其中美国查塔努加市作为全美钢铁制造业中心，政府运用生态工业学原理构建产业链，实现了物质闭路循环，建成世界上第一个“零排放”的工业园[10]。

生态工业发展模式研究应将物质流动和物质集成为重点，关键要做好区域重点行业和核心企业的管理，使物质流动和集成模块化、科学化、理论化。借鉴国内外生态工业园优秀模式，建立和谐、统一、独具特色的运作模式。构建的技术方法主要包括：工业现状调查评价，综合评价，区域总体现状评价及潜力分析，系统集成与要素流动分析，生态工业模式优化设计与分析。

此外，博弈论（Game Theory）对于经济活动中具有策略依存性的策略选择问题的应用研究也在扩大。博弈论也称为对策论，是研究决策主体的行为发生直接相互作用时的决策以及这种决策的均衡问题，即一个主体（可以是一个人或一个组织）面对一定的环境条件，按照一定的规则，同时或先后，一次或多次，从各自允许选择的行为或战略中进行选择并加以实施，各自取得相应结果的过程。国内应用领域广泛，博弈论在构建生态产业链中的应用如陈瑾瑜、王朝全[11]分析了上下游企业及政府部门在构建生态产业链问题上的不同利益动机及博弈行为；孙国栋[12]从产业链成员企业间利益合理分配的角度研究了产业链的稳定性问题。因此，基于系统管理的开发区综合管理，有来自多方面利益主体的平衡决策问题，考虑资源优化配置方案及应急动态管理，实现协同运作管理。

1.2.2.2　循环经济发展调控方法

（1）企业层面的清洁生产管理方法

清洁生产将企业环境保护与经济发展联系于一体，取得了明显的环保效果，并迅速从发达国家传播到发展中国家，但以企业个体为对象的清洁生产，仅能将工业企业的环境影响缩小到一定的限度，工业集中区环境依然是高风险区。

按照现有综合类生态工业园标准，具体园区生态化用企业物质减量，污染排放减量指标进行清洁生产相对效率评价，评价结果能确定园区推行清洁生产的近期、中期、远期方案，成为园区筛选清洁生产企业的标准。进行清洁生产相对效率评价，可以为企业提供一个将自身纳入园区循环经济发展的重要手段。还可以引进特征指标，比如生态网络指标、结构柔性、耦合度指标；引入具体综合评价方法，比如灰色聚类法、灰色关联度、模糊推理法；实行基于 DEA 的园区企业相对生态效率评价的实践。

（2）园区层面的产业组分管理方法

产业生态化作为获取和维持可持续发展的一种实践手段，旨在倡导一种全新的、一体化的循环模式。人类产业经济系统包括经济成分或经济利益的多样性。多样性可以看作自然生态系统延续演化的关键，参照自然生态系统，产业系统多样化有益于产业生态化，极大提高了系统稳定性。生态工业园模式对产业生态系统的组成、功能结构、规模竞争、发展演化产生了重要影响。

现有工业园研究主要集中在区域物质流分析和生态效率评价，强调效率提高，而开发区功能的升级依赖于结构优化。生态效率高的不完全是稳定、成熟的产业共生系统，由于系统生态化研究欠缺，因此可以通过分析产业生态系统组分、结构多样性，评价系统功能的优劣，指导开发区产业生态网络的稳定、持续发展。生态工业园评价落后于生态工业园建设，主要采用区域与国内外类似地区类比分析法。从评价应用对象上，更多的是对可持续发展或区域循环经济的评价，完全针对生态工业园的评价不多。

（3）区域层面的生态工业系统管理方法

在现代工业的发展过程中，人们将制造更多物质产品称作“效率”，这种效率使得经济规模越来越大。将生产技术革新带来的物质利用及污染治理效率最大化的生态效率作为系统设计目标，忽视了一系列环境综合管理问题，特别是以工业为主导产业的经济技术开发区生态工业网管理问题已成为地区发展的“瓶颈”。开发区生态工业管理目前主要有基于基础数据库的信息管理系统，这已远远不能适应工业循环经济的发展，为了发展循环经济，实现系统效率，必须对开发区综合调控系统进行战略管理，以提高整体系统功能。开发区的产业升级仅仅依靠物质利用效率提高已远远不够，急需进行开发区层面的生态工业管理系统调控。循环经济决策支持系统的建设是实现这一过程的途径之一。

如何才能建立一个生态工业系统，国外已有实践经验说明，关键是企业间的相互合作，建立园区内企业间便捷沟通的信息网络是其中的重要一环；通过信用评级等方式披露企业信息并进行监管，促进企业间良性合作的作用；相关技术研发和基础设施的完善都是国外生态工业园顺利运行的重要条件。

近年来，运用系统动力学（SD）模型进行区域研究成果逐渐增加，它集系统论、控制论和信息论为一身，融汇了组织管理理论的精髓，并采用计算机模拟技术，对于认识和处理高阶次、非线性、多重反馈的时变系统是一种极为有效的工具。系统动力学模型应用于区域经济可持续发展研究、城市开发新区社会经济发展战略研究、生态工业园水资源系统的仿真研究不断增加。因此，基于开发区产业系统特征，针对开发区的综合管理需求，结合 SD 在区域研究中的优势建立开发区生态工业管理系统的动态模型，能通过调整重要的有良好相互关系的系统变量，对开发区可持续循环经济发展情景的不同决策进行实验，最终服务于 DSS。

1.2.3 产业生态学理论与方法

产业生态学（Industrial Ecology）自 1989 年提出概念，众多学者从学科发展角度、系统理论、产业生态学存在的意义和价值、研究的目标和意义等多个方面提出其定义。1989 年 9 月，美国哈佛大学教授 Robert Frosch 和 Nicolas Gapllopoulos 发表了题为《可持续工业发展战略》的文章，首次提出了“产业生态学”的概念。国内也涌现出了众多研究生态工业和生态工业园的专家和学者。产业生态学是站在资源瓶颈和环境约束的角度审视人类生产活动与其依存的资源和环境之间关系的一门新兴交叉学科，从产品生命周期角度出发，主要是研究企业行为、企业之间关联、产业与其依存环境的关系，目的在于认识和优化这种关系，从而实现人类生产活动的高效性、稳定性和持续性[13]。

产业生态学相关技术方法包括：① 工业代谢。工业代谢是产业生态学在发展初期普遍采用的分析方法，它既用于具体生产工艺过程中各种输入和输出的平衡分析，也用于某一地区、某一国家甚至全球范围内各种工业流的系统分析。② 物质流分析。该方法将经济系统的物质流动分为输入量、输出量和储存量三部分，根据质量守恒定律，一定时期内经济系统的物质输入量应等于物质输出量和储存量之和。物质流的分析旨在分析一个国家或地区社会、经济活动背后的生态包袱和环境压力，同时提出缓解这种压力的途径。③ 生态重组（eco-restructure）。是指按生态学方式对工业系统进行重组，推动工业体系演进的战略，其本质就是按照自然生态学原理和自然生态系统运行方式来调整人类的活动。④ 生态工业园建设。生态工业园主要有以下基本建设途径：能源、原材料、水的相互交换；基础设施共享；物流、人流的联合运输；园区废物联合收集和运输；节省空间；提高设施的生态效率；服务设施的共享。

生态工业园是生态工业和产业生态学的重要实践形式，也是工业园区发展的高级形式。2006 年国家环保总局发布了《行业类生态工业园标准（试行）》（HJ/T 273—2006）、《综合类生态工业园标准（试行）》（HJ/T 274—2006）和《静脉产业类生态工业园标准（试行）》（HJ/T 275—2006），用于三类国家生态工业示范园区的建设、管理和验收。2007 年 4 月 3

日，国家环保总局发布了《关于开展国家生态工业示范园区建设工作的通知》(环发[2007]51号)。

1.2.3.1　产业共生理论

产业共生（industrial symbiosis）起源于人们对自然界生物共生概念的思考。生态学中的“共生”指的是由于生存的需要，两种或多种生物之间必然按照某种模式互相依存和相互作用生活在一起，形成共同生存、协同进化的共生关系。随着产业开发活动规模的扩大，产业活动给自然生态系统造成的冲击已经成为经济活动不可忽视的一部分。产业共生是一定地域范围内的企业为了提升竞争优势而在资源节约利用和环境保护方面进行合作的一种经济现象。产业共生体系是一定地域范围的企业间共生关系的集合。从本质上讲产业共生是生态产业体系中企业的一种优化组织形式，尤其是企业与企业之间在环境保护方面的合作机制。

产业共生网络是为追求整体上综合效益的最大化而彼此合作形成的企业及企业间关系的集合，是构成产业共生体的必要条件和核心内容。产业共生网络及依存环境（资源禀赋、制度安排、技术进步等）所构成的整体即为产业共生体系，产业共生研究的一个重要内容就是发现演化规律，指导现实中的产业共生体系设计和优化调控。

目前产业共生体系的演化路径一般用结构变化来表征，而体现结构变化的典型指标就是产业共生关系变化。目前主要研究包括从产业共生网络中企业的环境责任和形成流程来解释产业共生网络的形成机制；构建产业共生网络运营成本模型，得出包含各种变量的系统运营费用调控函数；提出基于技术可行性，经济可行性，社会、环境可行性的三位一体解析框架；由于新的研究发现产业共生体系演化除受市场竞争、资源禀赋、技术进步等要素影响，同时受制度安排、环境支撑、产业配套和产业基础等要素影响，要提出新的产业共生体系演化路径分析框架。

1.2.3.2　产业生态系统分析方法

（1）产业代谢分析

产业代谢分析遵循的基本原理是质量守恒定律，其基本构成要素包括物质、过程、流量和流速；量化指标包括物质的再循环利用率、物质生产率。产业代谢分析的对象可以是某一元素或某一类物质；从研究层次上，分析的单元可以是某一企业或地理区域；从空间层次上，产业代谢可应用于一个国家或城市。

国内有研究将不同范围的物质代谢分为基于通量的物质流分析（MFA）和基于单一物质的物质流分析（SFA），两种方法针对的物质对象不同。其中 MFA 主要研究经济系统的物质输入与输出，还有产业部门物质流分析和产品生命周期评价。评价指标包括输入输出指标、消耗指标、平衡指标、强度和效率指标、综合指数。物质流分析方法利用投入—产出平衡表分析方法，对整个系统的物质流动状况进行分析，得到了简单的环境压力和可持续性程度的示踪指标。SFA 主要包括物质、过程、库存与流四个要素，研究重点是物质从经济系统向环境系统的排放。其主要应用于污染物迁移路径追踪及环境影响分析，战略性资源生命周期代谢分析，物质的社会库存量分析。

（2）生命周期评价

生命周期评价（LCA）是一种用于评估或评价产品或服务生命周期过程中产生的环境影响的工具，一种全新的并适应可持续发展战略要求的环境管理模式，也成为产业生态学的主要理论基础和分析方法。国际环境毒理学和化学学会（SETAC）和国际标准化组织（ISO）对 LCA 的定义及技术框架进行了研究；国内也相继发布相关 4 个国家标准，2008 年国家颁布生命周期评价的原则与框架、要求与指南，并予以实施。特别是 ISO 14000 环境管理标准中产品评价的核心。

生命周期评价的目的主要有量化并评价某种产品或工艺的环境影响，从而帮助决策者选择方案；为评价系统的潜在环境影响提供依据。它是“面向产品环境管理”的重要支持工具，主要应用领域有工业企业部门和政府环境管理部门。它的技术框架分为目标和范围定义、清单分析、影响评价和结果解释 4 部分。

（3）生态效率环境管理

生态效率（eco-efficiency）是一种全新的环境方式，是实现可持续发展的一个整合性理念，使得“影响最小化，价值最大化”。经济合作与发展组织（OECD）生态效率管理的经验推动了国内的相应研究。

生态效率指标是一种相对的指标，是一种衡量自然生态资源的使用和各种经济活动之间关系的方法体系。其中工业生态效率指标的内容包括能源强度指标、原材料强度指标和污染物排放指标。生态效率的测度方法主要是采用经济价值与环境影响比值，目前应用生态效率分析方法主要在企业、行业、产品和区域等层面展开。

1.2.4 系统理论与方法

1.2.4.1 复合系统协调发展理论

（1）复合系统的协调发展

20 世纪后半叶，在自然科学和工程技术领域出现了“复杂性”（compliexity）、“复杂自适应系统”（complex adaptive systems）。国外复合系统协调发展的研究始于 20 世纪 30 年代的环境与经济协调发展。目前面对日益严重的、全球的生态环境问题，人类不得不重新选择经济发展模式，考虑经济以什么方式增长能在资源环境约束下有助于社会福利的进一步增加这一问题。1990 年 Norgard 提出了协调发展理论，认为通过反馈环在社会与生态系统之间可以实现共同发展。其后出现了将 Leontief（里昂惕夫）的投入产出模型应用于经济行为和环境的相关性的研究，投入产出扩展模型应用于环境约束下的经济政策分析。直至可持续发展的提出才真正开始复合系统协调发展的定量研究，研究重点从环境经济的协调发展扩展到社会、经济、自然环境的协调发展，涉及人口、经济、能源、资源、生物多样性各个方面。

国内以区域人口经济发展（population resouras environment development，PRED）系统为主要研究对象，集中研究协调发展的内涵和定量化研究。具体内容包括：人地关系理论是区域持续发展的理论基础的观点；以区域“人—环境系统是自组织系统”为出发点，建立区域经济—环境系统的非线性演化模型；在分析区域 PRED 之间关系的基础上，基于灰色系统理论建立了区域可持续发展的判别模型和协调度计算公式，定量分析了协调关系标准；建立了“流”的协调管理模型。从系统动力学的角度来研究复合系统[14]。可持续发展系统的协调性研究包括建立了基于目标规划的 PRED 系统多目标综合集成模型。开放的复杂巨系统中各层次子系统及其自身系统的协调发展决定了可持续性，因此，在考虑复合系统的复杂性、动态性时，宜采用定性分析与定量分析相结合的综合集成方法，并借助计算机将有关的数据信息、定性认识、专家意见、数学模型有机结合在一起。

（2）复合系统诊断预警

如何评价复合系统的可持续发展程度，目前主要从正面对系统静态特征进行评价，但实际上复合系统演化是一个动态过程，所以用诊断预警对系统进行定量研究。诊断预警是围绕被研究对象的发展动态所展开的一整套监测、评价、预测与政策选择的理论与方法体系。在充分把握系统运动状态和演化规律的基础上，测度系统的状态指数、压力指数和响应指数，诊断复合系统的可持续发展程度，并根据诊断结果对复合系统进行调控管理，以维持复合系统可持续运行状态。

以美国系统学家 Forrester 和 Meadows 为代表的系统动力学派，构筑了一个全球范围内人口增长、工业发展、环境污染、粮食生产和资源消耗等因素的世界模型，通过电算模拟和系统仿真对全球发展状况做定量预警。此外还有区域学派、资源学派、未来学派和协同学派通过对全球发展的预测和综合研究，使生态环境预警研究的理论和实践得到迅速发展。我国学者对复合系统预警理论和方法也进行了大量研究，如对三峡库区、农村生态环境的预警，对流域内工程建设、资源开发、国土整治等对生态环境造成的影响进行预测、分析与评价等。

基于系统动力学的预警研究通过 SD 仿真来调整复合系统可持续发展策略，利用 SD 模型对复合系统不同发展策略、各个规划阶段的发展变量做出预测。主要研究涉及预警法；预警指标体系；警限界定；在监测的基础上，应及时发出预警信号，以便使区域各级管理部门予以注意，并采取有效措施进行调节和控制。

1.2.4.2　系统管理理论

系统管理理论是重要的现代企业管理理论之一，重点是决策和经营。用定量和定性相结合的系统思想和方法处理大型复杂系统问题，无论是系统的设计或组织建立，还是系统的经营管理、都可以统一地看成是一类工程实践，统称为系统工程。系统工程是一门组织管理的技术。

系统工程现已有许多全球性环境问题以及城市环境保护、区域性发展战略、可持续性发展战略等列入系统工程的研究范围。循环经济研究经济—社会—自然复合生态系统，是一类极其复杂的系统工程，需要定性和定量研究相结合，常采用投入—产出模型、系统动力学模型定量模型。系统分析是系统工程的初级阶段，是系统工程的必要环节，为决策者选择一个行动方向提供可靠的依据。

（1）循环经济的系统分析

循环经济是一个复杂的巨大系统，是具有开放性的自组织系统。同时也是更加强调资源循环利用，各子系统自循环以及系统整体和谐的系统。循环经济系统具有一般经济系统的特征，最大的特点是资源的循环，循环经济系统的稳定性因素是多方面的，产业多样化、系统各组成要素的完备性以及系统的协调性都对循环经济系统的抗风险能力产生重要影响。

循环经济的系统分析主要包括：

1）循环经济系统的目标分析。主要包括论证目标的合理性、可行性和经济性；获得各个层次的目标分析结果。

2）循环经济系统的结构分析。找出构成系统的几个表征方面的规律，经济—社会—自然复合生态系统的核心在于生态综合，通过物质流、能量流、信息流、人流和价值流的运转而得以实现。

3）循环经济系统的环境分析。其中环境要素的取舍，取决于它对系统的影响程度，抓住系统输入输出有较大影响的环境因素。根据时间、空间范围研究问题划分系统范围，确定各因素的相关程度。

4）循环经济系统的要素链接分析。现实条件下的经济循环链接：资源采集—生产过程—流通领域—商品消费—废物降解再生。区别于过去社会生产能力不高、资源人口矛盾不突出的传统经济链。

5）资源循环的链接分析。资源产品链的转化主要是社会生活资料和生产资料的生产过程，同时也是物质和能量的循环转化过程。资源产业循环理论有利于建立独特的资源产业循环系统。

（2）系统管理的主要内容

系统管理学派认为组织是一个由相互联系的若干要素所组成、为环境所影响并反过来影响环境的开放系统；组织不仅本身是一个系统，又是更为广阔的社会系统的一个分系统，它在环境的相互影响中取得动态平衡；组织从外界环境接受能源、信息、物料等各种投入，经过转化，再以产品或劳务的形式向外界环境输出产品。系统管理理论的主要内容包括：

系统观点。把要解决问题放在系统环境中加以解决。强调对组织的整体性理解；强调开放性；强调系统性。

系统分析。指对一个系统内的基本问题，用逻辑的思维推理，科学分析的方法，在确定和不确定的条件下，找出各种可行的方案，分析对比，选出最优方案的过程。

系统管理。以人为中心；以目标为中心；以责任为中心；以系统为中心，整个系统最优而不是局部最优。

系统管理理论的理论基础是系统科学，而系统科学在进入 20 世纪 90 年代后有长足发展尤其是在老三论（系统论、信息论、控制论）的基础上发展起来的新三论，即耗散结构理论协同、突变论、超循环理论和混沌理论，这些理论的新进展对系统管理理论的发展产生了新的促进作用。系统管理理论为管理者提供了一种科学思维的方法，为管理决策提供了方法依据。

系统管理理论应用于园区企业管理，系统地阐述了系统观点、系统分析、系统管理三者的关系，侧重以系统理论的术语、方法分析和考察企业的组织结构模式及各项管理职能，企业是由人、物资、机器和其他资源在一定的目标下组织的一体化系统，它的成长和发展同时受到这些组织要素的影响。在这些要素的相互关系中，人是主体，其他因素则是被动的；企业是社会这个大系统的一个子系统，它受到周围环境（包括顾客、竞争者、工会、供货商、政府等）的影响，也同时影响环境，它只有在与环境的相互作用中才能达到平衡；企业系统又是由许多子系统构成的；运用系统观点来考察管理的基本职能，可以提高管理的整体效率，有助于管理者树立整体观、发展观和系统观。

（3）系统管理遵循的原则

系统管理是以确定的系统为研究对象，把所需要研究和管理的对象作为有机组合的整体，进而采用有关系统的理论和方法，求得技术上先进、经济上合算、时间上最省的效果。将企业的经营管理当做一项系统工程来抓，将分散的专业管理作为子系统，采用科学的方法，以生产经营运动学的观点，通过对人流、物流、信息流的系统分析，以系统论、信息论和控制论为指导，合理地组织销售、技术、供应、生产、人力等管理应用系统，使企业的各种要素实现最优组合，以物美价廉的产品立足市场。

系统管理要遵循子组织要服从整体组织利益的原则；遵循明确管理责任的原则；要遵循适应性原则。系统理论认为，系统是存在于客观环境中的，并与该环境的信息在时刻交流；遵循动态性原则。系统管理理论认为所有的系统都不是静止的，是时时刻刻都在变化运动的。

（4）信息服务建设

基于高速网络，建立公共基础数据信息库信息服务；建立适应于政府决策的信息共享网络。当前，我国的信息共享层次较低，信息共享的基础保障尚未建立。包括基础数据库系统、数据分析系统、决策支持系统 3 个层次的循环经济发展信息系统的结构与功能亟待完善。

我国的信息收集与处理速度相对滞后。采用现代化的信息处理手段仅限于少数地区，而且缺乏必要的空间监测数据，在网络统计的基础上关注人类社会发展统计指标体系。建立政府信息公开制度，加强信息的集成、发布与利用。

1.2.4.3 系统动力学技术方法

（1）系统动力学认识

系统动力学（system dynamics，SD）是一种以反馈控制理论为基础，以计算机仿真技术为手段，通常用以研究复杂的社会经济系统的定量方法。适用于处理长期性和周期性的问题。如自然界的生态平衡、社会问题中的经济危机等都呈现周期性规律并需通过较长的历史阶段来观察。系统动力学创始人为美国麻省理工学院的福瑞斯特（Forrester）教授，从 20 世纪 90 年代到目前，SD 在世界范围内得到广泛的传播，并且获得新的发展，相应的研究机构有英国 Cardiff 大学物流系统动力学小组、意大利 Palermo 大学 CUSA 系统动力学小组等。园区供应链的高效取决于物流与信息流的协调，系统动力学中的物质流、信息流的概念非常有利于描述供应链问题，因此在供应链动态模拟分析与诊断，协调、优化与决策研究中是一种非常有效的方法。

构成系统动力学模型结构的主要元件包含：水平变量，对输入和输出变量（或其中之一）进行积累的变量，用“积量”（level）表示；速率变量，在水平变量方程中代表输入与输出的变量称为速率，它由速率方程求出，用“率量”（rate）表示；辅助变量，建立速率方程之前，必须附加的代数运算，用“辅助变量”（auxiliary）表示；还有流图，就是系统流图，用“流”（flow）表示。系统动力学的动态模型指出，任意按指数增长的量，以某种方式包含了正反馈回路和负反馈回路。在正反馈回路中，以致增加回路中的任何一个因素，都会引起一系列变化，结果使最初变化的因素增加的更大，负反馈回路作为系统的调节机制，其作用正好相反。

系统动力学研究解决问题的方法是一种定性与定量相结合，以定性分析为先导，定量分析为支持，两者相辅相成，螺旋上升逐步深化、解决问题的方法。按照系统动力学的理论、原理与方法分析实际系统，建立起定量模型与概念模型一体化的系统动力学模型，决策者可以借助计算机模拟技术，在专家群体的帮助下，对社会、经济问题进行定性与定量相结合的研究，并进行决策。SD 的建模过程本身也是一个学习、调查研究的过程，管理模式的变革，使那种传统的指挥型、控制型和资源组织型管理模式正逐渐转变为知识性、学习型的管理模式。基于系统动力学的管理决策方法为实现这种变革提供了思想观念上的指导以及行之有效的方法和手段。

（2）系统动力学方法特点

1）系统动力学是一门基于系统论，吸取反馈理论与信息论的精髓，并借助计算机模拟技术的交叉新学科。系统的整体性与层次性是系统动力学应用综合与分解原则研究剖析系统的理论依据。

2）系统动力学认为客观世界的系统都是开放系统。经济—社会—自然复合生态系统是具有自组织耗散结构性质的开放系统。系统内部组织部分之间相互作用形成一定的动态结构，并在内外动力的作用下按照一定的规律发展演化。

3）系统动力学要建立数学的规范模型。建立包含各种元件的方程，估计和确定各种参数，给所有方程、表函数、常数赋值。

4）系统动力学能定性与定量地分析研究系统，它采用模拟技术，以结构—功能模拟为其突出特点。从系统的微观结构入手建模，构造系统的基本结构，进而模拟与分析系统的动态行为。适于研究复杂系统随时间变化的问题。

5）系统动力学处理的是一类具有多变量、高阶次、多回路和强非线性的反馈复杂系统。复杂系统的行为往往具有反直观性、对系统内部参数变化不明感、全局与局部利益相矛盾、远期与近期利益相矛盾以及向低效益演变倾向等特征。而 SD 是建立在数字模拟技术基础上，对这类复杂系统的处理比较有效。

6）相对于计量经济学，SD 方法在数据缺乏的条件下仍可进行研究。SD 模型多重反馈环的存在使得系统行为模式对大多数参数不敏感。只要估计的参数在其宽容度内，系统行为仍显示出相同的模式。

（3）系统动力学基本思想

系统动力学的基本思想是充分认识系统中的反馈和延迟，并按一定的规则从因果关系图逐步地建立系统动力学流式图的结构模式。

“反馈”是指信息的传送和返回，系统动力学的另一个基本点是“延迟”。一般来说，原因并非立即就能产生结果，往往某个原因经过了一段时间才能作用产生了效果。回路的概念最简单的表示方法是图形。系统动力学中常用 3 种图形表示法：系统结构框图（structure diagram），用方块或圆圈简明地代表系统的主要子块并描述它们之间物质与信息流的关系；因果关系图（causal relationship diagram），普遍地用于构思模型的初始阶段，图中的因果链可标明其影响作用的性质是正的还是负的；流图（stock and flow diagram）能够用直观的形式给出数学方程信息，其基本要素包括速率变量、状态变量、辅助变量、常量、源、漏。

（4）系统动力学的建模过程

系统动力学建模过程见图 1-1，其中明确建模目的是研究问题，而不是研究整个系统。这两点是建模取得成功的先决条件。系统动力学研究所得出的策略建议，不仅来自模型的最终计算结果，而且还来自模拟过程中通过各阶段迭代所得到的认识。系统动力学研究最终应该能够提出切实可行的策略建议。因为模型只是达到目的的工具，最终的目的是提高对现实世界的认识，增加对客观规律的理解。

建模软件有 Dynamo 软件、PD（Professional Dynamo Plus）等，其中 VENSIM 是一个建模工具，可以建立动态系统的概念化的、文档化的、仿真分析和优化模型。PLE（个人学习版）和 PLE plus 是 VENSIM 的缩减版，主要用来简单化学习动态系统。它提供了一种简单富有弹性的方法从常规的循环或储存过程和流程图建立模型。

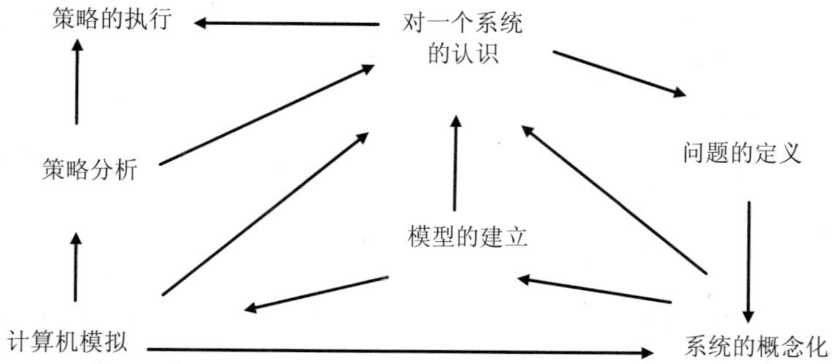

图 1-1 系统动力学建模研究步骤

开发区产业是在整个全球产业演化大环境下的区域性产业演化过程，它是一个开放而非封闭的系统，它的演化不仅受到内部因素的影响，更受到外部产业发展的影响。内外部因素形成系统动力，即产业吸引力，推动着区域产业演化。演化过程可以看做是产业绩效的动态变化过程，它随着产业吸引力变化而同向演化，即当区域产业吸引力强时，随着企业进入（新建/扩建）以及转出的调整，不断地降低学习曲线，区域内产业的绩效也就越来越高。然而，产业吸引力的增强并非是线性的，实际上是呈指数增长的形式（在某种程度上产业吸引力可以体现为 GDP 的增长，进入企业的数量）。指数增长是一种动态现象，它是各种因素以复杂方式相互作用的过程。地区产业演化过程与系统动力学原理吻合。

1.3 生态工业园研究进展

1.3.1 理论研究

随着可持续发展战略的广泛接受和相关学科研究的不断深化，工业可持续发展已日益成为工业发展的主题。利用相关学科的理论和方法，解决工业发展中的环境保护问题，应运而生的工业生态学（Industrial Ecology）是生态工业的学科基础，也是生态工业园的理论依据，对工业可持续发展提供了全新的理论支撑。其基本思想是仿照自然界生态系统中物质流动的方式来重新规划工业生产、消费和废物处置系统，探讨产业及其产品与自然环境之间的相互作用，依据自然生态的有机循环原理建立发展模式，追求系统内从原料、中间产物、废物到产品的物质循环，从而达到资源、能源、投资的最优利用，实现人类社会体系和产业经济体系与自然生态环境和谐共生，形成类似于自然生态链的网络，减轻人类活动对自然环境的影响。

目前，国外研究主要集中在研究可减轻工业对环境影响的具体技术措施[15-18]，包括废物零排放系统、物质替代、非物质化和功能经济；研究对整个产业生态过程进行分析、监测和评价的方法[15, 18-20]，包括物流平衡分析、产品或过程的生命周期分析与评价、工业生态指标体系的建立等；研究可促进生态工业实现的制度[21, 22]，包括如何在市场规则、财务制度、法律法规等方面做出相应的调整以使生态工业的思想可以贯穿整个生产和生活过程，重视与区域可持续发展规划的联系。

近年来，国内学者比较关注生态工业园的规划设计、构成类型等方面[23-26]，对生态工业园的规划、评价理论体系开展了研究；对保障政策方面也作了积极的探讨[27-29]，指出生态工业园建设的关键是在技术和管理上实现资源、能源、信息的共享，同时需要建设生态工业园的孵化机制，构建完善保障机制；对工业生态经济学常用的物质代谢理论、清洁生产理论、产业链存在的问题与优化、产品生命周期评估和生态经济效率理论等方面开展了有益尝试[30-35]，但这些领域的研究尚处于初级阶段，未有较为深入的系统成果，还需要大量细致的研究。

1.3.2　实践概况

伴随着理论研究的加深，国外实践方面也取得了重大突破，从 20 世纪 70 年代丹麦建立的第一个生态工业园——Kalunborg 生态工业园以后，国际上出现了许多包含物质交换与废物循环的共生体项目和计划，先后宣布为生态工业园。目前全球生态工业园每年以成倍的速度发展，生态工业园开始成为世界工业园区发展领域的主题，并取得了较丰富的经验。丹麦 Kalunborg 生态工业园是目前世界上最成功的生态工业园，其模式在世界各国得到广泛推广。美国自 20 世纪 70 年代开始生态工业园建设，目前已有近 20 个生态工业园，并各具特色。加拿大约有 40 个生态工业园，其中有 9 个被认为具备很强的生态工业园性质。其他国家如法国、日本、泰国、印度尼西亚、菲律宾、纳米比亚和南非等也正积极兴建生态工业园。

我国生态工业园起步相对较晚，2000 年原国家环境保护总局在全国范围内对建设生态工业园进行了探索和尝试，目前生态工业示范园区建设工作已在我国全面启动。伴随着各地生态工业示范园的建设，国家生态工业示范园区管理体系建设也逐步走向科学化和规范化的轨道，颁布了一批标准和指南为国家生态工业示范园区规划和建设提供了依据和技术指导，并推动了各地生态工业园的建设。2007 年，原国家环保总局、商务部和科技部联合发布了《关于开展国家生态工业示范园区建设工作的通知》，决定共同开展国家生态工业示范园区建设工作，三部门联手推进，标志着我国国家生态工业示范园区建设进入了一个新的加快发展期。截至 2011 年 1 月，已批准建设的国家生态工业示范园区达 40 多个，其中苏州工业园区、苏州高新区、天津经济技术开发区等 21 个园区通过了环保部、商务部、科技部三部门组织的现场验收，正式批准成为我国首批国家生态工业示范园区。

1.4 我国生态化改造工作主要措施和经验

1.4.1 企业层面

众多示范园区建设经验表明，将生态设计、绿色招商、清洁生产、环境管理体系融入企业采购、生产、产品和服务的各个层面，既促进资源节约和高效利用，减少了污染物的产生和排放，也是生态工业园创建的基础与核心工作。这主要表现在两个方面：一是提高环境准入门槛，对资源能源消耗高、环境风险大的项目实施严格控制；二是以企业为主体，积极开展清洁生产，推行资源节约和高效利用，减少污染物的产生和排放[36-37]。

1.4.2 园区层面

（1）完善生态工业网络构建，促进产业结构生态化

生态工业链网的构建是生态工业园的核心工作，从产品链和废物链两个方向出发，不断完善园区生态工业链网，积极引进补链项目，构建工业共生网络，形成企业间互利共生及区域层面的物质循环，增强产业的抗风险能力，促进产业结构生态化。同时，通过静脉产业类生态工业园创建，实现废物再利用和资源化产业集群化。

（2）加强基础设施建设，为生态工业园建设创造条件

不断完善环境保护、交通和市政服务等各项基础设施的建设，是实现绿色招商、做好环境保护工作、建设生态工业园的基础和有力保障。生态工业示范园区的经验表明，大多数发育较好、进展较为顺利的地区，均是根据自身的特点，通过稳步推进基础设施的建设，为生态工业园建设营造良好的外围环境。

（3）重视园区环境安全，提高环境污染风险识别和应急能力

工业园区作为工业集中区，是环境污染风险的高发区。各生态工业园通过识别园区的环境风险，并制定有效的突发环境风险应急预案，对保护工业园区及周边地区社会稳定和人民身体健康具有重要的意义。

（4）完善生态工业园信息体系，增强政府、企业与公众的互动

生态工业园均构建了完善的生态工业信息体系，提高了政府、企业与公众之间信息的透明度，通过信息交流、培训、媒体宣传等多种方式，增强了政府、企业和公众之间的互动，真正落实了政府推动、企业运作、公众监督的循环经济运行机制。

1.4.3 区域层面

（1）加强基础设施建设，为生态工业园建设创造条件

不断完善环境保护、交通和市政服务等各项基础设施的建设，是实现绿色招商、做好环境保护工作、建设生态工业园的基础和有力保障。生态工业示范园区的经验表明，大多

数发育较好、进展较为顺利的地区，均是根据自身的特点，通过稳步推进基础设施的建设，为生态工业园建设营造良好的外围环境。

（2）重视园区环境安全，提高环境污染风险识别和应急能力

工业园区作为工业集中区，是环境污染风险的高发区。各生态工业园通过识别园区的环境风险，并制定有效的突发环境风险应急预案，对保护工业园区及周边地区社会稳定和人民身体健康具有重要的意义。

（3）完善生态工业园信息体系，增强政府、企业与公众的互动

生态工业园均构建了完善的生态工业信息体系，提高了政府、企业与公众之间信息的透明度，通过信息交流、培训、媒体宣传等多种方式，增强了政府、企业和公众之间的互动，真正落实了政府推动、企业运作、公众监督的循环经济运行机制。

我国典型工业园区生态化改造主要内容及方法见表 1-1。

表 1-1　典型工业园区生态化改造主要内容及方法

园区的名称	园区类型及主导产业	改造的主要内容	措施与方法
无锡新区生态工业园	类型：综合类 主导产业：电子信息、精密机械及机电一体化、生物医药、精细化工等	企业生态化	3R 原则，清洁生产
		能量集成	有效的能源利用、集中供热
		水集成	废水减量化、直接回用、再生回用、再生循环
		产业链构建	回收利用电子废物、循环模式构建生态工业链
重庆市花溪工业园区	类型：行业类 主导产业：汽车、摩托车及零部件、机电设备制造为主的机械制造业	企业生态化	生命周期分析、清洁生产、产品结构调整、技术装备更新
		能量集成	余热回收利用、建立能源层次机制、热电联产集中供热、优化用能结构
		产业链构建	关键种企业的选取、行业层次的生态产业链构建
		污染控制	中水回用、3R 原则
昆山经济技术开发区	类型：综合类 主导产业：电子信息、精密机械、民生用品	生态工业链构建与完善	完善产业链、3R 原则、减量方案
		污染控制	中水回用
长沙黄兴生态工业园	类型：综合类 主导产业：电子信息产业、新材料产业、生物医药产业和环保产业	物质集成	清洁生产、虚拟生态园区
		废水集成	逐级用水、中水回用、强化处理
		能量集成	能量综合利用以及开发可再生能源和清洁能源、集中供热
莘庄生态工业园	类型：综合类 主导产业：微电子通信行业、机械及汽车零部件行业、新材料新能源及精细化工行业	企业改造	清洁生产审核、推动企业清洁生产的持续开展、促进生态产业链的构建
		企业之间生态化	完善产业链、建立和完善废物链、废弃物回收系统、生态产业链的支持系统
		污染控制	集中供热、中水回用、固体废物处理与处置

园区的名称	园区类型及主导产业	改造的主要内容	措施与方法
新余市光伏特色产业园	类型：行业类 主导产业：光伏产业	物质集成	清洁生产、废物循环利用
		产业链构建	延伸产业链、提升产业技术
		能量集成	按能量品位逐级利用、提高能源利用效率
海盐经济开发区	类型：行业类 主导产业：精细化工	区域内生态共生体系	进行企业间产品的耦合共生
		产业链构建	与嘉化产业园整体生态网链、精细化工行业生态网链构建
		污染控制	集中供热、中水回用、固体废物处理与处置
恒通化工工业园	类型：行业类 主导产业：集盐化工、煤化工及热电联产于一体	企业改造	清洁生产
		构建生态工业链	主导产品产业链、副产品综合利用产业链、废弃物综合利用产业链
		能量集成	热电联产、余热利用、梯级利用、集中供热
		污染控制	中水回用、固体废物处理与处置

1.4.4 存在的主要问题

（1）研究基础薄弱，缺乏相应的理论支持

我国生态工业园研究虽然取得了一定的成绩，但与西方发达国家研究相比，无论是在研究内容和研究方法上，还是在实践探索上的深度和广度都相对有限，对我国高速发展的生态工业园发展缺少相应的理论支持，对园区的生态化改造缺乏必要的指导。

（2）实践中只注重企业和园区层面，缺乏从更大区域层面上规划

我国的工业园是在市场机制不完善的情况下发展起来的，其发展不是以产业群的自主机制和产业的内在关联性而形成，而是通过各级政府建立各类开发园区，以税收、土地等优惠政策来吸引企业入驻而形成的企业空间集聚，各工业园区的产业结构雷同，缺乏明晰的产业定位和产业特色。同时，园区各自为政，产业规划仅针对单个园区及区内的企业，缺乏区域层面的整体性和系统性。

（3）各类工业园区生态化改造技术需求凸显

第一代和第二代工业园区在经过资金的原始积累之后，特别是在其发展受到越来越大的资源和环境制约的情况下，作为一种新的发展理念，园区的生态化改造已被越来越多的工业园区所接受，通过启动生态工业园的建设开始二次创业。生态工业园创建情况表明，园区的生态化改造和生态工业示范园区的建设将成为解决我国工业园区和工业集中区经济发展与资源环境制约之间矛盾的一个重要途径。

参考文献

[1] Ernest Lowe. Eco-industrial Parks：A Foundation for Sustainable Communities. Indigo Development，1997.

[2] UNEP. The Environmental Management of Industrial Estates. Industry and Environment. Paris，1997.

[3] Jelinski L W，Graedel T E，et al. Industrial Ecology：Concepts and Approaches. Proceedings of the Academy of Sciences of the USA，1992，89（3）.

[4] 邵继勇，武戈.中国开发区发展的理论分析[J]. 江苏对外经贸论坛，2007（3）：56-68.

[5] 罗宏，孟伟，冉圣宏. 生态工业园——理论与实证[M]. 北京：化学工业出版社，2004.

[6] 胡山鹰，李有润，沈静珠. 生态工业系统集成方法及应用[J]. 环境保护，2003（1）.

[7] 沈清基. 工业园区生态环境规划探索——以浏阳市工业园为例[J]. 城市规划汇刊，2000（5）.

[8] 高中贵，李升峰，彭补拙. 工业园生态型土地功能区构建探讨——以常熟市国际工业园为例[J]. 长江流域资源与环境，2001（12）.

[9] 元炯亮. 生态工业园评价指标体系研究[J]. 环境保护，2003（3）.

[10] 牛桂敏. 循环经济评价体系的构建[J]. 城市环境与城市生态，2005（4）.

[11] 陈瑾瑜，王朝全. 博弈论在构建生态产业链中的应用分析[J]. 生态经济，2007（10）.

[12] 孙国栋，王宁. 基于博弈论的产业链稳定性问题研究[J]. 科技进步与对策，2006（9）.

[13] 袁增伟，毕军. 产业生态学[M]. 北京：科学出版社，2010.

[14] 王其藩. SD 模型在基础设施研究中的应用[J]. 管理工程学报，1999（2）：31-35.

[15] Robes，Brian H. The application of industrial ecology principles and planning guidelines for the development of eco-industrial parks：An Australian case study. Journal of Cleaner Production，2004（12）.

[16] Chertow，Marian R. industrial symbiosis：Literature and taxonomy. Annual Review of Energy and the Environment，2000（25）.

[17] María D López-Gamero，Enrique Claver-Cortés，at al. Evaluating environmental regulation in Spain using process control and preventive techniques [J]. European Journal of Operational Research，2009，195（2）：497-518.

[18] Mark Barrett，Robert Lowe，Tadj Oreszczyn，et al. How to support growth with less energy[J]. Energy Policy，2008，36（12）：4592-4599.

[19] A C S Amaro，A P F D Barbosa-Póvoa. Planning and scheduling of industrial supply chains with reverse flows：A real pharmaceutical case study[J]. Computers & Chemical Engineering，2008，32（11）：2606-2625.

[20] Jaana Sorvari Developing environmental legislation to promote recycling of industrial by-products – An endless story？[J] Waste Management，2008，28（3）：489-501.

[21] Desrochers Pierre. Market Processes and the Closing of Industrial Loops. Journal of Industrial Ecology. Cambridge，MA：MIT Press，200，4（1）.

[22] Yiping Fang，Houzhen Zhou. Value flow analysis based on EAP industrial chain：case of Huaning in Xichang，Sichuan[J]. Journal of Cleaner Production，2009，17（2）：310-316.

[23] Cui Hua Huo，Li He Chai. Physical principles and simulations on the structural evolution of eco-industrial systems[J]. Journal of Cleaner Production，2008，16（18）：1995-2005.

[24] 陈秀珍，王玉灵. 生态工业园可持续发展评价体系研究[J]. 科技和产业，2008，8（7）：29-33.

[25] 李同升，韦亚权，周华. 生态工业园及其规划设计探讨[J]. 经济地理，2005，25（5）.

[26] 赵波，胡振鹏. 中部地区省级生态工业园评价指标体系研究——以江西生态工业园发展为例[J]. 理论探讨，2007（6），69-73.

[27] 李强，汤俊芳，钟书华. 生态工业园的微观经济价值分析[J]. 经济问题探索，2006（8）.

[28] 陈林，方翠翠. 产业组织政策的生态工业园应用研究[J]. 现代管理科学，2008（8）：71-72.

[29] 郭莉. 生态工业园的环境扩散效应研究——以天津生态工业示范园为例[J]. 工业技术经济，2008，27（9），118-120.

[30] 唐晓兰，等. 改造型生态工业园清洁生产推进方法研究[J]. 工业安全与环保，2008，34（9）：51-53.

[31] Shanlin Yang，Nanping Feng. A case study of industrial symbiosis：Nanning Sugar Co.，Ltd. in China[J]. Resources，Conservation and Recycling，2008，52（5）：813-820.

[32] 曹俊，王少平，黄蓓佳，等. 绿色供应链与生态工业园的比较研究[J]. 四川环境，2008，27（3）：79-84.

[33] 崔铁宁. 生态工业园的构成机理和推进机制[J]. 环境与可持续发展，2008（3）：24-26.

[34] 齐振宏. 生态工业园企业共生机理与运行模式研究[J]. 商业经济与管理，2008（3）：36-43.

[35] 张艳. 我国生态工业园中产业链存在的问题与优化[J]. 工业安全与环保，2010（4）：11-12.

[36] 毛瑜，张龙江，张永春，等. 生态工业园研究进展及展望[J]. 生态经济，2010（12）：113-116.

[37] 王瑾. 综合类开发区生态工业系统仿真及管理策略研究[D]. 南京大学，2011.

第 2 章 化学工业园生态化改造内容与模式

2.1 我国化学工业园发展现状

2.1.1 主要类型

目前，我国建设的化工园大体分为 4 种类型：

（1）大型石油化工型。以世界级规模的炼油乙烯装置为龙头，以产业和产品链的衔接为纽带，采用国际化的经营理念和开放式的管理模式，统一规划，协同发展。这类园区规模大，与国际化工园区接轨。例如，上海化学工业区、南京化工园区等。

（2）精细化工型。一般为中小型园区，以精细或专用化学品以及非大宗合成材料为主，大都各具特色。例如，常熟国际氟化工园区主要开发氟化工产品，常州化工开发园区主要开发 ABS、PVC 等产品，泰兴化工园区主要开发烧碱、氯、聚丙系列产品，张家港经济开发区化工区主要开发合成材料等。

（3）城市搬迁型。结合城市发展规划，将原来分散在城区的老化工企业，集中搬迁到规划建设的化工园区内。这些园区的建设，既符合城市总体规划的要求，也符合企业发展的需要。例如，天津开发区化学工业区、沧州临港化学工业园、合肥化工园区等。

（4）老企业扩张型。这类园区一般是在原有企业的基础上，以特色产品为核心，辐射、扩张而建设的化工园区。这类园区的产业基础比较扎实，产品特色比较鲜明，对外商和其他投资者也有较强的吸引力。这类园区一般在内陆地区，通常称为“内陆园区”。例如，齐鲁化学工业园等。

2.1.2 发展现状

近年来，我国化工园区的建设驶入了快车道。沿海、沿江的一些地区利用自身航运、交通、水源、环境的优势，大力实施园区建设，取得了显著成绩。中西部一些地区在参考东部经验的基础上，也在筹划建设新的园区。据不完全统计，近十多年，我国省级以上人民政府批准建设的化工园区达 60 多家。主要有：上海化学工业园区、南京化学工业园区、南通经济技术开发区化工区（特种有机原料、材料）、常熟国际氟化工园区（氟化工）、苏州经济新区化工区、张家港经济开发区化二区（合成材料等）、镇江经济开发区化工区（合成材料、造纸品）、泰兴化工园区（烧碱、氯、聚丙系列等）、常州化工开发园区（kBS、PVC 等）、浙江杭州湾精细化工园区、宁波化学工业园区（MDI 等）、天津开发区化学工业区、福建泉港石油化工区、广东大亚湾开发区石化工业区（惠州）、四川西部化工城（泸州）（一碳化工等）、广东茂名石化工业区、广东珠海石化工业区（PTA 等）、北京精细化工园区（助剂等）、山东齐鲁化学工业园（PVC 等）、山东青岛石化工业园、河北沧州临港化学工业园区、深圳精细化工园区等。

2.1.3 特点

我国化学工业总体水平与发达国家相比仍有较大差距，结构性矛盾十分突出。长期以来我国支农化工、传统的基础化工一直是化工行业的发展重点，而具有高新技术含量、高附加值的精细化工产品比重较低。此外，环境污染也是化工行业面临的棘手难题。化工园区依靠自身优势可以解决这些制约行业可持续发展的瓶颈问题，它们良好的投资环境和专业化配套设施，吸引了国内外大批企业，引进的技术和项目大部分是技术含量高或是具有高附加值的深加工及精细化工产品。一批长期无法引进、行业急需的技术和项目陆续在园区落户，如 MDI、TDI、PC 和 PTMEG（聚四氢呋喃）进入上海化工园区，聚甲醛进入张家港、南通化工园区，氨纶进入嘉兴高新技术开发区等。各化工园区依据产业布局的调整，建有统一的“三废”处理设施，使环境保护综合治理得以实施，产业得到了可持续发展。如杭州湾精细化工园区，靠近钱塘江，环境自净能力强，适合集中处理“三废”，形成了以染料、有机颜料、医药中间体为主，生物化工、无机化工、高档染整及各类专用化学品为辅的专业园区。该园区已成为目前国内规模最大、入园企业最多的精细化工园区之一。

上海化工园区位置优越，交通便利，有效的管理以及地方政府的支持都对投资者很有吸引力，巴斯夫、拜耳、BP 等均已落户区内。在建的年产 90 万 t 乙烯、23 万 t 聚碳酸酯、70 万 t 异氰酸酯等均为中国规模最大的装置。入区前上海天原的 19 万 t 氯气只能年产 30 万 t 聚氯乙烯，但在园区实现生产一体化后，副产品氯化氢又可生产 30 万 t 聚氯乙烯。一份原料生产出两份产品，园区的一体化优势尽显无疑。

南京化学工业园区东接仪征化纤，西邻扬子石化。雄厚的产业基础为南京化工园区提供了腾飞的平台，园区依托区内乙烯、醋酸等上游产品的资源优势，通过与国际资本嫁接，积极向中下游产品延伸配套，重点发展医药化工、新型材料、精细化学品等石油化工延伸产品和高附加值产品，使南京地区的化工产业实现由原来的重化工业占主导向高技术含量、高附加值化工产业转变。

中国石油和中国石化两大公司合理分工，优势互补，重点发展聚乙烯、聚丙烯、ABS、对二甲苯、PTA 及乙二醇等市场容量大的核心产品，并根据区域特点有选择地发展苯酚、丙酮、丁辛醇、丙烯酸及酯等有机原料。

2.1.4　存在的主要问题

我国化工园区的开发、建设相对较晚，只有十多年时间，但由于有国家和地方的许多政策扶持等因素，发展还是很快的，对吸引外资、加快科技成果的产业化、商品化、国际化和地方经济的发展，加速我国经济融入全球经济一体化等方面起了极大的促进作用。同样毋庸置疑存在着一些问题，如缺乏统一的科学规划，产业结构趋同，一些园区因发展缓慢而降低了招商"门槛"，创新能力弱，难以持续发展。由于各地发展条件不一，化工园区无统一的发展模式可循，因此应借鉴国外化工基地和园区发展经验，结合国情、区情，探索我国化工园区的发展道路，打造特色园区、精品园区，为区域经济社会发展和产业发展创造条件。

目前，我国建设的化工园区大部分是成功的，但也存在一些值得注意的问题。主要是：

（1）缺乏统一的科学规划

从全国来看，化工园区的布局和建设缺乏宏观的引导和信息服务，出现了定位不明确、盲目布点、重复建设现象。化工园区建设过多、过密，有的化工园相距太近，几十公里距离设立了几个化工园区，这其中有国家级的，省、市、区级甚至一些县也自筹兴办，出现了"遍地开花"，大有一哄而上之势。有的化工园区名字叫得很响，但几年都招不来项目，陷入"找政府圈地，找企业圈钱，找市场无门"的尴尬境地，造成土地荒芜，资源浪费。

（2）定位不准确，特色不突出

我国的化工园区有 300 多家，生成方式有多种，特别是产业基础、资源环境、经济技术起点不同，但各园区仍主要集中于精细化工、化工制药、新材料等领域，缺乏产业特色和区域分工，不利于形成产业特色和核心竞争力。产业面面俱到，产品包罗万象，重复建设，造成投资浪费。同时，园区之间相互争抢化工项目的现象比较严重，有的不是在特色上下工夫，而是在承诺不切实际的优惠政策上做文章。

（3）园区发展缓慢，招商"门槛"低

不少园区刚刚起步，只"划了片土地，搭了个班子，拨了笔资金"，基础设施的配套条件尚不具备，就忙于招商会、洽谈会。有的园区一无产业经济基础，二无人才优势，发展缓慢，无竞争优势，便出台以牺牲国家利益为代价的"优惠政策"，以超低的地价，甚至零地价作为砝码来吸引投资者。由此外商投资者则利用这种条件差、发展慢、急于求成的浮躁心理，把境外无法立足的重污染源，乘机转移过来。

（4）创新能力弱，难以持续发展

化学工业属于技术密集型工业，生产技术的提高对改进化工产品质量、新产品开发、降低成本和消耗起着决定性作用。而目前我国大部分企业规模小、布局分散，企业所需的资源要素都不充足，风险投资机制又不健全，因此研究与开发的能力较低。

2.1.5 生态化改造面临的难题

由于法律法规不健全，污染治理技术、废物利用技术和清洁生产技术仍不实用，“高投入、低产出”的传统模式尚未摆脱，我国化学工业园区生态化改造面临诸多难题。根据生态工业园的 4 类指标，即经济发展、物质减量与循环、污染控制和园区管理分析我国第一代、第二代园区的现状及特征，认为产业规划难题、清洁生产难题、污染控制难题、区域管理难题均对化学工业园区生态化改造产生直接影响是园区生态化改造的主要难题。

（1）产业规划难题

由于需要改造的园区总产值偏小、园区定位模糊、园区产业特色不明显、企业分工协作意识薄弱等原因，导致产业链条不完整、产业同构化现象严重、产业层次不高，且行业和产业间关联度不强，制约了物质减量与循环，间接影响到工业增加值、增长率等经济发展指标。

（2）清洁生产难题

由于园区内行业和产业间相互关联、相互协调、相互配套的关系比较松散，产品链和废物链的形成面临很大困难，且部分企业意识薄弱、管理落后，导致企业内、区域内多层面的清洁生产水平和废物利用水平均不高，直接破坏了物质减量与循环，间接增大了污染控制总量。

（3）污染控制难题

由于园区建设起步晚、规划缺失、区域内布局混乱，且企业数量多、规模小，存有不同行业之间的交叉污染、复合污染。同时，环保基础设施不完善，废物收集率低，且缺乏经济、高效的“三废”治理技术、中水回用技术等，集中化达标控制困难，污染物排放总量无法得到有效控制，严重影响了区域环境生态，制约了区域的可持续发展。

（4）区域管理难题

传统的环境管理往往是以控制达标排放、总量控制、查处环境违法行为、抓收费促治理等为基本内容，对于产业化高度集中的化学园区，较大程度上限制了企业间废物的循环利用，导致了资源、能源的浪费和污染负荷的增大。而促进废物最大化利用、最小化排放是区域管理的重点，统筹考虑区域内污染特征和控制水平，建立废物交换平台，优化环境管理制度，是园区环境管理的目标和方向。

2.2 国外化工园发展现状

2.2.1 国外化学工业园概况

国外发展化工园已有几十年的历史。世界著名的石化企业都相对集中地布置在一个区域，比较著名的化工园有：

美国得克萨斯墨西哥湾化工区，以休斯敦为中心，东至路易斯安那州，西达得克萨斯州，绵延 300 英里（482.7 km）海岸线，上百家公司在此建有生产装置，化工区产值占美国石油化工总产值 25%以上；

比利时安特卫普化工区，占地 37 km^2，世界最大的 20 家化工企业有一半以上在此落户，年产值超过 110 亿美元；

德国路德维希化工区，巴斯夫公司独资建设，占地 7.6 km^2，建有 350 余套生产装置，年产值超过 150 亿美元；

新加坡裕廊化工区，围海造地 34 km^2，石油、化工、医药、物流等多家企业参加投资，年产值约 190 亿美元；工业产值占全国的 2/3 以上；

韩国丽川石化园区，占地 24 km^2，几十家大型石化企业在此落户，化工园生产的石化产品占韩国石化产品 1/3 以上；

日本千叶、水岛和鹿岛化工园、荷兰鹿特丹沿江石油化工带、沙特朱拜勒石化基地（亚洲第一）、德国的鲁尔化工区等。

2.2.2　国外化工园的特点

这些园区在发展过程中积累了丰富的经验，也形成了自己的特点。

1）园区建设规模大，例如荷兰的鹿特丹工业园，沿江两岸绵延几十千米，几乎集聚了世界上所有知名化工公司的石油化工生产装置。

2）园区建设规模大，工作装置优化配置，装置之间基本是由管道连接，不管装置是否属于同一个公司，相互间都配套和谐，生产规模匹配，资源配置优化。

3）园区外部环境优越，园区大部分沿江、沿海而建，靠近深水码头，靠近原料或市场。

4）园区建设实现五个“一体化”：一是项目设计一体化，利用化工产品上下游关联的特点，形成化工项目链。二是公用工程一体化，对园区能源供应进行统一规划、集中建设，形成一体化的“公用工程岛”。三是物流传输一体化，通过输送管网、仓库、码头、铁路和道路等，形成园区内一体化的物流运输系统。四是环境保护一体化，园区内设立环保中心，统一处理废水、废气、废渣。五是园区管理服务一体化，为驻园业主提供一站式服务，寓管理于服务之中。

5）强调供应链管理。化工园便于化工产业链的形成。企业之间的竞争必然导致供应链之间的竞争，加强供应链的管理是园区企业管理的一项很重要的内容，例如，实行准时制生产；物料、资金和交易“三流合一”；实现装置原料的零库存；减少物流成本（增加第三利润源）；信息共享等。通过利益相关者共同营造效益环境，可规避风险，实现装置系统最优化。

2.2.3 国外化工行业发展的有益实践

国外关于循环经济的研究起步早发展快，其形式包括：企业内部的清洁生产和资源循环利用，如杜邦化学公司模式；企业链生态工业网络，如著名的丹麦卡伦堡生态工业园；区域和整个社会的废物回收和再利用系统，如德国的包装物双回收体系和日本的循环型社会体系。国外推行循环经济较好的国家不但注重循环经济的发展模式，而且广泛进行相关技术研究，并通过立法来推动循环经济的实施，收到显著成效。

（1）企业内部层次——杜邦化学公司实践

单个企业内物料循环是循环经济在微观层次的基本表现。在企业层面，循环经济“减量化”的推行与企业推行清洁生产是密不可分的。杜邦公司的企业内部循环经济模式，即通过组织厂内各工艺之间的物料循环，延长生产链条，减少生产过程中物料和能源的使用量，尽量减少废弃物和有毒物质的排放，最大限度地利用可再生资源，设计灵巧多功能产品，是世界上第一家以“将废物和排放物降低为零”作为奋斗目标的大公司，把“安全、健康、环保”的理念纳入整个企业活动之中。20 世纪 80 年代末杜邦公司的研究人员把工厂当做实验新的循环经济原理的实验室，创造性地把 3R 原则发展成为与化学工业实际相结合的“3R 制造法”，以达到少排放甚至零排放的环境保护目标。他们通过放弃使用某些环境有害型化学物质、减少某些化学物质的使用量以及发明回收本公司产品的新工艺，到 1994 年已经使生产造成的塑料废弃物减少了 25%，空气污染物排放量减少了 70%。

同时，他们在废塑料，如废弃的牛奶盒和一次性塑料容器中回收化学物质，开发出了耐用的乙烯材料“维克”等新产品。

（2）企业间层次——丹麦卡伦堡的实践

丹麦卡伦堡工业园区是目前世界上工业生态系统运行最为典型的代表，这种模式可称为企业间的循环经济。该生态园以 5 家企业为核心，1 家废物处理公司和卡伦堡市政府组成合作共生网络，通过贸易方式利用对方生产过程中产生的废弃物与副产品，从而使企业群体在整体上降低成本、提高效益、节约资源和能源。卡伦堡市政府因其在管理公共水资源、建设社区供热和供水系统，以及造就社区良好环境等方面的职能，也成为该网络的参与和推动者。

发电站位于这个工业生态系统的中心，对热能进行多级使用：为卡伦堡约 5 000 个家庭提供热能，大量减少了烟尘排放；发电站为炼油厂和制药厂提供工艺蒸汽、热电联产比单独生产提高燃料利用率 30%。发电站的部分冷却水还被输送到养鱼场，该养鱼场年产 200 t 鲑鱼，鲑鱼适合在温度较高的水中生长。

发电站的脱硫设备每年生产 20 万 t 石膏，这些石膏被卖给石膏板厂，同时，卡伦堡市政回收站回收石膏也卖给石膏板厂，减少了石膏板厂的天然石膏用量，也减少了卡伦堡固体填埋量。发电站每年产生 3 万 t 粉煤灰，被水泥厂回收利用。发电厂的脱硫设备用于降低炼油气中的硫含量，产生了副产品——硫代硫酸铵。每年，这种副产品被用于生产约 2 万 t 液体化肥，相当于丹麦的年消耗量。制药厂原材料土豆粉、玉米淀粉发酵生产所产生的废渣、废水、经杀菌消毒后被约 600 户农民用作肥料，从而减少高肥料用量。每年有 80 万头猪用制药厂的胰岛素生产过程的残余物酵母来喂养。炼油厂多余的可燃气体通过管道输送到石膏板厂和发电站供生产使用。

污泥是卡伦堡市政水处理厂的主要残余物，这些污泥被一家专门利用微生物恢复被污染土壤，微生物公司用来做生物恢复过程的养料。废品处理公司收集所有共生体企业的废物，并利用垃圾沼气发电，每年还提供 5 万～6 万 t 可燃烧废物。

（3）社会层次——德日的立法

1）德国“垃圾经济”的发展

德国的循环经济源于垃圾处理，其发展循环经济的主要做法是建立以收费制度和企业化运营为基础的实施机制。

德国的 DSD 是一个专门收集处理包装废弃物的中介组织，由产品生产厂家、包装物生产厂家、商业企业以及垃圾回收部门联合组成，按自愿原则将相关企业组成网络，将需要回收的包装物打上标记，由 DSD 委托回收企业进行处理。在德国，居民的水费中含有足够的污水处理费。德国规定市镇政府必须向州政府缴纳污水治理费，污水治理费没有达到要求的企业要承担巨额罚款。市民用水费用为 7.5 马克/m^3，其中 1/3 归饮水公司，2/3 归废水公司。废水公司又将所得款项的 1/3 拨给污水处理厂，2/3 拨给污水输送管道系统。

目前，德国许多工业废物，如废金属、废汽车、废轮胎、废玻璃、废机油等，几乎都达到 100%的回收利用。经过几十年不断努力和实践，德国的循环经济已取得明显成效，在 GDP 增长两倍多的情况下，主要污染物减少了近 75%，收到了经济和环境效益“双赢”结果。

2）日本的立法促进循环型社会形成

日本是循环经济立法最早也是最为完善的国家。日本促进循环经济发展的法律体系可以分为三个层面：一是基本法，即建立《循环型社会基本法》；二是综合性的法律，包括《废弃物处理法》和《资源有效利用促进法》；三是专向法，包括《容器和包装物的分类收集与循环法》、《特种家用电器循环法》、《建筑材料循环法》、《可循环性食品资源循环法》和《多氯联苯废弃物妥善处置特别措施法》。

基本法是形成循环型社会的基本计划和基本政策，指出利用循环资源的基本顺序是：抑制产生—再使用、再生利用—热回收—妥善处理。专向法如《家用电器回收利用法》规定，家电生产企业必须承担回收和利用废弃家电的义务。《建筑资材循环利用法》规定，必须对建筑工地产生的水泥、沥青、木材等大量的废弃物实行循环利用，否则将受到处罚。《食品循环利用法》规定，消费者和食品相关企业必须努力控制食品废弃物的产生，政府将为利用食品废弃物生产饲料和肥料的企业提供各种方便和实施优惠政策。《容器和包装材料循环利用法》规定，要改进运输过程中的物品包装材料和方式，减少一次性使用的木材等包装物，尽量使用能够多次使用的外包装，减少包装材料的使用量。

2.3 化学工业园生态化对策与改造模式

2.3.1 生态补链

产业链上项目越多，关联度越高，上下游承接得越紧密，越能实现资源共享和副产品互换的产业共生组合，生产中消耗掉的资源就越少。需要做的是加强和规范园区环境管理制度建设，严格环境准入，强化绿色招商，按功能定位和生态链框架，围绕核心企业、重点行业实行补链招商；加快产业升级、布局优化，增加技术先进、互补性强的产业，延长产业链；发挥产业集聚效应，在不同企业、行业之间构建互补的生态工业链，实现资源配置合理化、资源利用最大化。

生态工业链网的构建既是生态补链的核心任务，也是建设生态工业园的重要目标。需从产品链和废物链两个方向出发，积极引进补链项目，构建工业共生网络，形成企业间互利共生和区域层面的物质循环，并逐步完善园区生态工业链网，从而增强企业的成本优势和抗风险能力，促进产业结构优化和生态化。

在产品链方面，包头国家生态工业（铝业）示范园区成功构筑“电解铝—铝合金—精铝—铝板—化成箔—铝的深加工”的产业链条，大幅降低原材料和能源消耗，促进了循环经济，发展了生态工业。

在废物链方面，苏州工业园区针对区内电子信息、精密机械等产业密集的特点，重点引进废弃物回收利用等资源再生项目。其中既不产生二次污染，又在生产者责任延伸方面起到示范作用的富士施乐产品回收项目为该园区电子产品回收工作创立了新思路、构架了新渠道、增加了新效益。

2.3.2 循环经济

从本质上来看，所谓的生态工业和生态工业园均是建立在“循环经济”的理念之上。循环经济要求以“减量化、再利用、再循环”为行为准则，运用自然生态系统物质循环规律和能量流动规律建立“资源—产品—再生资源”的反馈式流程，以清洁生产和废弃物综合利用为主要特征，建成“闭路环绕”的共生网络。生态工业园即通过工业共生网络在园区内建立企业与企业之间的共生关系。

2.3.3 多级管控

生态工业园最本质的特征在于企业间的相互作用以及企业与自然环境间的作用，主要的描述是系统、合作、相互作用、效率、资源和环境。因此，园区生态化改造就包括企业内部生态化改造、企业之间生态化改造和园区生态化改造三个层面。其中企业内部生态化改造可通过企业清洁生产推进予以实现，企业清洁生产是园区生态化改造的基础，只有通过企业清洁生产推进，才能从源头上达到资源及能源高效利用，减轻环境压力；企业之间生态化改造可通过园区产业链生态化改造予以实施，企业之间产业链生态化改造是园区生态化改造的主体，通过企业之间生态网络的构建，消除单个企业生产难以消除的环境影响；园区生态化可通过环境综合整治予以推进，园区环保基础设施建设是园区生态化改造终端标志，它可从区域集中治理角度全面解决园区内部生态化中无法解决的问题，全面改善园区环境质量。因此，不论是化学工业园区还是一般的工业园区，都应该从企业、企业与企业之间和园区区域层面开展不同类型的生态化工作，从而促进园区生态化发展。

2.3.4　一体化管理

工业园区生态化改造的有效管理措施：一是利用工业产品上下游关联的特点，形成工业项目链；二是公共工程一体化，对园区能源供应进行统一规划、集中建设，形成一体化的“公用工程岛”；三是物流传输一体化，通过输送管网、仓库、码头、铁路和道路等，形成园区内一体化的物流运输系统；四是环境保护一体化，园区内设立环保中心，统一处理废水、废气、废渣；五是园区管理服务一体化，为驻园业主提供一站式办公，寓管理于服务。

2.3.5　改造模式

根据生态工业园的组成特点及国内外化学园区的生态化改造实践，提出了工业园区生态化改造的程序如图 2-1。

2.4　改造的主要工作内容

2.4.1　园区基础情况调研

由于区域的基础情况与产业发展之间存在着相互选择且可以协同演进的关系，同时其技术模式又具有相对的长期性，因此区域的基础情况调研对园区的生态化建设具有非常重要的意义。目前，工业生态学领域主要关注自然资源、环境质量等自然环境，而对社会和人文环境关注不多。社会和人文环境发展对经济增长至关重要，社会和人文环境的建设和发展不仅会推动产业的发展，而且社会和人文环境也是国民物质财富重要的组成部分。当前，人们日益认识到社会和人文环境对于改善国家尤其是发展区域经济状况的重要性，并认为是促进经济增长的关键因素之一。

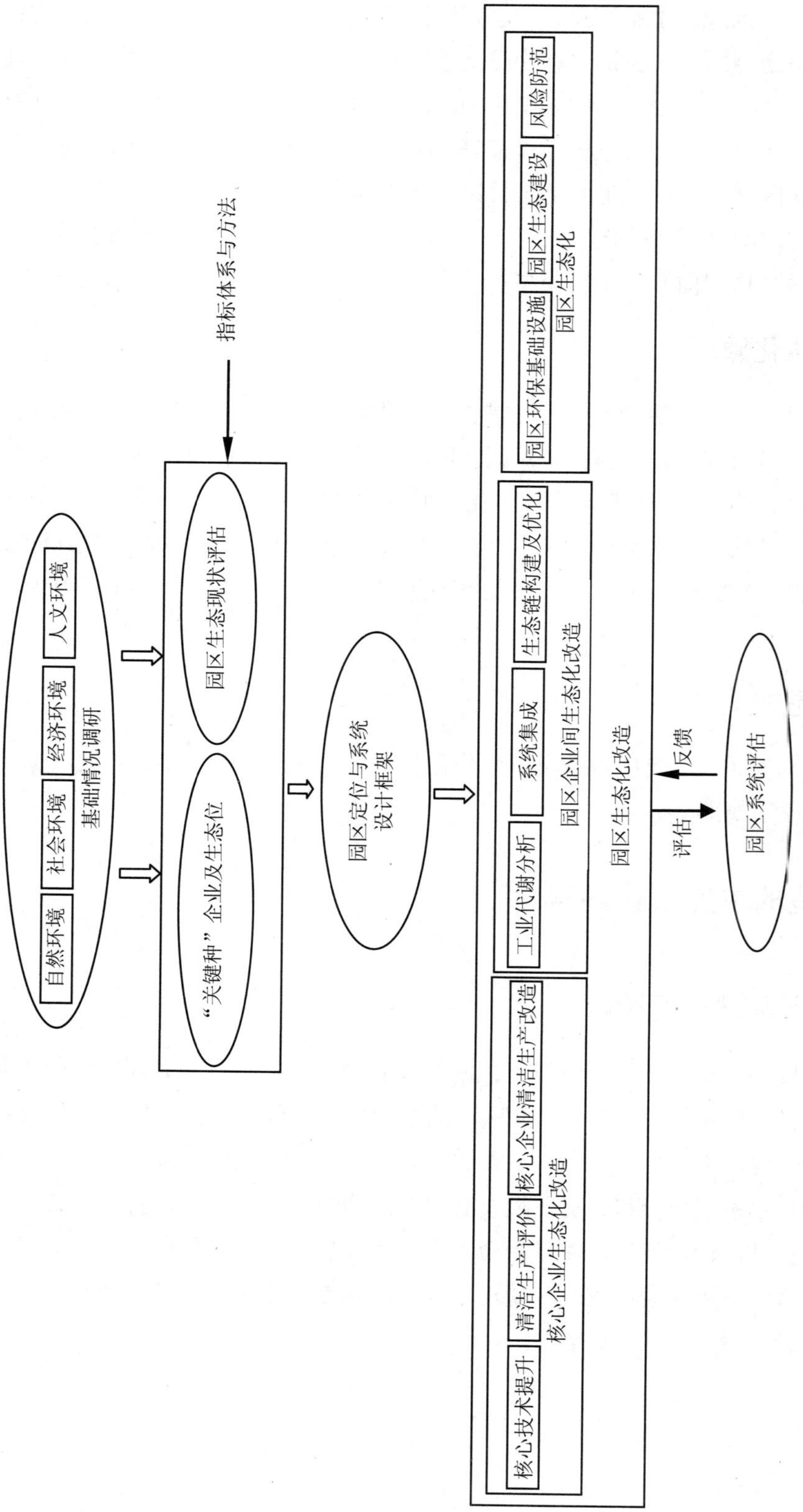

图 2-1 工业园区生态化改造程序

（1）园区自然、社会经济和生态环境现状及评价

1）园区所在区域环境概况　地理位置与自然环境，主要包括地形地貌、水系及水文特征、气候特征等；

2）社会环境（社会、人口、经济发展等）；

3）生态环境。

（2）园区规划概况

1）基本情况：地理位置与辖区、规划范围与规划年限、总体发展规划目标与规划年限；

2）园区性质与产业定位；

3）园区用地规划布局；

4）主要基础设施规划：给水及消防规划、排水规划、供热规划、供电规划、生态与绿地系统规划等；

5）园区的区位优势。

（3）园区发展现状及评价

1）土地利用现状；

2）主要基础设施现状：给水、排水、供热、生态与绿地等；

3）园区污染物控制：大气污染控制、水污染控制、固体废物控制（包括主要污染源及其发展趋势分析，其中固体废弃物包括生活垃圾等）；

4）环境质量现状；

5）园区产业发展现状（分行业具体阐述）；

6）保障体系：组织机构建设、环境管理、产业和经济政策、技术保障体系（如信息网络系统、新技术开发、企业孵化器等）、其他措施（如人才的培养和引进、公众参与、宣传教育和国际交流、基础设施建设等）；

7）根据生态工业园标准对园区进行生态评价；

8）分析园区存在的主要问题及制约因素。

2.4.2　园区定位与系统设计框架

根据园区的发展目标，结合区域具体的产业结构和已有的基础设施，结合园区现有企业生态位的高低，确定园区工业生态系统生态链的骨架结构。同时可采取以物质集成、能量集成、信息集成的方法，以及园区内的生态链与远程的信息（虚拟）生态链相结合，构建虚实结合的、全新规划型和虚拟型并举的生态工业园。园区内，企业通过废弃物的相互交换实现物质循环，通过能量、废水和信息系统的集成使用，共享基础设施的方式构建工业生态链。同时，物质交换的供需关系离不开复杂多样的信息网络的链接，这一点对于园区远程虚拟成员尤为突出，创新技术的引进和应用也是在信息网络的支持下完成的，信息的收集、处理、加工和反馈也构成了一条信息生态链。通过信息链的作用，将使物质链更

加精细、稳定和完善。

2.4.3 关键种企业确定

“关键种”是一个生态学概念，它对其他物种的分布和多度起着直接或间接的调控作用，决定着群落的稳定性、物种多样性和许多生态过程的持续或改变。“关键种企业”就是指这样一些企业，在企业群落中，它们使用和传输的物质最多、能量流动的规模最为庞大，带动和牵制着其他企业、行业的发展，居于中心地位，也是生态产业链的“链核”，它对构筑企业共生体，对生态工业园的稳定起着关键的重要的作用。

（1）企业生态位的测算

生态位是现代生态学的重要理论之一，生态位研究对于理解群落结构和功能、群落内物种间关系、生物多样性、群落动态演替和种群进化等方面有着重要的作用。生态位反映了一个种在其群落和生态系统中的地位和状况，而这种地位和状况取决于生物的形态适应、生理反应和特有行为。国内较有代表性的观点是：生态位概念必须与物种所生存的群落环境相联系，也就是一个种的生态位是指该种在群落中利用资源的能力，这种能力体现在该种个体在群落中的分布范围和生物量的占有上，一个种的生态位受群落内生物和非生物环境的影响，因此一个种在不同的群落中就有不同的生态位。

生态学范畴的关键种理论对人类社会的生态工业实践具有重要的借鉴意义。在企业群落系统中，也可以存在着不同的行业“种群”，它们围绕着群落系统中流动的物质和能量，出于交易获利的根本动机，形成了关于物质和能量的复杂的“捕食”关系。但在这种“捕食”关系网络中，不同企业所起的作用和重要性是不同的，其中也存在着关键种企业。这类企业在整个群落系统内使用和传输的物质、能量规模较为庞大，带动和牵制着其他企业或行业的发展，对构筑企业共生体、工业生态系统的稳定起着关键作用。关键种企业与群落内的其他企业纵横关联紧密，是群落网络组织的链核，因为拥有较强资源辐射能力，关键种企业具有前向、后向、旁侧等连锁反应效应，能使大量个别产业发生相互关联和协同作用，带动的是企业群体的变化，从而使整个产业系统的结构发生巨大改观。

（2）企业的生态位测度

引入生态位宽度测定来分析企业群落生态化过程中哪些企业在系统的副产品、废料交换活动（工业生态链）中起着主导和带动作用。企业生态位的测度可以采用信息指数（Shannon-Wiener）进行计算：

$$B_i = -\sum_{i=1}^{I}(P_{ij}\ln P_{ij})$$

此指数是以 Shannon-Wiener 信息公式为基础的，B_i 指数值越大说明第 i 类企业在群落中的生态位越宽。其中 $P_{ij}=n_{ij}/N_{ij}$，n_{ij} 表示第 i 类部门拥有第 j 类副产品交换的关联数（与其他部门的生态链接数）；N_{ij} 表示第 i 类部门拥有群落系统内所有副产品交换的关联数之和。

根据园区的区域优势及限制条件，以及园区现有的基础，确定园区的关键种企业及生态位。

2.4.4　核心企业内部生态化改造

2.4.4.1　核心企业概况

包括企业发展简史和规模产值、企业组织机构和人员状况（组织架构图、工厂部门设置与职责分工图）以及工厂平面布置等。

2.4.4.2　企业的生产状况

1）主要工艺流程（以框图表示主要工艺流程，要求标出主要原辅料、能源、水及废弃物的流入、流出和去向）；

2）主要原材料消耗情况；

3）能源消耗情况；

4）水的消耗情况；

5）主要生产设备及运行情况；

6）主要产品、产量及质量状况。

2.4.4.3　企业的环境保护状况

1）企业涉及的有关环保法规与要求，所在区域的环境质量标准要求，企业的环境排放标准要求，企业污染物总量控制要求；

2）主要污染源及其排放情况（包括近三年来污染物的产生、排放量及污染物排放监测数据，指出是否有第一类污染物）；

3）主要污染源的治理现状（包括处理方法、效果、问题以及单位废弃物的年处理费用等）；

4）“三废”的循环/综合利用情况（包括方法、效果、效益以及存在问题）；

5）总量指标执行情况；

6）污染事故情况和相关方投诉情况。

2.4.4.4　企业的管理状况

1）主要生产管理制度；

2）主要环境管理制度；

3）现有环境风险应急措施。

2.4.4.5 产污和排污现状分析

主要包括国内外情况对比，产污原因初步分析以及企业的环保执法情况等，并予以初步评价。

1）主要产污和排污的工序和原因分析。

2）对比国内外同类企业产污、排污状况和资源利用状况 根据企业水耗、能耗、物耗和污染物排放情况及行业清洁生产标准，并与同行业对比，初步评价企业在现有原料、工艺、产品、设备及管理水平下，其产污、排污状况的真实性、合理性及有关数据的可信度，予以初步评价。

3）评价企业环保执法状况，评价企业执行国家及当地环保法规及排放标准的情况，包括达标情况、缴纳排污费及处罚情况等。

2.4.4.6 分析目前存在的主要问题

对企业进行评价，分析企业存在的主要问题。

2.4.4.7 核心企业生态化评价

通过审核重点的物料平衡，发现物料流失的环节，找出废弃物产生的原因，查找物料储运、生产运行、管理以及废弃物排放等方面存在的问题，为企业的生态化改造方案的产生提供依据。

1）工艺流程：包括审核重点的工艺流程图（注明污染物排放点）、工艺设备流程图和各单元操作流程图；

2）审核重点输入输出物流的测定；

3）建立物料平衡：包括物质平衡、热能、水平衡、特征污染物的平衡；编制物料平衡图，阐述物料平衡结果；

4）废弃物产生原因分析：针对物料流失和废弃物产生部位的物料和废弃物进行分析，找出它们产生的原因，分析可从影响生产过程的 8 个方面（原辅材料和能源、技术工艺、生产设备、过程控制、废弃物特性、产品、管理、员工等方面）来进行。

2.4.4.8 核心企业生态化改造模式的产生和筛选

通过核心企业的生态化改造方案的产生、筛选、研制，为下一阶段的可行性分析提供足够的生态化改造模式。

（1）方案的产生和汇总

包括所有的已实施、未实施；可行、不可行的方案。总方案包括原辅材料和能源替代、技术工艺改造、设备维护和更新、过程优化控制、产品更换或改进、废弃物回收利用和循环使用、加强管理和员工素质的提高及积极性的激励等方面。

（2）方案的筛选

在进行方案的筛选时可采用两种方法：一是简易筛选方法，二是采用权重总和计分排序法进行筛选和排序。

经过上述筛选，筛选出可行的无费/低费方案、初步可行的中/高费方案和实施难度大、目前不可行的方案。

2.4.4.9　生态化改造可行性分析

对筛选出来的中/高费生产方案从技术、环境和经济角度进行分析和评估，以选择最佳的、可实施的改造方案。

（1）市场调查和分析

仅当清洁生产方案涉及产品结构调整、产生新的产品和副产品，以及得到用于其他生产过程的原材料时才需编写本节，否则不用编写。

（2）技术评估

技术评估应着重评价以下几方面：方案设计中采用的工艺路线、技术设备在经济合理的条件下的先进性、适用性；与国家有关的技术政策和能源政策的相符性；技术引进或设备进口要符合我国国情，引进技术后要有消化吸收能力；资源的利用率和技术途径合理；技术设备操作上安全、可靠；技术成熟。

（3）环境评估

环境评估应包括以下内容：① 资源的消耗与资源可永续利用要求的关系；② 生产中废弃物排放量的变化；③ 污染物组分的毒性及其降解情况；④ 污染物的二次污染；⑤ 操作环境对人员健康的影响；⑥ 废弃物的复用、循环利用和再生回收。

（4）经济评估

经济评估是对方案的综合性全面经济分析，主要计算方案实施时所需各种费用的投入和所节约的费用以及各种附加的效益，通过分析比较以选择最少耗费和取得最大经济效益的方案，为投资决策提供科学的依据。

（5）推荐可实施方案（可行性分析结论）

汇总列表比较各投资方案的技术、环境、经济评估结果，确定最佳可行的推荐方案。

2.4.4.10　企业拟采用方案评价

1）已实施和拟实施方案效果评价；

2）实施生态化改造前后物耗、能耗比较；

3）实施生态化改造前后污染物去除率情况比较；

4）企业与行业先进企业评价指标对比。

2.4.4.11 企业持续生态化改造

建立推行和管理生态化改造的组织机构，建立促进实施生态化改造的管理制度，制定持续生态化改造计划。

2.4.5 企业间生态化改造

2.4.5.1 工业代谢分析

（1）工业代谢分析方法

工业代谢是把原料、能源以及劳动在一种（或多或少）稳态条件下转化为最终产品和废物的所有物理过程完整的集合。

工业代谢理论认为：工业系统是自然生态系统的一部分，它同样由生产者、消费者、分解者和外部环境4个部分组成，现代工业生产是一个将原料、能源转化为产品和废物的代谢过程，通过对生态系统的认识，寻找能使工业体系与生物生态系统保持和谐的发展途径。该理论研究工业系统“代谢”原料与能量的规律及其量化方法，研究工业代谢与自然生态系统的关系与表征。工业代谢可以应用于一个国家或地区，对于地区性分析的关键是定义明确的地理边界或分界线，且跨越边界的取值和能量流动易于检测。

生态工业不是仅仅从经济角度，而是力求将经济利益和环境保护有机地结合在一起；对工业生产中产生的污染，不是采用末端治理的被动策略，而是对生产和消费过程采取整体预防的环境策略，从产品设计、生产工艺和使用消费者的各个环节入手，力争从源头上消灭污染，并且通过各生产过程之间的物料、能量、废物的集成，达到物质、能量的最有效利用。工业代谢分析方法是建立生态工业的一种行之有效的分析方法，它是基于模拟生物和自然界新陈代谢功能的一种系统分析方法，工业代谢分析通过分析系统结构、进行功能模拟和输入输出信息流分析来研究工业生态系统的代谢机理。工业代谢分析法与系统分析方法的不同之处，在于它以环境为最终考察目标，对环境资源追踪其从提炼、工业加工和生产、直至消费体系后变成废物的整个过程中物质和能量的流向，给出工业系统造成环境污染的总体评价，力求找出造成污染的主要原因。

（2）生态工业园物能代谢分析

根据生态工业园的特性，将代谢分析方法进行生态工业园物能分析，包括：①企业工艺过程分析：调查不同企业工艺特征，通过工艺过程分析，掌握不同企业物能流动性质及状态特性。②企业代谢量分析：按照实际调查、生产统计及理论推算，查清企业的原料、辅料及能量投入量，产品及副产品生成量，以及废水、废气、废渣等废弃物产生与排放量。计算企业代谢量度指标，并以其作为同类企业比较的依据。

同时代谢分析方法还可应用于生态工业园主要物质和主要组分分析，通过主要物质和主要组分分析，掌握园区主要物质的转化效率和主要组分的流向及其数量关系，发现和寻找主要物质和主要组分代谢中存在的问题，为提高工业园区物能利用水平提供支撑。

（3）生态工业园代谢度量指标

工业代谢分析依据质量守恒定律开展研究，一定数量的物质在人类活动过程中虽从生物圈中消失且不再有价格，但根据质量守恒原理，他们并没有从地球上消失。工业代谢研究旨在揭示经济活动中纯物质数量与质量规模，展示构成工业活动的全部物质和能量的流动与储存。因此，工业代谢研究方法就在于通过建立结算表，估算物质流动与储存的数量，描绘其行进路线和复杂的动力学机制，同时指出它们的物理和化学状态。

从理论上来说，工业代谢研究可以分析工业体系中所有物质的流动，但较多地应用于污染物分析。另外，工业代谢还要研究工业物质循环与自然生物地球化学循环之间的相互影响关系。工业代谢理论认为，一个体系是否维持持续稳定状态，可以采用一些指标来表征和度量。常用指标有再循环（利用）率、原料生产力及污染物产生（排放）率。

（4）主要工作内容

企业层次工业代谢分析：按照实际生产调查、统计及理论推算，查清企业的原料、辅料、水及能量的投入量，产品、副产品的生成量，以及废水、废气、废渣等废弃物的产生与排放量，计算企业代谢量度指标，并以其作为与同类企业比较的依据。

园区行业代谢分析：在行业内主要企业代谢分析的基础上，按照行业进行物料、能源投入和产品、废弃物质输出统计，计算行业代谢量度指标，得出行业物能代谢的数量特征。

园区代谢分析：园区代谢分析是在行业代谢分析的基础上，以园区为整体，统计园区物料、能源投入和产品、废弃物质输出的数量特征，计算园区代谢量度指标。通过代谢分析，可得出园区不同层面的物能代谢数量特征，为企业之间生态链提供科学依据。

2.4.5.2　系统集成

生态工业园与其他工业体系的本质不同，就在于它是遵循生态规律，通过对区域内各类企业的合理布局，使系统在资源能源利用上形成共生关系，以工业生态链（网）的形式进行生产，实现低成本、少污染和高效益。而达到这个目的的关键就是能否做到对系统的科学集成，生态工业园的集成通常都包括物质、能量和信息三者的集成，其中物质集成主要包括：工业系统物质再循环的方式与途径论证、企业内部、企业间及区域间物质循环集成和废水的集成；能量集成就是在对整个系统的能量供求关系进行分析的基础上，通过进行能量的有效匹配，达到节约能源、合理利用能量的目标。系统的能量集成包括：减少能量消耗、能量综合利用以及开发可再生能源和清洁能源；信息集成就是利用先进的信息技术，对生态工业园内的各种信息进行系统整理，建立完善的信息数据库、计算机网络和电子商务系统，并进行有效的集成，为园区运行、管理和企业经营的决策以及发展完善提供信息支撑。园区内的信息流和物质流、能量流是生态工业系统的三大要素。

2.4.5.3 园区企业生态产业链构建及优化

生态产业链的构建包括园区产业链结构分析、园区产业链生物群落分类研究和产业链结构生态化优化方案及其稳定性分析。

（1）园区产业链结构分析

聚变活性因子是指对其他因子具有很强吸引力的因子。一个有影响力企业的进入，会带动其上下游的企业向其靠拢。一个园区内拥有很多关键的资源，可能会对需要此种资源的企业形成引力。且强势资源之间也会形成集聚的效应，越集聚，其规模越大，其上下游的企业来的就越多，整个生存与发展的环境就会越有利。

分析产业链各项指标现状，按照产业链各项指标与其他因子的关系，以及因子变化趋势，发掘聚变活性因子，发现和总结现有生产者企业、消费者企业和分解者企业的工业共生关系；了解工业园内工业共生的规模和系统复杂性，以及园区产业链结构的变化规律和发展趋势。

（2）园区产业链生物群落分类研究

基于园区产业链结构的分析研究，按自然界生态系统生物群落的结构，将园区企业按生产者、消费者、分解者划分为三个企业群，与自然生态系统生物链进行对比研究，找出其中不一致的产业链结构，研究当前限制园区整体经济效益、环境效益以及生态服务功能的制约环节和因素，并对未来限制园区整体经济效益、环境效益以及生态服务功能的潜在制约环节和因素进行预测。

（3）产业链结构生态化方案构建及优化

根据主要废弃物的资源化途径及其论证结果，首先从园区现有企业寻找原有产业的生态化链接途径；其次通过引入新的资源化企业，构筑上下游企业链，形成生态工业园的生态链网。

（4）稳定性分析

从自组织理论最大流原理出发，推出演化序参量的基本公式。又发现公式与自组织神经网络机理相似，因此用企业数，产业链数以企业质交换量代表园区基本属性，作为自组织神经网络的输入神经元，通过 matlab 编程可以得到工业园演化序参量，它反映园区系统自组织演化过程。最终的序参量稳定值就是系统竞争优化的形成结果，它可以表征园区共生稳定的模式。将一个工业园某年份的序参量稳定值与卡伦堡工业园 2005 年序参量稳定值相比较，即得到该工业园某年份的产业共生（产业链结构）稳定度。

1）最大流原理

复杂网络系统的竞争过程遵循复杂系统演化的最大流原理：一个远离平衡的开放复杂系统总是寻找一种优化过程使得系统在给定的约束或代价下所获得的广义流最大。工业园作为远离平衡的复杂的网络系统，工业共生形成过程是工业园内各企业间物质流、能量流、信息流相互竞争的一个过程，故工业园演化符合最大流原理。

设定任意一个由 n 个子系统组成的生态工业系统（这里的子系统指生态工业系统的功能块，比如园区成员企业个数、园区员工数……），每个子系统演化的驱动力，即从外界环境获得广义流（物质流、能量流、信息流等）的动力表示为 x_1，x_2，…，x_n，其所有微观子系统在 Γ 空间内，形成一个连续的单元，则 $dx=dx_1dx_2\cdots dx_n$ 为 Γ 空间内的一个体积单元。t 时刻该工业系统所有可能微观单元获得的平均广义流表示为：

$$\bar{J}=\int\rho(x,t)J(\rho)dx \tag{2-1}$$

式中：$\bar{J}$——平均广义流；

$\rho(x,t)$—— t 时刻流的概率分布；

$J(\rho)$—— 微观单元广义流的值。

利用拉氏乘子的优化法进行平移变换，并通过变换得到生态系统结构的序参量方程

$$\xi_j=\sum_{i=1}^{n}a_{ji}x_i \tag{2-2}$$

式中：ξ—— 在不同控制参数下所对应的系统的不同结构或模式特征；

a_{ji}—— 参量方程的系数。

2）自组织特征映射神经网络

SOM 网络是一种无监督学习的聚类方法，它能将高维模式空间映射到一平面上，而保持其拓扑结构不变。式（2-2）和自组织神经网络（SOM）机理具有相似性。SOM 网络的自组织过程就是神经元之间的自组织竞争过程，可以看作工业系统信息在网络中的流动分配过程，将网络中的神经元看作工业子系统，输入的各类信息定义为系统中的广义流，各子系统对广义流的竞争过程就是神经元接受刺激的竞争激活过程。

对于式（2-2）中的 a_{ji} 项，在 SOM 网络中对应于神经元之间的连接权值 w_{ji}，它表示 SOM 网络中输入的神经元经过训练后得到的网络权值，可得出园区的稳定值 ξ_j：

$$\xi_j=\sum_{i=1}^{n}w_{ji}x_i \tag{2-3}$$

式（2-3）把 ξ_j 进行了量化，ξ_j 代表园区发展的第 j 种结构模式；x_i（$i=1$，2，…，n）表示园区系统的 n 个控制参数；w_{ji} 表示第 j 种结构模式中第 i 个参数的权值。在 SOM 网络的训练过程中，w_{ji} 不断进行自组织调整，它反映园区系统自组织演化过程。将最终的 w_{ji} 值代入式（2-3），所得到的 ξ_j 就是系统竞争优化的形成结果，它表示竞争获胜的模式，也即园区共生稳定的模式。

3）产业链结构稳定性

将卡伦堡工业园历年数据代入上述计算，得到 2005 年园区共生稳定值 ξ 为 2.870 3，卡伦堡为经典工业园，2005 年数据为目前能获得的最新数据，故将 2005 年卡伦堡 ξ 值 2.870 3 作为工业园产业共生结构稳定的标准值，即产业链稳定的标准值。计算一个工业园的产业链稳定性，先通过式（2-3）得到该工业园的共生结构稳定值 ξ，通过式（2-4），即得到工

业园产业链结构稳定性 s。

$$s=\frac{\xi}{2.8703} \tag{2-4}$$

2.4.6 园区生态化改造及保障措施

2.4.6.1 园区环保基础设施的完善

（1）区域集中供热

集中供热是节约能源，综合防治大气污染，实现经济、环境、社会效益三者统一的重要途径。要分析发展园区集中供热的可行性及分级利用途径，提出园区集中供热建设意见和建议。

（2）污水处理与中水回用

在综合考虑污水的数量、性质、水资源供需状况及水环境质量要求等因素基础上，根据园区地形条件，分析园区污水集中或分散的方式建设污水处理设施，污水处理设施的规模、工艺和处理程度；根据企业用水情况，分析园区中水回用的可行性，提出中水回用途径建议。

（3）固体废物处理与处置

遵循按照减量化、资源化、无害化原则，分析园区的固体废物主要为暂时无法实现资源化的工业固体废物和生活垃圾存在的危害，提出经济技术可行处置方案。

2.4.6.2 园区景观生态建设

生态工业园生态环境建设主要运用景观生态学原理及相关学科的知识，通过研究园区景观格局与生态过程以及人类活动与景观的相互作用分析，引入新的成分或对原有景观要素进行优化组合，调整或构建合理的景观格局，提出景观建设优化方案，实现经济与自然过程的协同进化。构建的基本原则如下：

（1）整体性优化的原则

以生态系统综合平衡作为社会、经济可持续发展的基础和核心，将园区作为一个完整的生态体系进行规划，将工业生态系统的思想贯穿于园区的工业生产、居民生活等各个方面。

（2）空间异质性的原则

空间异质性是园区景观良性发展、便于维持和管理的核心问题之一，保护和增加园区的异质性有利于抗御内外干扰，实现自然体系的动态平衡。

（3）以人为本的共生原则

共生的概念来源于自然界中植物与动物，指的是不同种生物基于互惠关系而共同生活在一起。该理论启迪人类通过调控社会－环境系统，可以实现与自然的合作以及与自然的协同进化。系统内多样性和异质性的程度越高，共生的几率也就越大。所以，小尺度空间结构的镶嵌常导致共生，而大的单一结构常缺乏共生机制及相应的稳定效应。生态园区建设不仅重视经济发展与生态环境协调，更需注重对人类生活质量的提高，将生态园区的建设最终体现于公众生活环境质量的改善上。

（4）预防与保护为主的原则

景观生态规划的目的不是限制各相关产业的发展，而是同时要保育好支持园区经济、生活可持续发展的生态系统基础，提出的实现可持续发展的思想、措施，要通过政府部门具体的监管，落实于园区内各企业的生产过程中。

（5）统一规划与因地制宜的原则

根据生态系统分异性基本原则，要在统一规划的基础上，提出分区建设和管理方针，突出重点。景观生态规划必须因地制宜、繁简得当，突出地方特色，不可为追求“完善”而添加不必要的枝节，防止造成整体设计主次不分、特色不明，可行性不高的弊端。

2.4.6.3　园区风险管理

化学工业园区存在大量的化学物品，是风险防范的重点。根据园区现有企业布局和实际生产所使用、产出的物料、中间产物以及主要的工艺设施和单元，对照国家有关要求，排查出区域的重点风险源和重点风险物质。

调查现有的风险防范措施的有效性，了解存在的风险管理上存在的主要问题，并提出针对性意见和建议。

第 3 章 化学工业园生态化评价研究

3.1 指标体系研究现状

3.1.1 生态工业园评价指标体系[1]

生态工业园评价指标体系是指建立在生态工业园理论基础上，遵循一定的指标筛选原则并按照某种体系框架组织指标的、综合评价生态工业园发展水平的多指标系统。在国内外，专门针对生态工业园构建的评价指标体系在数量上较少，在质量上也良莠不齐，各有优缺点。主要指标体系包括：

3.1.1.1 国家环保总局生态工业园标准（试行）

此标准由国家环境保护总局于 2006 年 6 月颁布，用于生态工业园的建设、管理和验收。根据产业特征，该体系将生态工业园分为行业类、综合类和静脉产业类三类分别进行评价：行业类、综合类生态工业园指标体系由经济发展、物质减量与循环、污染控制和园区管理 4 部分组成，分别含有 19 个和 21 个指标。静脉产业类由经济发展、资源循环与利用、污染控制和园区管理 4 部分 20 个指标构成。指标体系确立了各技术指标的目标值。

该指标体系简单明了，指标数量不多，定量与定性指标相结合，以定量指标为主，数据较易获得；确定了指标阈值，评价方法简单，整个评价体系易于操作；指标设置上，突出资源利用和污染控制类指标，体现了生态工业园的环境管理特色；园区管理包括与周边社区的协调发展，体现了工业园区与周边社区一体化发展的思想；指标选取多取自工业系统与自然生态系统和社会子系统的交界面指标，反映系统之间相互作用强度，抓住了生态工业的关键特征，也符合政府管理部门宏观调控管理的政策导向。但该指标体系指标多为反映园区功能的指标，直接反映生态工业园结构特点的关键指标少，无法直接体现园区结构的优劣，不利于企业、园区和社区绩效的改善；没有明确指标评价的方法，缺乏类指标和集成性的综合指标，不便于不同生态工业园之间的比较。

3.1.1.2　生态工业园可持续发展评价指标体系

国内学者多结合可持续发展理论对园区可持续发展水平进行评价。

郝艳红、王灵梅[2]建立了应用于火电厂生态工业园的可持续发展评价指标体系。体系包括 43 个指标，从火电厂生态工业园可持续发展的三个维度——发展能力、发展水平和发展协调度来组织指标，将指标体系分为 4 个层次。第一层以可持续发展度为总体目标，第二层包括园区发展能力、发展水平和发展协调度三类指标，第三层由技术创新、清洁生产、创业环境、管理、人力资源、资源转换效率、环境协调状况、经济社会协调状况、园区资源状况、经济绩效、社会生活质量、园区生态建设等共 12 类指标组成，第四层是分指标层。该指标体系突出协调度指标，权重达 0.429；体现火电厂的特点，包括矿产资源回采率，矿产资源综合利用率、土地复垦率、园区矿业资源静态储量指数等特征指标。采用层次分析法与模糊综合评价法相结合的方法，以包头铝电生态工业园为实例，计算了火电厂生态工业园的可持续发展度。

史凯[3]在总结国内外可持续发展评价体系研究现状及深入分析生态小区特点的基础上，将生态工业园作为生态小区一种建立了由 28 个指标组成的评价体系。体系以评价生态工业园可持续发展为目标，准则层由生态稳定性指标、生态和谐性指标、生态流通性指标、生态生产力指标和生态有序性指标组成。生态生产力指标和生态流通性指标赋权值较大，分别为 0.475 和 0.211，在一定程度上反映了园区的结构和物质能量流动的特征，体现了结构的优化、功能的行使对生态工业园可持续发展的作用。作者曾用此评价指标体系对四川宜宾五粮液有限公司进行了评价。

黄鹍[4]通过频度统计法、理论分析法、专家咨询法来设置、筛选指标。在此基础上，应用主成分分析和独立性分析，选择内涵丰富又相对独立的指标构成具体评价指标体系。指标体系采用可持续发展的能力、水平和协调度三维框架构建，以可持续发展水平为综合目标。领域层包括 12 类指标，指标层包括 47 个技术指标。该指标体系中经济和社会类指标较多，而反映环境保护和生态工业园特征的指标较少。

张丽娜[5]则以国家环保总局定义的指标体系框架中的指标为基础，构建的指标体系增加了“生态关联程度”、“设备及生产工艺的先进性”、废物处理共享设施以及污染排放强度类 6 指标，并用 AHP-模糊综合评价法，评价了大连经济技术开发区的发展情况。评价结果显示，开发区可持续发展总体水平一般，关键原因是生态工业链不完善导致物质交换效率低下。该指标体系突出生态工业特征指标和环境保护的指标，为生态工业园的发展指明了方向，但准则层指标划分较细，指标间有一定的重叠性。

3.1.1.3　生态工业园综合评价指标体系

刘伟等[6]构建了生态工业园综合评价指标体系。该体系服务于生态工业园规划和建设，用于确立目标和指明发展方向，要求在时间尺度上反映生态工业园的发展速度和变化态势，在空间尺度上反映整体布局和结构优化特征，在数量尺度上反映总体发展规模和现代化水平，在质量尺度上反映园区的综合素质、能力、潜力及后劲。围绕这一目标，体系采用主题框架模式，分经济发展、生态工业特征、生态环境保护、清洁生产和绿色管理 5 个主题。次主题 12 项，分别为经济发展水平、经济发展潜力；生态网络指标、重复利用、柔性特征、基础设施建设；环境保护、环境绩效、生态建设、生态环境改善潜力；政策法规制度、管理与意识等指标。指标层为技术指标，共 40 项。该指标体系有如下特点：主题框架的指标组织方式较好反映生态工业园关注的焦点问题，反映的信息相对集中（单个主题浓缩某一方面的信息）而又较全面（多个主题反映园区不同方面的情况）；将生态工业特征指标作为评价体系的主题之一单独列出，而其包含的生态网络指标（包括“有无成熟的生态工业链”和“园区内产业的多样性”2 个指标）和柔性特征指标（包括“产品种类的可替代性”、“原材料的可替代性”2 个指标）反映园区的结构特点和稳定性大小，体现了生态工业园研究的新热点。

王少平等[7]在推动莘庄工业园生态化改造时，也构建了与刘伟等相似的工业园生态化评价体系。5 个主题分别为生态效益、生态工业特征、生态潜力、生态环境保护和绿色管理。其中生态效益主题赋权重较大，达 0.258。

3.1.1.4 非指标体系评价指标

非指标体系评价指标是指未被纳入生态工业园评价指标体系的其他评价指标。这些指标从某一方面或某一角度反映生态工业园的某一特征。

近年来，对生态工业园的探索由外而内、由点至面至体不断深入，不满足对园区输入输出效率、过程运作的简单描述和测算上，而是从内部结构和整体功能上进行深入细致的探索，寻求可持续的发展方式。在分析方法上，不囿于工程、统计等传统方法，生态学的许多方法、指标被采用，并证明了它们的合理性和实用性。

2002 年 Hardy 和 Graedel[8]从生态系统食物网（链）理论中引入物种丰富度 S 和关联度 C 指标分析了 19 个产业生态系统（包括 15 个生态工业园和 4 个一体化生态系统），结果表明较高的丰富度和关联度能维持生态工业园的稳定，并能维持高的运行效率。园区若据此进行有意识的“补网”（招商）活动，将对生态工业园结构的完善产生帮助。

陈定江、李有润、胡山鹰等[9-11]引进分析生态系统食物链（网）结构的指标系统平均路径长度、循环指数、元素利用效率等分析了鲁北生态工业园的硫、磷、氟、氯和钙等元素在生态工业园中的利用情况。计算结果表明在这些指标较高的情况下，系统各节点之间的耦合程度较高，物质利用效率高，系统结构的变化与效率变化趋势一致。他们还计算了价格柔性指数，指出统一核算比独立核算具有更大的柔性。生态效率在生态学中用来描述能量在营养级之间或者营养级内部之间的流动效率，现被广泛应用于描述环境绩效与经济发展关系，并被赋予了新的内涵。

Helminen[12]用附加值（销售收入扣除生产成本）与环境影响（原材料消耗和“三废”

排放）指数的比值，测算了芬兰和瑞典的纸浆造纸业的生态效率。廖红[13]应用此项指标计算了天津开发区 1998—2000 年 SO_2、燃料煤等 16 项指标的效率。

李刚[14]则采用经济子系统与环境子系统因子综合得分的比值作为生态效率，对江苏省的经济—环境系统进行了综合评价。

非指标体系的指标数量众多，它们集中反映生态工业园某个特点或揭示某个发展规律，有时更代表着生态工业园的研究前沿方向，是生态工业园评价指标体系庞大的指标候选集。

3.1.1.5　小结

由上述的综述可以看出，生态工业园评价指标体系文献研究较少，国外基本没有针对生态工业园建立的指标体系，其对生态工业园的评价依赖或附属于针对生态工业园的分析工具，如生命周期分析、能值分析、工业代谢分析等。

国内，针对生态工业园评价体系的研究主要有以下几个特点：第一，构建评价体系的目的主要为了服务生态工业园的规划、验收，如前国家环保总局的生态工业园标准（试行）。第二，对评价体系的研究更注重对评价方法的研究，多将方法的改善、创新作为研究的重点。第三，可持续发展理论是构建生态工业园评价指标体系的基本指导理论。分析上述指标体系的优劣，生态工业评价指标体系的建立还有如下方面可以完善：第一，选择适合分析生态工业园后续发展的指标，现有体系多适用于规划筹备阶段，且所选指标大同小异。第二，夯实体系构建的理论基础，在理论指导下对生态工业园的定性认识将直接决定指标的选取和组织方式。上述指标体系构建中，对指导理论的总结以及对生态工业园特征的认识都未深入。第三，忽视了指标体系框架的重要性，指标组织随意性较大。第四，指标体系构建时未对生态工业园进行动力机制的分析，在一定程度上降低了评价体系的预见性。

3.1.2　联合国可持续发展委员会（UNCSD）可持续发展指标体系

1996 年，联合国可持续发展委员会（UNCSD）根据《21 世纪议程》构建了适用于国家层面的可持续发展评价指标体系。该指标体系设有经济、社会、环境、制度 4 个维度，下辖 15 个主题、38 个次主题共 134 个指标。通过解析该体系，可从中窥见评价指标体系构建的一般规律。该指标体系的构建情况及体系特点如下：

第一，明确建立指标体系的目的和需求。评价体系的建立产生于实践的需要，是为了更好地认识事物，促进事物向正确的方向发展。它主要有三方面的功能，一是描述和反映功能，描述和反映某一时间（或时段内）事物或事态的水平和状况；二是评价和监测功能；三是预测功能。在行使这些功能的基础上，评价体系从整体上寻求较优的决策方案。UNCSD 可持续发展指标体系的建立是基于可持续发展在世界范围内的广泛提倡和实践发展的需求。它力求解决如下问题：客观评价可持续发展现状，将可持续发展的理念变成现实的可操作的管理模式；科学测量可持续发展的程度，判断发展战略的可持续性，明确将不可持续的发展调整到可持续发展的方向。《21 世纪议程》第 40 章中指出，希望各个国家、国际组织、政府组织、非政府组织开展和应用可持续发展指标，以便为各层次的决策提供坚实的基础。

第二，评价体系指标选择要遵循一定的原则。UNCSD“可持续发展指标工作计划”（1995—2000）确定了可持续发展指标选择的 9 项原则：①在尺度和范围上是国家级的；②与评价可持续发展进程的主要目标相关；③可以理解的，清楚的，简单的，含义明确的；④在国家政府可发展的能力范围之内；⑤概念上是合理的；⑥数量上是有限的，但应保持开放并能根据未来的需要修改；⑦全面反映《21 世纪议程》和可持续发展的各个方面；⑧具有国际一致的代表性；⑨基于已知质量和恰当建档的现有数据，或以合理成本可获得的数据，并且可以定期更新。

第三，基础理论是构建指标体系的基石。可持续发展指标体系构建在可持续发展理论的坚实基础上，具体体现在以对可持续发展理论进行全面总结并得到广泛认同的《21 世纪议程》上：指标体系的很多主题都与《21 世纪议程》的相应章节相对应，如大气主题与第 9 章对应，土地主题与第 10 章对应，经济结构和消费与生产模式主题与第 2、第 4 章对应等。基础理论是对事物本质的认识，包括对事物特征、发展动力及运动规律等的认识。《21 世纪议程》对区域可持续发展特征、发展动力及运动规律进行总结，以此为基石构建的可持续发展体系能较好地反映可持续发展现状和水平。

第四，确立评价体系的框架模式和数据处理方法是体系构建的关键。指标体系框架是指标体系组织的概念模式，用于选择和管理指标体系所要测量的问题。对于基于同一理论指导下的相同问题评价，可以选择不同的框架模式。不同的框架模式之间的区别在于鉴别、选择、组织所要测量问题的方法与途径，以及证明这种鉴别和选择程度的概念的不同。UNCSD 可持续发展指标体系采用驱动力—状态—响应（DFSR）指标体系框架模式与主题指标体系框架模式相结合的框架模式。驱动力—状态—响应（DFSR）指标体系框架模式反映可持续发展过程中的因果关系，主题指标体系框架模式囊括可持续发展的不同维度和主题，包括经济、社会、环境、制度 4 个维度，公平、健康、大气、土地、生物多样性、经济结构等 15 个主题和 38 个次主题，并确定了核心指标体系，内容清楚明确。

第五，评价体系要在实证中不断检验、修正和完善，动态发展。1996 年提出的评价指标体系有 134 个指标，1996—1998 年，世界上 22 个国家对该指标体系在国家尺度上进行了检验和应用，检验了 DFSR 框架模式的恰当性以及指标在国家尺度决策中的适用性，并认为以主题框架模式为主、DFSR 框架模式为辅，两者相互结合的框架模式能更科学地评价可持续发展水平。一些具体指标也依据现实的发展做了增删和重新归类。

生态工业园的发展有自己的指导理论和实际情况，但 UNCSD 可持续发展指标体系构建的经验，可以作为生态工业园综合评价指标体系建立的宝贵借鉴。生态工业园综合评价指标体系的建立需要明确体系建立的目的和指标选择的原则，全面整理生态工业园发展的基本理论，选择恰当、科学的评价框架模式组织指标，采用合理的评价方法，并用案例数据实证检验体系的适用性。

3.2　指标体系的设置原则与程序

3.2.1　设置原则

（1）政策相关性与信息综合性

指标体系的设置综合考虑国家与地方行业的产业政策、国家有关行业、园区、企业环境保护的要求与政策，以及生态工业示范园区规划指南等。应能全面反映行业性工业园区建设与发展情况，并符合园区及其所在区域可持续发展的目标与原则，系统地反映行业性工业园区生态系统的特征及各子系统之间的相互关系。

（2）先进性与导向性

指标体系不仅反映行业现状及目前行业性工业园区的普遍状况，也能反映国际企业先进水平及未来行业发展的趋势与方向，以引导园区未来的发展。因此，本指标体系在设置时将国家当前生态工业示范园区指标体系和现有的行业清洁生产指标作为基础，并参照国际知名企业的环境绩效指标等，使其具有先进性与导向性。

（3）功能性

生态工业园评价指标体系是一个复杂的、系统的评价模型，因此它具有对生态系统现状的描述功能、对系统的发展潜力的评估功能、对园区的动态监测功能和对园区走向及趋势的预测功能等多种功能。为决策部门制定园区发展战略和规划提供客观的、可靠的科学参考依据。

（4）完备性与简明性

评价指标体系要求覆盖面广、相对完备，即指标体系作为一个整体应当能够基本反映园区发展的各个方面。但是，随着指标量的增加，带来的数据收集和加工处理的工作量也会成倍增长，并且，指标划分过细，易造成指标重叠，影响综合分析的准确性。因此，指标体系需要内容简单明了、准确，且具有代表性。

（5）可操作性

从理论上讲，指标体系的涉及面越广，就越能全面、真实地反映行业性工业园区的发展状况，但这样会造成整个指标体系操作复杂，甚至无法使用。因此，要充分考虑到指标体系具有操作简单性，相应的数据具有可获得性；同时，评价指标体系应尽可能量化，对于一些难以量化，但影响意义重大的指标，可用定性指标来描述。

3.2.2　指标构建方法与程序

（1）指标体系的构建方法

评价指标体系的构建主要是指标选取及指标之间结构关系的确定，一般采用定性分析和定量分析相结合的方法。定性分析主要是从评价的目的和原则出发，考虑评价指标的完备性、可行性、稳定性、必要性以及指标与评价方法的协调性等因素，来确定指标和指标结构的过程。定量分析则是指通过一系列检验和分析，使指标体系更加科学和合理的过程。具体构建过程如下：

1）确定评价指标体系的层次结构

工业园区生态化评价指标体系是一个复杂的系统，是由不同层次、不同要素的若干子系统构成的，因此可依据其要素构成进行层次结构分析，确定评价指标体系的层次总体结构。其层次结构一般包括总目标层、子目标层、准则层和具体指标层 4 个层次。

2）评价指标的初选

通过查阅和收集国内外现有的统计资料、统计指标和统计信息，再运用频度分析法、理论分析法等方法建立工业园区生态化评价的一般指标体系。

频度分析法主要是对收集的目前工业园区生态化评价研究的论文、报告等进行频度统计，选择那些使用频度较高的指标；理论分析法主要是对工业园区生态化评价指标体系的原则、功能和特点进行分析和比较，选择那些重要的、信息覆盖全的指标。

3）评价指标的优选

在建立一般评价指标体系之后，必须对初选的评价指标进行科学性检验，实现优化，即对初选指标体系进行完善化处理。一般包括对每个评价指标进行可行性分析和正确性分析的单体检验，以及对整个指标体系的重要性、必要性和完整性进行的整体检验。

①单体检验是对每个评价指标进行可行性分析和正确性分析

可行性分析是根据工业园区生态化水平评价指标的特征来分析指标数值的可获得性，对于那些无法或难以取得准确资料的指标，或者即使能取得但费用很高（高于指标体系本身所带来的社会和经济效益）都是不可行的。

正确性分析是对指标的计算方法、计算范围及计算内容的正确与否进行的分析。

②整体检验是对整个指标体系的指标的重要性、必要性和完整性进行的检验

重要性检验是根据工业园区的特点保留那些重要指标，剔除那些对评价目标鉴别力低或次要的指标。

一个复杂系统的评价指标之间通常都存在一定程度的相关关系，从而使观测数据所反映的信息有所重叠。若指标体系中存在着高度相关的指标，就会影响评价结果的客观性。为此，必须对初选的评价指标进行必要性的检验，以从全局出发来考虑拟出的评价指标是否都是必不可少的，有无冗余现象。一般用相关系数法来检验，其基本方法是：

a. 原始数据归一化处理：原始数据之间存在明显的量纲和指标的数量级差异，在进行相关分析之前，需统一量纲和缩小指标间的数量差异，为此，选用标准值 Z 来解决这一问题。$Z_i=(X_i-X)/S$，其中 X_i 是第 i 个观察值，X 是观察值分布的平均值（即均值），S 是标准偏差。标准值 Z_i 的均值为 0，标准偏差为 1。

b. 相关分析：用相关系数来表示指标 i 和 j 之间的相关程度。一般而言，相关系数可

以说明变量之间的密切程度。相关系数越接近于±1，变量之间的密度越大，指标的独立性越差，这时就应删减指标，使指标体系尽量简化。

c. 指标的剔除：在建立评价指标体系时，指标间的独立性越大越好，为此，选择 0.9 作为相关系数的临界值。若指标的相关系数小于临界值，则两个指标均可以保留；若指标的相关系数大于或等于临界值，则剔除掉权系数小的指标。

③完整性的检验针对评价指标体系是否全面、毫无遗漏地反映了最初描述的评价目的与任务，一般通过定性分析来进行判断。

4）建立具体评价指标体系

在评价指标优选后，还要通过专家咨询法、主成分分析和独立性分析把所得的指标进行进一步筛选，选择内涵丰富又相对独立的指标，最终构成具体的生态工业园评价指标体系。

（2）评价指标体系的构建程序

根据上述评价指标体系的构建方法，现确定评价指标体系的流程（图 3.1）。

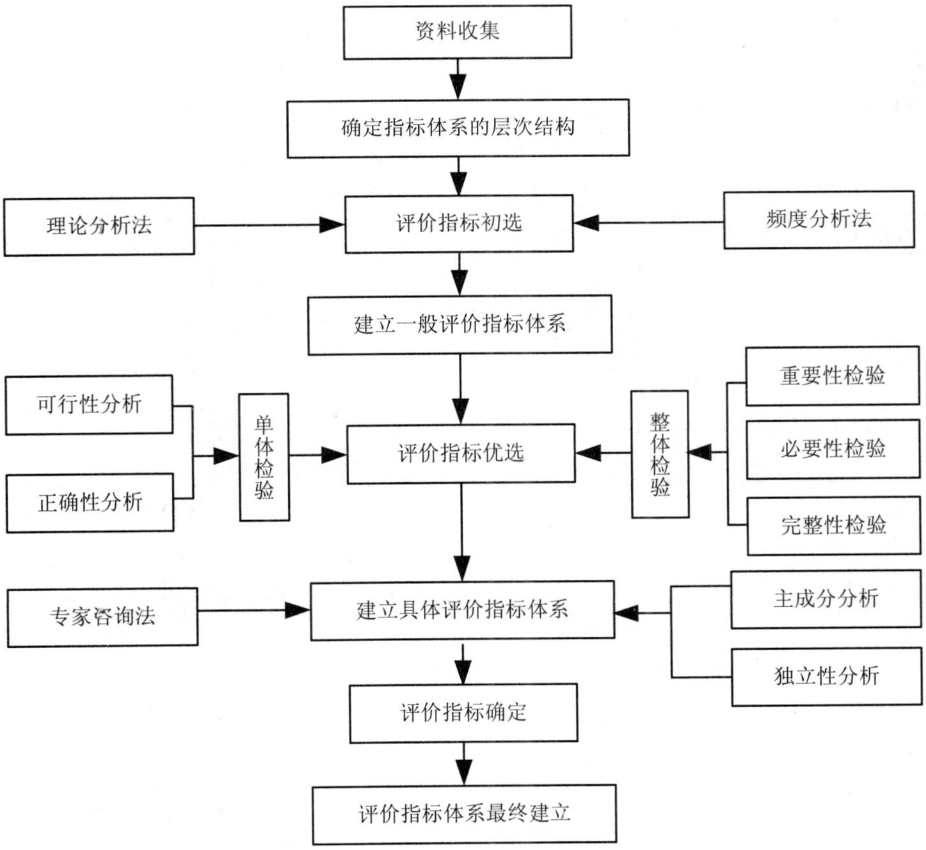

图 3-1　指标体系设置程序

3.3 评价指标体系构建

3.3.1 指标体系框架模式

生态工业园最本质特征在于企业间相互作用以及企业与自然环境间的作用，主要的描述是系统、合作、相互作用、效率、资源和环境[15]。但企业生态化改造是园区生态化改造的基础，只有通过企业生态化改造的推进，才能从源头上达到资源及能源的高效利用，减轻环境压力[16]。企业间产业链生态化改造是园区生态化改造的主体，通过企业间生态网络的构建，消除单个企业生产难以消除的环境影响[17]；通过环境整治与景观生态建设推进园区生态化，从区域集中治理角度全面解决园区内部生态化中无法解决的问题，全面改善园区环境质量。因此，本次构建的行业性工业园区生态化改造评价指标体系借鉴层次分析法的思想，基于生态化改造的层次及重点不同，把工业园区生态化分解成企业、企业间和园区不同的侧面，并在此基础上提出反映各个侧面的衡量指标。指标体系由指标和标准组成，其中指标分为总目标层、子目标层、准则层、指标层 4 个层次。总目标层为行业性工业园区生态化综合评价指数；核心企业、企业间与园区为子目标层；准则层根据不同的子目标层的目标与侧重点进行细化，并进一步细化为 29 个指标。具体指标体系与框架见表 3-1。

表 3-1 指标体系与框架表

总目标层	子目标层	准则层	指标层
A：生态工业园综合评价指数	B_1 核心企业	C_1 核心技术	D_1 是否采用资源化技术
			D_2 是否采用无害化技术
			D_3 是否采用高新技术
		C_2 污染物排放	D_4 排放总量达标率
			D_5 排放特征因子达标率
		C_3 清洁生产	D_6 清洁生产评价
	B_2 企业间	C_4 生态网络	D_7 有无成熟的生态工业链
			D_8 生态关联度
			D_9 园区副产品、废品资源化率
		C_5 柔性特征	D_{10} 产品种类的可替代性
			D_{11} 原材料的可替代性
	B_3 园区	C_6 经济发展	D_{12} 工业增加值增长率
			D_{13} 科技投入占 GDP 的比例
			D_{14} 科技进步对 GDP 的贡献率
		C_7 环境绩效指标	D_{15} 万元 GDP 工业废水产生量
			D_{16} 万元 GDP 有毒有害废物产生量
			D_{17} 万元 GDP 工业废气产生量
			D_{18} 万元 GDP 工业固体废弃物产生量

总目标层	子目标层	准则层	指标层
A：生态工业园综合评价指数	B_3 园区	C_8 污染集中控制	D_{19} 废水
			D_{20} 集中供热
			D_{21} 中水利用率
			D_{22} 固体废弃物
		C_9 园区管理	D_{23} 职工对生态工业的认知率
			D_{24} 风险污染控制体系
			D_{25} 环境管理制度完善度
			D_{26} 信息平台的完善度
		C_{10} 区域环境	D_{27} 周边社区对园区的满意度
			D_{28} 园区环境质量达标率
			D_{29} 园区绿化率

3.3.2　指标体系

（1）目标层

行业类工业园区是典型的工业集中区，工业生产是其核心内容，是由生产单元（企业）和生态环境组成的自然、社会、经济复合系统。工业园区在生产产品，满足人类生产生活需要的同时，还要维持生态环境的可持续性。对工业园区生态化改造而言，企业生态化是基础，企业间的生态化是关键，园区的生态化是保障。

行业类生态工业园的发展方向是生态化、持续化发展，所选择的目标层应能反映出这一趋势。根据行业类工业园区生态化改造的目标与层次，将工业园生态化综合评价指数为总目标层（A），用以衡量系统的发展水平、发展趋势及稳定度。并根据行业类园区的生态化的三个重要方面，进一步把总目标层细化为核心企业、企业之间与园区三个层面子目标层（B），子目标层旨在反映园区生态化三个重要方面的进展情况及发展现状，反映不同层面存在的主要问题及生态化改造的重点。

（2）准则层

准则层（C）由反映子目标层的指标构成。根据行业性工业园区的生态化改造的不同层次与重点，将核心企业层（B_1）分解为核心技术、污染物排放、清洁生产 3 个准则层；将企业间子目标层（B_2）分解为生态网络和柔性特征 2 个准则层；将园区子目标层（B_3）分解为经济发展、环境绩效指标、污染集中控制、园区管理、区域环境等 5 个准则层。

（3）指标层

指标层（D）具体指标的选取是在上述框架设计的基础上进行的，用来反映准则层的具体内容，由 29 项具体指标构成。这些指标不仅可以反映园区的可持续发展情况，而且还能动态地反映其变化程度。

3.3.3 数据采集

本标准中一些常见指标的数据采集和计算方法以城市统计年鉴、环境保护统计年鉴的相应指标数据和计算方法为准。

本标准中环境类指标的采样和监测按照国家环境保护标准监测方法执行，非环境类指标的数据采用城市统计年鉴数据。

3.3.4 计算方法

D_1：是否采用资源化技术

指标解释：是指园区的关键种企业核心技术上是否采用了资源化技术。

数据来源：园区核心企业

D_2：是否采用无害化技术

指标解释：是指园区的关键种企业核心技术上是否采用了无害化技术。

数据来源：园区核心企业

D_3：是否采用高新技术

指标解释：是指园区的关键种企业核心技术上是否采用了高新化技术。

数据来源：园区核心企业

D_4：排放总量达标率

指标解释：是指园区的关键种企业排放总量是否达标。

数据来源：园区核心企业

D_5：排放特征因子达标率

指标解释：是指园区的关键种企业特征因子是否达标排放。

数据来源：园区核心企业

D_6：清洁生产评价

指标解释：是指园区的关键种企业清洁生产评价。

数据来源：园区核心企业

D_7：有无成熟的生态工业链

指标解释：是指园区的企业之间是否已经构成了生态工业链。

数据来源：园区管理部门

D_8：生态关联度

指标解释：园区生态关联度是指对园区内企业间关联性大小的量度。园区企业间生态关联度愈高，生态工业园内企业间相互利用副产品、废品的连接关系就愈多，企业间关系就愈密切。

计算公式：生态工业园内各企业之间的关系，是相互利用副产品、废品，形成的是生态工业链，在进行园区企业间关联度计算时，分两种情况：同时考虑园区内生态工业链（L_e）

和产品链（L_p），即总食物链数 $L_t=L_e+L_p$；仅考虑园区内生态工业链。与其对应的关联度分别称为园区企业间总关联度（C_t）和园区企业间生态关联度（C_e）。公式如下：

$$C_e = \frac{L_e}{s'(s'-1)/2} \tag{3-1}$$

$$C_t = \frac{L_t}{s'(s'-1)/2}$$

式中：s'为生态工业园（或工业园）内企业数量。这里企业是指从事生产、运输、铁路、贸易等经济活动的部门，如工厂、矿山、公司等。

数据来源：园区管理部门

D_9：园区副产品、废品资源化率

指标解释：企业间副产品、废品的资源化率是指一个企业的副产品、废品被作为原料供下游企业使用的百分比。

计算公式：

$$C_R = \frac{L_e}{s(s-1)/2} \cdot \frac{\sum_{i=1}^{L_e} u_i}{L_e} \times 100\% \tag{3-2}$$

式中：C_R 为园区副产品、废品资源化率，%；L_e 为生态工业链的数量；u_i 为企业资源化率；i=1，2，…，L_e；s 为生态工业园内的企业数量。

数据来源：园区管理部门

D_{10}：产品种类的可替代性

指标解释：是指园区企业之间产品相互通用性，具有很好的可替代性。

数据来源：园区管理部门

D_{11}：原材料的可替代性

指标解释：是指园区企业之间原料相互通用性，具有很好的可替代性。

数据来源：园区管理部门

D_{12}：工业增加值增长率

指标解释：工业增加值增长率指报告期内园区工业增加值相对上一年的工业增加值的增值与上一年工业增加值的百分比。

计算公式：

D_{12}（%）=[（当年工业增加值−上年度工业增加值）÷上年度工业增加值]×100%

数据来源：统计部门

D_{13}：科技投入占 GDP 的比例

指标解释：园区内用于科技投入相对 GDP 百分比。

计算公式：

D_{13}（%）=（科技投入/GDP 总量）×100%

数据来源：统计部门

D_{14}：科技进步对 GDP 的贡献率

指标解释：园区科技进步产生的 GDP 增加量相对 GDP 百分比。

计算公式：

D_{14}（%）＝（科技投入产生的 GDP/GDP 总量）×100%

数据来源：统计部门

D_{15}：万元 GDP 工业废水产生量

指标解释：指园区万元工业 GDP 排放的废水量。包括直排废水和经企业或城市污水处理厂处理后排放的废水。

计算公式：

D_{15}（t/万元）=园区工业废水排放量/园区万元 GDP

数据来源：统计部门、环保部门

D_{16}：万元 GDP 工业固体废弃物产生量

指标解释：指园区万元工业 GDP 工业固体废弃物产生量。

计算公式：

D_{16}（t/万元）=园区工业固体废弃物产生量/园区万元 GDP

数据来源：统计部门、环保部门

D_{17}：万元 GDP 工业废气产生量

指标解释：指园区万元工业 GDP 废气产生量。

计算公式：

D_{17}（t/万元）=园区工业废气产生量/园区万元 GDP

数据来源：统计部门、环保部门

D_{18}：万元 GDP 有毒有害废物产生量

指标解释：指园区万元工业 GDP 有毒有害废物产生量。

计算公式：

D_{18}（t/万元）=园区工业有毒有害废物发生量/园区万元 GDP

数据来源：统计部门、环保部门

D_{19}：废水处理

指标解释：指园区集中污水处理厂建设情况。

数据来源：园区管理部门

D_{20}：集中供热

指标解释：指园区集中供热建设情况。

数据来源：园区管理部门

D_{21}：中水利用率

指标解释：中水指各种排水经处理后，达到规定的水质标准，可在一定范围内重复使用的非饮用水。在此指以经过污水处理厂处理后的二级达标水做水源，再深度处理，达到中水标准的中水。指标适用范围：园区内没有城市污水处理厂的不考核该指标。

计算公式：

$$D_{21}（\%）=[中水回用量（万t）/污水处理厂排水水量（万t）]\times 100\%$$

数据来源：统计部门、环保部门

D_{22}：固体废弃物

指标解释：指园区内的一般工业固体废物收集与集中处置系统。

数据来源：园区管理部门

D_{23}：职工对生态工业的认知率

指标解释：指被抽查的园区内从业人员对生态工业了解和认同的人数占被抽查的从业人员总人数的百分比。抽查总人数不少于上年末园区从业人员的千分之一。调查表中有利选项大于等于调查人所做选项的80%，视为调查人对生态工业认同。

数据来源：现场问卷调查，参照国家综合类生态工业园标准（HJ 274—2009）提供的调查表。

D_{24}：风险污染控制体系

指标解释：指园区建立了风险和突发性污染事件控制体系，具有一定的环境应急反应能力，建立了环境应急预案。

数据来源：园区管理部门

D_{25}：环境管理制度完善度

指标解释：指园区环境监测及管理制度健全，具备一定的环境管理能力。

数据来源：园区管理部门

D_{26}：信息平台的完善度

指标解释：指园区内信息平台建设的完善程度。主要考核是否创建局域网；是否定期在园区管委会网站、局域网或相关网站上发布园区污染物排放情况，固体废物产生、供需和流向信息；是否在园区局域网上有园区主导行业清洁生产技术信息（包括原材料选择、节水、节能等）三个方面。

数据来源：园区管理部门

D_{27}：周边社区对园区的满意度

指标解释：指被抽查的园区内常住人口对园区生态环境满意的人数占被抽查人口总人数的百分比。抽查总人数不少于上年末园区常住人口的千分之一。调查表中满意和基本满意选项大于等于调查人所做选项的80%，视为调查人对环境满意。

数据来源：现场问卷调查。参照国家综合类生态工业园标准（HJ 274—2009）提供的调查表。

D_{28}：园区环境质量达标率

指标解释：是指园区大气、水、噪声、地下水、土壤等环境质量达到了规划环境标准值的比率。

计算公式：

$$D_{28}=\sqrt[3]{\alpha_1\alpha_2\alpha_3} \qquad (3\text{-}3)$$

式中：$\alpha_1,\alpha_2,\alpha_3$ 分别为大气、水、噪声等达标率。

数据来源：环保部门、园区管理部门

D_{29}：园区绿化率

指标解释：该指标反映园区绿化水平，指园区已开发范围内绿化覆盖面积占园区实际开发面积的比重。绿化覆盖面积指统计区域内的乔木、灌木、草坪等所有植被的垂直投影面积，包括公共绿地、居住区绿地、企业等单位附属绿地、防护绿地、生产绿地、道路绿地、风景林地等的绿化种植覆盖面积、屋顶绿化覆盖面积以及零散树木的覆盖面积。

计算公式：

D_{29}＝（园区已开发范围内绿化覆盖面积/园区实际开发面积）×100%

数据来源：园林部门、园区管理部门

3.4 指标权重的确定

3.4.1 确定方法

3.4.1.1 层次分析法

（1）基本原理

层次分析法（Analytic Hierarohy Process，AHP）又称多层次权重解析方法。层次分析法的基本思想是把复杂问题分解成多个组成要素，并把这些要素按照支配关系形成递阶层次结构，通过对专家进行咨询，两两比较每个层次中诸因素的相对重要性，综合多个专家的判断，确定下一层要素对上层要素的权重贡献，最后计算各个要素对总目标的权重总排序。

（2）层次分析法的基本步骤

1）建立递阶层次结构模型

首先通过分析复杂问题，弄清系统所包含的因素，以及因素间的相互关系和隶属关系等，将具有共同属性的元素归并为一组，作为结构模型的一个层次，构建递阶层次结构模型。同一层次的元素既对下一层次元素起着制约作用，同时又受到上一层次元素的制约。

2）构造判断矩阵

根据层次结构模型确定上下层元素之间的隶属关系，即开始定量化。通过对某层次中各元素的相对重要性作出比较判断，即针对上一层次某一元素，该层次中与之有关的元素两两比较，并将比较结果按一定的比率标度定量化，可构成两两判断矩阵。判断矩阵是层次分析法的基础，其元素的值反映了人们对各因素相对重要性的估计（一般是根据资料、专家意见和研究人员的经验确定其值）判断矩阵的元素一般采用 1～9 及其倒数的标度法，见表 3-2。

表 3-2　Saaty 标度法及其含义

标度值	含义
1	表示两个因素相比，具有同样重要性
3	表示两个因素相比，一个因素比另一个因素稍微重要
5	表示两个因素相比，一个因素比另一个因素明显重要
7	表示两个因素相比，一个因素比另一个因素强烈重要
9	表示两个因素相比，一个因素比另一个因素极端重要
2，4，6，8	表示上述两相邻判断的中间值
倒数	因素 i 与 j 比较得到 b_{ij}，则因素 j 与 i 比较得到 $b_{ji}=b_{ij}^{-1}$

3）求特征向量$\boldsymbol{\omega}$及最大特征根$\lambda_{\max}$

采用方根法计算判断矩阵的最大特征根及其对应的特征向量。设判断矩阵 $A=\left(a_{ij}\right)_{n\times n}$

其基本步骤如下：

①计算判断矩阵每一行元素的乘积 M_i

$$M_i=\prod_{j=1}^{n}b_{ij}\quad(i=1,2,\cdots,n) \tag{3-4}$$

②所得的乘积分别开 n 次方

$$\boldsymbol{w}_i=\sqrt[n]{M_i}\quad(i=1,2,\cdots,n) \tag{3-5}$$

③对方根向量 W_i 作归一化处理，即得归一化特征向量$\boldsymbol{\omega}$的值

$$\boldsymbol{\omega}_i=\boldsymbol{W}_i/\sum_{i=1}^{n}\boldsymbol{W}_i\quad(i=1,2,\cdots,n) \tag{3-6}$$

得到最大特征根对应的特征向量 $\boldsymbol{\omega}=\left(\omega_1,\omega_2,\cdots,\omega_n\right)^{\mathrm{T}}$，这也是各因素的相对权重。

④计算判断矩阵的最大特征根$\lambda_{\max}$

$$\lambda_{\max}=\frac{1}{n}\sum_{i=1}^{n}\frac{(A\boldsymbol{W})_i}{\boldsymbol{w}_i} \tag{3-7}$$

4）层次排序及一致性检验

①层次单排序

由计算得出的特征向量即为同一层次相应要素对于上一层次某一要素的相对重要性

的权重值，这一过程便是层次单排序，这是某一层次所有元素对上一层次重要性排序的基础。

②层次单排序一致性检验

a. 为了度量判断矩阵是否偏离了一致性，引入判断矩阵的最大特征根以外的其余特征根的负平均值作为一致性检验指标：

$$CI = \frac{\lambda_{max} - n}{n-1} = \frac{-\sum\limits_{i=max} \lambda_i}{n-1} \tag{3-8}$$

式中，n 为判断矩阵的阶数，λ_{max} 为判断矩阵的最大特征值。

一般来说，CI 值越大，偏离一致性越大，反之，偏离一致性越小。另外，判断矩阵的阶数 n 越大，判断的主观因素造成的偏差越大，偏离一致性也就越大。反之，偏离一致性越小。当阶数 $n\leqslant 2$ 时，CI≤0.1 判断矩阵具有完全的一致性。一般认为，只要 CI≤0.1，认为判断矩阵的一致性可以接受，否则重新进行两两比较判断。

b. 判断矩阵的维数 n 越大，判断的一致性将越差，故为了度量不同阶判断矩阵是否具有完全的一致性，再引入判断矩阵平均随机一致性指标 RI 值。对于不同的 n，RI 的数值见表 3-3。

表 3-3　RI 数值表

阶数	1	2	3	4	5	6	7	8	9
RI	0.00	0.00	0.52	0.89	1.12	1.26	1.36	1.41	1.46

c. 判断矩阵的一致性指标 CI 与其同阶的平均随机一致性指标 RI 之比便是随机一致性比率，即 CR=CI/RI。

当 CR 越小时，判断矩阵的一致性越好。一般认为，当一致性参数 CR≤0.1 时，认为判断矩阵符合满意的一致性标准，层次单排序的结果是可以接受的；如果 CR＞0.1，应该对判断矩阵作适当修正，或者将该判断矩阵视为无效的。一阶和二阶的判断矩阵总是一致的，CR=0。对于没有通过一致性检验的判断矩阵需要返回给被咨询者，进行调整以满足一致性要求。

对上述各层次判断矩阵进行单层次一致性检验，由此可知，各层次判断矩阵是否具有满意的一致性。

③层次总排序

层次总排序是由上而下逐层进行的，根据同一层次中层次单排序的计算结果，综合得出对上一层次的相对重要性的排序权重，最后得出最低层各因素相对于最高层因素的总排序权重。

设最高层为 A；中间层 B 包含 m 个因素 B_1、B_2、…、B_m，则 B 相对于 A 的权重值为 w（B_1），w（B_2），…，w（B_m）

最低层 C 包括 n 个因素，$C_1, C_2, \cdots, C_n$，则 C 相对于 B_i 的权重值为 $w(C_{i1}), w(C_{i2}), \cdots$, $w(C_{in})$，于是，C 层相对于 A 层的组合权重值为：

$$w'(C_{ij}) = w(B_i)w(C_{ij}) \quad i = 1,2,\cdots,m; \quad j = 1,2,\cdots,n$$

且有：$\sum_{j=1}^{n}\sum_{i=1}^{m} w(B_i)w(C_{ij}) = 1$

④层次总排序一致性检验

层次总排序一致性检验过程也是从高到低逐层进行，总排序随机一致性比率为：

$$\text{CR}_{总} = \frac{\text{CI}_{总}}{\text{RI}_{总}}$$

其中：$\text{CI}_{总} = \sum_{i=1}^{n} w(B_i)\text{CI}_{总} \qquad \text{RI}_{总} = \sum_{i=1}^{n} w(B_i)\text{RI}_i$

CI_i 为 C 层某些因素对 B 的判断矩阵的一致性指标，RI_i 为相应的平均随机一致性指标。当 $\text{CR}_{总} \leqslant 0.1$ 时，则认为层次总排序结果具有满意一致性，否则需要重新调整判断矩阵的元素取值。

3.4.1.2　熵权系数法

（1）基本原理

熵值法是一种客观赋权法，依据各指标值所包含的信息量大小，确定指标的权重。熵的概念源于热力学，表示不能用来做功的热能，是热能的变化量除以温度所得的商，后由申农（Shannon）引入信息论，现已在工程技术、社会经济等领域得到了更多的应用。

在信息论中，信息是系统有序程度的一个度量，熵是系统无序程度的一个度量，二者绝对值相等，符号相反。当系统可能处于 m 种不同状态，每种状态出现的概率为 P_i（i=1，2，…，m）时，该系统的熵定义为：

$$E = -\sum_{i=1}^{m} p_i \ln p_i$$

显然，当 P_i=1/m，i=1，2，…，m，即概率相等时，熵取得最大值为：

$$E_{\max} = \ln m$$

设有 m 个待评项目，n 个评价指标，形成原始指标数据矩阵 $\boldsymbol{R} = \left(r_{ij}\right)_{m\times n}$ 对于某个指标 j，有信息熵：

$$e_j = -k\sum_{i=1}^{m} p_{ij} \ln p_{ij} \quad (j = 1,2,\cdots,n)$$

其中：$P_{ij} = r_{ij} \Big/ \sum_{i=1}^{m} r_{ij}$，$K>0$，ln 为自然对数，$e_j \geqslant 0$。

可见，某项指标的信息熵越大，表明其指标值的变异程度越大，提供的信息量越大，在综合评价中所起的作用越大，则该指标的权重也应越大；反之，某个指标的信息熵越小，表明其指标值的变异程度越小，提供的信息量越小，在综合评价中所起的作用越小，则该指标的权重也应越小。所以，可以根据各个指标值的变异程度，利用信息熵这一工具，计算各指标的权重，为多准则综合评价提供依据。

（2）熵技术支持下的层次分析法对评价指标权重修正的基本步骤

1）设已构建的判断矩阵 $\boldsymbol{R}=\left(r_{ij}\right)_{n\times n}$，按公式 $R_{ij}=r_{ij}\Big/\sum_{i=1}^{m}r_{ij}$ 作归一化处理，得标准矩阵 $\overline{\boldsymbol{R}_{ij}}=\overline{(r_{ij})}_{n\times n}$，则第 j 项指标的熵值 $e_j=\dfrac{1}{\ln n}\sum_{i=1}^{n}\overline{r_{ij}}\ln\overline{r_{ij}}$，可知 $0\leqslant e_j\leqslant 1$。

2）计算第 j 项指标的偏差度 d_j

$$d_j=1-e_j\quad\left(j=1,2,\cdots,n\right)$$

3）确定第 j 项指标的信息权重 μ_j

$$\mu_j=d_j\Big/\sum_{j=1}^{n}d_j\quad(j=1,2,\cdots,n)$$

4）利用信息权重 μ_j 修正由上述层次分析法得出的指标权重系数 $w=\left(w_1,w_2,w_3,\cdots,\omega_n\right)^{\mathrm{T}}$ 得到修正后的指标权重系数 λ_j。

$$\lambda_j=\mu_j w_j/(\sum_{j=1}^{n}\mu_j w_j)\quad(j=1,2,\cdots,n)$$

从而得到各指标较合理的权重系数 $\left(\lambda_1,\lambda_2,\lambda_3,\cdots,\lambda_n\right)$。修正后的权重信息量增大，可信度较修正前有所提高，且更符合实际情况。

3.4.2 指标权重

（1）A—B 的权系数见表 3-4

表 3-4 判断矩阵 A—B 及权数计算

指标层次	指标代号	B_1	B_2	B_3	权数 w_i
A—B	B_1	1	1/3	1	0.2
	B_2	3	1	3	0.6
	B_3	1	1/3	1	0.2

$\lambda_{\max}=3.0,\mathrm{CI}=\left(\lambda_{\max}-n\right)/\left(n-1\right)=0,\mathrm{RI}=0.52,\mathrm{CR}=\mathrm{CI}/\mathrm{RI}=0<0.1$ 满足一致性检验。

（2）B_1—C 的权系数见表 3-5

表 3-5　判断矩阵 B_1—C 及权数计算

指标层次	指标代号	C_1	C_2	C_3	权数 w_i
B_1—C	C_1	1	1	1	0.333 3
	C_2	1	1	1	0.333 3
	C_3	1	1	1	0.333 3

$\lambda_{\max} = 3.0, \mathrm{CI} = (\lambda_{\max} - n)/(n-1) = 0, \mathrm{RI} = 0.52, \mathrm{CR} = \mathrm{CI}/\mathrm{RI} = 0 < 0.1$ 满足一致性检验。

（3）B_2—C 的权系数见表 3-6

表 3-6　判断矩阵 B_2—C 及权数计算

指标层次	指标代号	C_4	C_5	权数 w_i
B_2—C	C_4	1	1	0.5
	C_5	1	1	0.5

$\lambda_{\max} = 2.0, \mathrm{CI} = (\lambda_{\max} - n)/(n-1) = 0, \mathrm{RI} = 0, \mathrm{CR} = \mathrm{CI}/\mathrm{RI} = 0 < 0.1$ 满足一致性检验。

（3）B_3—C 的权系数见表 3-7

表 3-7　判断矩阵 B_3—C 及权数计算

指标层次	指标代号	C_6	C_7	C_8	C_9	C_{10}	权数 w_i
B_3—C	C_6	1	1/3	1	1/5	3	0.129 2
	C7	3	1	3	1	3	0.314 2
	C8	1	1/3	1	1/3	1	0.104 7
	C9	5	1	3	1	3	0.363 6
	C_{10}	1/3	1/3	1	1/3	1	0.088 3

$\lambda_{\max} = 5.233\,7, \mathrm{CI} = (\lambda_{\max} - n)/(n-1) = 0.058\,4, \mathrm{RI} = 1.12, \mathrm{CR} = \mathrm{CI}/\mathrm{RI} = 0.052 < 0.1$ 满足一致性检验。

（4）C_1—D 的权系数见表 3-8

表 3-8　判断矩阵 C_1—D 及权数计算

指标层次	指标代号	D_1	D_2	D_3	权数 w_i
C_1—D	D_1	1	1	1	0.333 3
	D2	1	1	1	0.333 3
	D3	1	1	1	0.333 3

$\lambda_{\max} = 3.0, \mathrm{CI} = (\lambda_{\max} - n)/(n-1) = 0, \mathrm{RI} = 0.52, \mathrm{CR} = \mathrm{CI}/\mathrm{RI} = 0 < 0.1$ 满足一致性检验。

（5）C_2—D 的权系数见表 3-9

表 3-9 判断矩阵 C_2—D 及权数计算

指标层次	指标代号	D_4	D_5	权数 w_i
C_2—D	D4	1	1	0.5
	D5	1	1	0.5

$\lambda_{max}=2.0, CI=(\lambda_{max}-n)/(n-1)=0, RI=0, CR=CI/RI=0<0.1$ 满足一致性检验。

（6）C_4—D 的权系数见表 3-10

表 3-10 判断矩阵 C_4—D 及权数计算

指标层次	指标代号	D_7	D_8	D_9	权数 w_i
C_4—D	D_7	1	1	1	0.333 3
	D_8	1	1	1	0.333 3
	D_9	1	1	1	0.333 3

$\lambda_{max}=3.0, CI=(\lambda_{max}-n)/(n-1)=0, RI=0.52, CR=CI/RI=0<0.1$ 满足一致性检验。

（7）C_5—D 的权系数见表 3-11

表 3-11 判断矩阵 C_5—D 及权数计算

指标层次	指标代号	D_{10}	D_{11}	权数 w_i
C_5—D	D_{10}	1	1	0.5
	D_{11}	1	1	0.5

$\lambda_{max}=2.0, CI=(\lambda_{max}-n)/(n-1)=0, RI=0, CR=CI/RI=0<0.1$ 满足一致性检验。

（8）C_6—D 的权系数见表 3-12

表 3-12 判断矩阵 C_6—D 及权数计算

指标层次	指标代号	D_{12}	D_{13}	D_{14}	权数 w_i
C_6—D	D_{12}	1	1	1	0.333 3
	D_{13}	1	1	1	0.333 3
	D_{14}	1	1	1	0.333 3

$\lambda_{max}=3.0, CI=(\lambda_{max}-n)/(n-1)=0, RI=0.52, CR=CI/RI=0<0.1$ 满足一致性检验。

（9）C_7—D 的权系数见表 3-13

表 3-13　判断矩阵 C_7—D 及权数计算

指标层次	指标代号	D_{15}	D_{16}	D_{17}	D_{18}	权数 w_i
C_7—D	D_{15}	1	1/3	1/2	1	0.142 1
	D_{16}	3	1	1	3	0.383 8
	D_{17}	2	1	1	3	0.347 5
	D_{18}	1	1/3	1/3	1	0.127 6

$\lambda_{max} = 4.020\,6, CI = (\lambda_{max} - n)/(n-1) = 0.006\,9, RI = 0.89, CR = CI/RI = 0.007\,7 < 0.1$ 满足一致性检验。

（10）C_8—D 的权系数见表 3-14

表 3-14　判断矩阵 C_8—D 及权数计算

指标层次	指标代号	D_{19}	D_{20}	D_{21}	D_{22}	权数 w_i
C_8—D	D_{19}	1	1/3	1/2	1	0.142 1
	D_{20}	3	1	1	3	0.383 8
	D_{21}	2	1	1	3	0.347 5
	D_{22}	1	1/3	1/3	1	0.127 6

$\lambda_{max} = 4.020\,6, CI = (\lambda_{max} - n)/(n-1) = 0.006\,9, RI = 0.89, CR = CI/RI = 0.007\,7 < 0.1$ 满足一致性检验。

（11）C_9—D 的权系数见表 3-15

表 3-15　判断矩阵 C_9—D 及权数计算

指标层次	指标代号	D_{23}	D_{24}	D_{25}	D_{26}	权数 w_i
C_9—D	D_{23}	1	1/3	1/2	1	0.142 1
	D_{24}	3	1	1	3	0.383 8
	D_{25}	2	1	1	3	0.347 5
	D_{26}	1	1/3	1/3	1	0.127 6

$\lambda_{max} = 4.020\,6, CI = (\lambda_{max} - n)/(n-1) = 0.006\,9, RI = 0.89, CR = CI/RI = 0.007\,7 < 0.1$ 满足一致性检验。

（12）C_{10}—D 的权系数见表 3-16

表 3-16　判断矩阵 C_9—D 及权数计算

指标层次	指标代号	D_{27}	D_{28}	D_{29}	权数 w_i
C_9—D	D_{27}	1	1/3	1	0.2
	D_{28}	3	1	3	0.6
	D_{29}	1	1/3	1	0.2

$\lambda_{max}=3.0, CI=(\lambda_{max}-n)/(n-1)=0, RI=0.52, CR=CI/RI=0<0.1$ 满足一致性检验。

（13）CR 总值检验

CI 总=0.079 1，RI 总=6.91，CR 总=CI 总/RI 总=0.011 44≤0.1，故整体也满足一次性检验。

（14）权重修正

熵技术支持下的 AHP 法对 A-B-C-D 4 个层次指标权系数的修正。熵技术支持下 AHP 法的权数修正见表 3-17。

表 3-17 熵技术支持下 AHP 法定权数修正

指标层次	指标代号	权数 w	e	d	u	修正后权数 w
A—B	B_1	0.2	0.865	1 350	0.333 3	0.2
	B_2	0.6	0.865	1 350	0.333 3	0.6
	B_3	0.2	0.865	1 350	0.333 3	0.2
B_1—C	C_1	0.333 3	1	0	0.333 3	0.333 3
	C_2	0.333 3	1	0	0.333 3	0.333 3
	C_3	0.333 3	1	0	0.333 3	0.333 3
B_2—C	C_4	0.5	1	0	0.5	0.5
	C_5	0.5	1	0	0.5	0.5
B_3—C	C_6	0.129 2	0.791 0	0.209 0	0.363 8	0.238 3
	C_7	0.314 2	0.910 1	0.089 9	0.156 5	0.249 5
	C_8	0.104 7	0.910 1	0.089 9	0.156 5	0.083 2
	C_9	0.363 6	0.882 9	0.117 1	0.203 8	0.375 8
	C_{10}	0.088 3	0.931 4	0.068 6	0.119 4	0.053 2
C_1—D	D_1	0.333 3	1	0	0.333 3	0.333 3
	D_2	0.333 3	1	0	0.333 3	0.333 3
	D_3	0.333 3	1	0	0.333 3	0.333 3
C_2—D	D_4	0.5	1	0	0.5	0.5
	D_5	0.5	1	0	0.5	0.5
C_3—D	D_6	1	1	0	1	1
C_4—D	D_7	0.333 3	1	0	0.333 3	0.333 3
	D_8	0.333 3	1	0	0.333 3	0.333 3
	D_9	0.333 3	1	0	0.333 3	0.333 3
C_5—D	D_{10}	0.5	1	0	0.5	0.5
	D_{11}	0.5	1	0	0.5	0.5
C_6—D	D_{12}	0.333 3	1	0	0.333 3	0.333 3
	D_{13}	0.333 3	1	0	0.333 3	0.333 3
	D_{14}	0.333 3	1	0	0.333 3	0.333 3
C_7—D	D_{15}	0.142 1	0.921 2	0.078 8	0.235 3	0.135 1
	D_{16}	0.383 8	0.905 6	0.094 4	0.281 9	0.436 7
	D_{17}	0.347 5	0.932 7	0.067 3	0.200 9	0.282 5
	D_{18}	0.127 6	0.905 6	0.094 4	0.281 9	0.145 7

指标层次	指标代号	权数 w	e	d	u	修正后权数 w
C_8—D	D_{19}	0.142 1	0.921 2	0.078 8	0.235 3	0.135 1
	D_{20}	0.383 8	0.905 6	0.094 4	0.281 9	0.436 7
	D_{21}	0.347 5	0.932 7	0.067 3	0.200 9	0.282 5
	D_{22}	0.127 6	0.905 6	0.094 4	0.281 9	0.145 7
C_9—D	D_{23}	0.142 1	0.921 2	0.078 8	0.235 3	0.135 1
	D_{24}	0.383 8	0.905 6	0.094 4	0.281 9	0.436 7
	D_{25}	0.347 5	0.932 7	0.067 3	0.200 9	0.282 5
	D_{26}	0.127 6	0.905 6	0.094 4	0.281 9	0.145 7
C_{10}—D	D_{27}	0.2	0.865	1350	0.333 3	0.2
	D_{28}	0.6	0.865	1350	0.333 3	0.6
	D_{29}	0.2	0.865	1350	0.333 3	0.2

（15）生态化水平评价指标体系的权重

园区生态化水平评价指标体系的最终权重见表 3-18。

表 3-18　生态化水平评价指标体系的权重

总目标层	子目标层/权重	准则层/权重	指标层/权重
A：生态工业园综合评价指数	B_1 核心企业/0.2	C_1 核心技术/0.333 3	D_1 是否采用资源化技术/0.333 3
			D_2 是否采用无害化技术/0.333 3
			D_3 是否采用高新技术/0.333 3
		C_2 污染物排放/0.333 3	D_4 排放总量达标率/0.5
			D_5 排放特征因子达标率/0.5
		C_3 清洁生产/0.333 3	D_6 清洁生产评价/1.0
	B_2 企业间/0.6	C_4 生态网络/0.5	D_7 有无成熟的生态工业链/0.333 3
			D_8 生态关联度/0.333 3
			D_9 园区副产品、废品资源化率/0.333 3
		C_5 柔性特征/0.5	D_{10} 产品种类的可替代性/0.5
			D_{11} 原材料的可替代性/0.5
	B_3 园区/0.2	C_6 经济发展/0.238 3	D_{12} 工业增加值增长率/0.333 3
			D_{13} 科技投入占 GDP 的比例/0.333 3
			D_{14} 科技进步对 GDP 的贡献率/0.333 3
		C_7 环境绩效指标/0.249 5	D_{15} 万元 GDP 工业废水产生量/0.135 1
			D_{16} 万元 GDP 有毒有害废物产生量/0.436 7
			D_{17} 万元 GDP 工业废气产生量/0.282 5
			D_{18} 万元 GDP 工业固体废弃物产生量/0.145 7
		C_8 污染集中控制/0.083 2	D_{19} 废水/0.135 1
			D_{20} 集中供热/0.436 7
			D_{21} 中水利用率/0.282 5
			D_{22} 固体废弃物/0.145 7

总目标层	子目标层/权重	准则层/权重	指标层/权重
A：生态工业园综合评价指数	B_3 园区/0.2	C_9 园区管理/0.375 8	D_{23} 职工对生态工业的认知率/0.135 1
			D_{24} 风险污染控制体系/0.436 7
			D_{25} 环境管理制度完善度/0.282 5
			D_{26} 信息平台的完善度/0.145 7
		C_{10} 区域环境/0.053 2	D_{27} 周边社区对园区的满意度/0.2
			D_{28} 园区环境质量达标率/0.6
			D_{29} 园区绿化率/0.2

3.5 评分方法

园区评价指标体系中指标众多，且有些不具有相关性，故各个指标的评分方法应根据各个指标独自的特点，来采用相应的评分方法，即整个评价指标体系应采用混合评分法。本次所构建的生态工业园评价指标体系有 29 个最底层的指标，在定量指标中采用标准值评分法和上下限评分法，在定性指标中采用五级评分法。

3.5.1 标准值评分法

标准值评分法是指根据指标近几年来的相关数据，确定一个标准的参考值，标准值主要取的是世界平均水平、国家制定的标准，以及符合中国国情的标准等。具体评分根据指标的实际数值，标准的参考值和权重套入公式来计算。

设评价指标体系中的第 i 项指标实际数值、标准值、调节系数和权重分别为 X_i、C_i、k_i 和 ω_i，则第 i 项指标的评估分数值为：

当 X_i 为正指标时，$f_i = k_i \cdot X_i / C_i$

当 X_i 为负指标时，$f_i = k_i \cdot C_i / X_i$

于是，采用标准值评分法的指标的总分数为：

$$F = \sum_{i=1}^{n} \omega_i \cdot f_i \qquad (3\text{-}17)$$

式中 n 为采用标准值评分法的指标的总数量。

3.5.2 上下限评分法

上下限评分法是指给每一个指标规定一个取值范围，在此范围内，即上下限之间，按线性插值法评分，在此范围之外，一端为 0 分，另一端为 100（满分），所采用的权数即为上一节所计算出的数，上下限的标准值即评分方法均是参照国家相应指标规定的标准与方法，稍加调整而制定。具体计算公式如下：

设 X_i 为第 i 项指标的实际数据，ω_i 为其权数，k_i 为其调节系数，上下限标准值分别记为 d_s，d_x，当 X_i 值为逆指标时，即其值越小越好，评分公式为：

$$f=\begin{cases}k_i\left(d_s-X_i\right)/\left(d_s-d_X\right), & d_x\leqslant X_i\leqslant d_s\\ k_i, & X_i<d_x\\ 0, & X_i>d_s\end{cases} \tag{3-18}$$

当 X_i 值为正指标时，即其值越大越好，评分公式为：

$$f=\begin{cases}k_i\left(X_i-d_s\right)/\left(d_s-d_X\right), & d_x\leqslant X_i\leqslant d_s\\ k_i, & X_i<d_s\\ 0, & X_i>d_x\end{cases}$$

从而综合评分为：

$$F=\sum_{i=1}^{n}\omega_i f_i \tag{3-19}$$

3.5.3　五级评分法

五级评分法是针对定性指标的一种评分方法，由于定性指标无法取得具体的数值，只能根据相关人员的调查问卷，来判断该项指标的分数，故具有很大的主观性，但也能从客观上反映出生态工业园的一定问题，相对来说有一定的参考价值。五级评分法将指标根据人们对它的看法，分为五个等级标准，具体见表 3-19。

表 3-19　五级评分法

等级	很差	差	中等	好	很好
分数	20	40	60	80	100

3.6　计算模型

根据三种评分方法的公式就可以得出准则层 3 个指标的评分：核心企业水平得分 F_1，企业间得分 F_2，园区得分 F_3。而园区生态化水平发展状况的总得分为 $F=0.2F_1+0.6F_2+0.2F_3$。从而判断出该工业园区生态化水平的发展状况，然后根据表 3-20 确定园区属于哪个等级。

表 3-20　综合评价表

等级	综合评价	评语
Ⅰ	80≤F＜100	建立了成熟的生态工业园，园区活力强
Ⅱ	60≤F＜80	建立了一般的生态工业园，园区活力较强
Ⅲ	40≤F＜60	初步建立了生态工业园，园区活力中等
Ⅳ	20≤F＜40	未形成生态工业园，园区活力弱
Ⅴ	F＜20	未形成生态工业园，园区活力很弱

参考文献

[1] 陈习连. 生态工业园评价体系及实证研究[D]. 广西师范大学，2007.

[2] 郝艳红，王灵梅. 火电厂生态工业园评价指标体系研究[J]. 环境科学与技术，2006，29（7）：70-73.

[3] 史凯. 生态小区评价指标体系与评价方法研究[D]. 成都：四川师范大学，2006.

[4] 黄鹍，陈森发，等. 生态工业园综合评价研究[J]. 科研管理，2004，25（4）：92-96.

[5] 张丽娜. AHP-模糊综合评价法在生态工业园中的应用[D]. 大连：大连理工大学，2006.

[6] 刘伟，鞠美庭，等. 生态工业园评价指标体系与评价方法研究[C]. 中国环境保护优秀论文精选，2005：93-102.

[7] 王少平，凌岚. 上海市莘庄工业园生态化研究[J]. 同济大学学报：自然科学版，2006，34（6）：388-393.

[8] T. E. Graedel，B. R. Allenby. 产业生态学[M]. 2 版. 北京：清华大学出版社，2004.

[9] 陈定江. 工业生态系统分析集成与复杂性研究[D]. 北京：清华大学，2003：37-49.

[10] 金涌，李有润，等. 生态工业：原理与应用[M]. 北京：清华大学出版社，2003.

[11] 李有润，沈静珠，胡山鹰，等. 生态工业与生态工业园的研究与进展[J]. 化工学报，2001，52（3）：189-192.

[12] Helminen. Developing Tangible Measures For Eco-efficiency：The Case of The Finnish And Swedish Pulp And Paper Industry [J]. Business Strategy and the Environment，2000（9）：196-210.

[13] 廖红. 环境管理理论与方法体系探索及其在区域可持续发展中运用的实力研究[D]. 天津：南开大学，2002.

[14] 李刚. 1991—2000 年江苏省环境-经济系统生态效率研究[D]. 南京：南京大学，2002.

[15] 由文辉. 生态工程原理与应用[M]. 上海：华东师范大学出版社，1998.

[16] 马俊杰，程金香，等. 生态工业园建设中的耦合问题及其实施途径研究[J]. 2004，19.

[17] 梁俊国，胡运权，等. 论企业生态经济系统[J]. 学术交流，1998，1：20-22.

第 4 章
基于 agent 的系统动力学模型的工业园共生系统研究

4.1 工业园共生规律研究

近年来，生态工业园的发展受到极大关注，关于生态工业园的研究成为环境科学的研究热点。研究工业园的发展规律对于指导工业园的生态化建设极其重要，但关于这方面的研究较少[1]，尤其是定量研究几近空白。一些学者[1-7]认为工业园发展符合自组织规律，推导出演化序参量（ξ）的基本公式，并以两个经典生态工业园卡伦堡工业园[8]和鲁北工业园[9]为例，通过自组织特征映射神经网络（SOM）得到特征值ξ。该理论从动力学角度分析了生态工业系统的演化过程并以序参量的形式描述了生态工业系统的结构，进行量化分析，弥补了目前生态工业研究中的不足。但该理论在非成熟工业园的应用还需要进一步探讨。本节以江苏省普通化工园泰兴精细化工园为例，探索该理论在非成熟工业园中的应用，并对计算过程进行了改进，引入产业共生演化效率指标，用于工业园间共生效益比较，为指导工业园区的生态建设提供新的思路。

4.1.1 工业园演化定量理论

已有的研究从自组织理论最大流原理出发，推导出演化序参量的基本公式[10, 11]，又发现公式与自组织神经网络机理相似，因此用企业数、产业链数以及企业间物质交换量代表园区基本属性，作为自组织神经网络的输入神经元，并以两个经典的成熟的生态工业园（卡伦堡工业园和鲁北工业园）为例，通过 Matlab 编程得到两个工业园演化序参量，证明了理论的正确性。

4.1.1.1 最大流原理

复杂网络系统的竞争过程遵循复杂系统演化的最大流原理[12]：一个远离平衡的开放复杂系统，总是寻找一种优化过程，使得系统在给定的约束或代价下所获得的广义流最大。工业园作为远离平衡的复杂网络系统，工业共生形成的过程是工业园内各企业间物质流、能量流、信息流相互竞争的过程，故工业园演化符合最大流原理。

设定任意一个由 n 个子系统组成的生态工业系统[13]（这里的子系统指生态工业系统的

功能块，比如园区成员企业个数、园区员工数等），每个子系统演化的驱动力，即从外界环境获得广义流（物质流、能量流、信息流等）的动力表示为 x_1，x_2，…，x_n，其所有微观子系统在Γ空间内，形成一个连续的单元，则 $dx=dx_1dx_2\cdots dx_n$ 为Γ空间内的一个体积单元。t 时刻该工业系统所有可能微观单元获得的平均广义流[14]见式（4-1）：

$$\overline{J}=\int\rho\left(x,t\right)J\left(\rho\right)\mathrm{d}x \tag{4-1}$$

式中，$\rho(x,t)$为 t 时刻流的概率分布函数；$J(\rho)$为与分布函数相关的广义流；x_i 是系统演化的驱动力。

利用拉氏乘子的优化法进行平移变换，通过变换得到生态系统结构的序参量方程见式（4-2）：

$$\xi_j=\sum_{i=1}^{n}a_{ji}x_i \tag{4-2}$$

式中，ξ值代表在不同控制参数下对应系统的不同结构或模式特征值；a_{ji} 为随机数；x_i 是系统演化的驱动力。

4.1.1.2 自组织特征映射神经网络

自组织神经网络（SOM）[71]是一种无监督学习的聚类方法，它能将高维模式空间映射到一平面上，而保持其拓扑结构不变。式（4-2）与 SOM 机理具有相似性[15]。SOM 的自组织过程就是神经元之间的自组织竞争过程，可以看做是工业系统信息在网络中的流动分配过程，如果将网络中的神经元看作工业子系统，输入的各类信息定义为系统中的广义流，各子系统对广义流的竞争过程就可以看做是神经元接受刺激的竞争激活过程。

对于式（4-2）中的 a_{ji} 项，在 SOM 中对应于神经元之间的连接权值 w_{ji}，它表示自组织神经网络中输入的神经元经过训练后得到的网络权值，即：

$$\xi_j=\sum_{i=1}^{n}w_{ji}x_i \tag{4-3}$$

式（4-3）把ξ_j进行了量化，ξ_j代表园区发展的第 j 种结构模式；x_i（i=1，2，…，n）表示园区系统的 n 个控制参数；w_{ji} 表示第 j 种结构模式中第 i 个参数的权值。

在 SOM 的训练过程中，w_{ji} 不断进行自组织调整[15]，它反映了园区系统自组织演化过程。将最终的 w_{ji} 值代入式（4-3），所得到的ξ_j值可以量化系统竞争优化的形成结果，它表征竞争获胜的模式特征，也就是园区共生稳定的模式特征。

4.1.2 工业园演化规律

选取泰兴精细化工园为案例，探讨演化理论在非成熟工业园中的应用。泰兴精细化工园建于 20 世纪 90 年代中期。若将卡伦堡工业园看作成熟工业园，泰兴精细化工园可以定义为非成熟工业园。

4.1.2.1　基本变量

泰兴精细化工园位于泰兴市滨江镇境内，规划总面积为 16.90 km^2。入园企业 102 家，主要生产石油化工产品和农副产品。泰兴精细化工园相关数据见表 4-1。企业之间因产品、副产品或废物的交换，形成产业链。为便于统计，将产业链中较晚建成的企业建成时间默认为该产业链的形成时间。

表 4-1　泰兴精细化工园数据

年份	企业数 X_1/个	产业链数 X_2/条	交换量 X_3/（t/a）
1997	16	0	0
1998	20	2	329
1999	29	3	16 973
2000	33	4	76 973
2003	52	5	86 688
2004	65	9	91 712.6
2005	81	14	217 984.6
2007	84	15	239 496.6
2008	102	18	244 272.6

注：数据整理自《（泰兴）开发园区循环经济规划》，《（泰兴）开发区回顾性环评》以及各企业的环境影响评价报告书。

4.1.2.2　演化规律

选取园区共生体成员个数即企业数目，产业链个数，企业间物质交换量作为工业园这个共生体的特征分量 X_1，X_2，X_3，采用式（4-3）归一化后消除量纲，作为 SOM 的输入神经元，泰兴精细化工园网络层为 3×9，通过 Matlab 编程[15]得到工业园序参量ξ动态演化过程，具体见图 4-1。

$$x_i = \frac{X_i}{\max X_i} \quad (i = 1,2,3) \tag{4-4}$$

图 4-1 中各年份的ξ均从杂乱散点状态最终达到竞争稳态，稳定值即代表工业园各年份的共生竞争获胜模式。工业园建设之初，共生效果不明显，ξ值基本呈直线状态，随时间增加，ξ值呈现逐年上升趋势，且在各个年份由散点状态达到稳定。泰兴精细化工园在计算 80 步后逐渐稳定，故泰兴精细化工园的发展均符合最大流原理，并自发向稳态靠拢。且ξ值呈现逐年上升趋势，说明工业园发展呈良好态势，其共生稳态随时间而增强。

将泰兴精细化工园各年份最终达到的稳定ξ值与卡伦堡工业园[64]相比较，2 个工业园工业共生序参量稳定ξ值的比较见图 4-2。

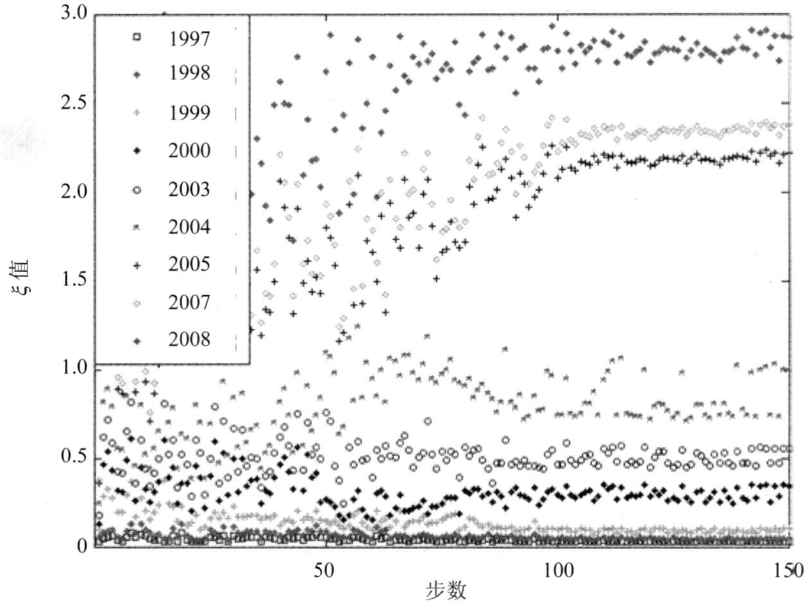

图 4-1 泰兴精细化工园序参量ξ值

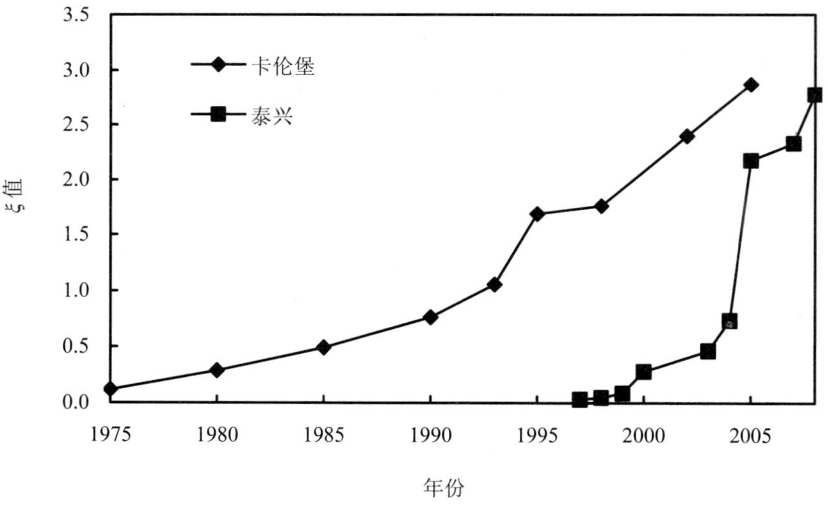

图 4-2 2 个工业园的ξ值

由图 4-2 可知，卡伦堡工业园在 1996 年前发展迅速，ξ值增长迅速，随着其发展状况日趋稳定，共生结构日趋完善，ξ值变化逐渐平缓。而泰兴精细化工园初期共生现象并不明显。泰兴精细化工园在 2005 年后ξ值增大幅度明显，主要是由于 2005 年后龙头企业新浦化工的下游企业增多，废物交换量高，共生效益明显。泰兴精细化工园ξ值近年来增长幅度明显，且有继续增长的趋势，远期有较大的产业共生发展潜力，因此，ξ 值可以如实反映工业园的历史演化过程，在研究工业园演化规律方面可以发挥积极作用。

4.1.3　产业共生演化效率评价

4.1.3.1　序参量ξ值

序参量ξ值包含了企业数，产业链数和企业物质交换量 3 个指标，理论上可以更加全面地表征工业园共生效益。但由图 4-2 可知，两个工业园最大值非常接近，表明非成熟工业园达到了卡伦堡工业园的共生水平，这是不合情理的。因ξ值受 X_1，X_2，X_3 影响，自组织神经网络首先对 X_1，X_2，X_3 进行了归一化处理，处理方式为各项当前值除以最大值，处理后两个工业园 X_1，X_2，X_3 取值范围都在[0，1]之间，最大值均为 1，各工业园规模，产业链数和交换量的差异在归一化中被忽略，故两个工业园的ξ值不能做横向比较，ξ 值只能分别反映各工业园随时间变化的演化规律。因此，若要以卡伦堡工业园作为工业园成功的范例，对比出泰兴精细化工园的差距，ξ 值需要进一步改进。

4.1.3.2　关联度指标

目前许多学者将生态学的关联度引入生态工园的研究中，认为它可以定量表示工业园的共生效果，产业关联度定义见式（4-5）。

$$C=\frac{L}{s(s-1)/2} \tag{4-5}$$

式中，L 为产业链数，s 为企业数，C 为关联度。

将泰兴精细化工园的企业数、产业链数、交换量以及关联度与卡伦堡工业园做比较，见图 4-3。

由图 4-3（a）可见，卡伦堡工业园规模比较小，企业数少；泰兴精细化工园企业数是它的近 5 倍。图 4-3（b）～图 4-3（d）说明，卡伦堡工业园形成的产业链数和产品废物交换量远大于泰兴精细化工园，就关联度总体趋势看，卡伦堡工业园也远大于泰兴化工园。两个工业园的关联度变化不大，不如交换量变化趋势明显，而由于产业链数目的增长速度低于企业数目的增长速度，均出现关联度下降的情况，物质交换量却随年份增加。因此单以某一年份关联度作为指标来表征工业园共生效益并不可靠。而其他三个指标也互有高低，需要一个综合的指标比较两个工业园的共生效益。因此可以考虑对综合指标序参量ξ值进行改进。

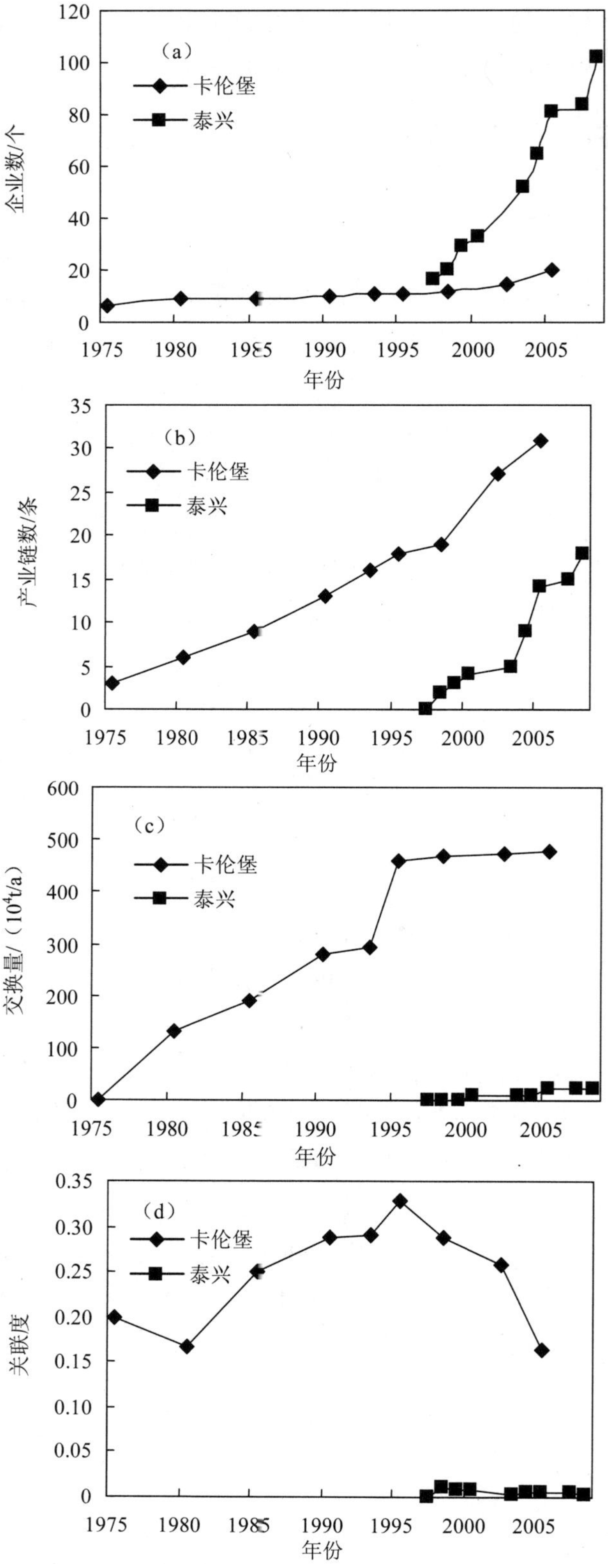

图 4-3 泰兴化工园与卡伦堡工业园数据比较

4.1.3.3　产业共生演化效率指标

在上述研究工业园演化规律过程中，归一化方法采用的是各指标当前值除以最大值。两个工业园的 X_1，X_2，X_3 归一化后最大值均为 1。为避免这种情况，将 2005 年卡伦堡工业园的 X_1，X_2，X_3 分别作为 $\max X_i$ 代入式（4-5）中。因为卡伦堡工业园发展已被充分肯定，并被作为工业园的范例，可以将卡伦堡工业园最新可得数据 2005 年的数据作为标准，检验其他工业园的发展。

同时泰兴精细化工园企业数大于卡伦堡工业园企业数，规模为卡伦堡工业园的近 5 倍。在同等规模下比较工业园的产业共生情况更为公平。故取 2005 年卡伦堡工业园的企业数作为统一规模标准，将泰兴精细化工园与该规模做比值，得到比例因子。将式（4-5）乘以比例因子得到式（4-6），即为相对同等规模下（2005 年卡伦堡的企业数），各工业园历年的企业数，产业链数以及物质交换量，再作为自组织神经网络的输入神经元，得到新的ξ 值如表 4-2 和图 4-4 所示。

$$x_i = \frac{X_i \cdot \dfrac{X_{1,（泰兴,2005）}}{X_{1,（卡伦堡,2005）}}}{X_{i,(卡伦堡，2005)}} \quad (i = 1,2,3) \tag{4-6}$$

表 4-2　改进后 2 个工业园ξ 值

年份	卡伦堡工业园	泰兴精细化工园
1975	0.117 84	0
1985	0.493 25	0
1990	0.761 39	0
1995	1.685 4	0
1996	—	0
1997	—	0.044
1998	1.757 9	0.055 2
1999	—	0.137 8
2002	2.397	—
2003	—	0.445 6
2004	—	0.657 3
2005	2.870 3	0.974 5
2006	—	—
2007	—	1.163 4
2008	—	1.515 3

注：“—”表示该年份企业数、产业链数、交换量及关联度均无变化。

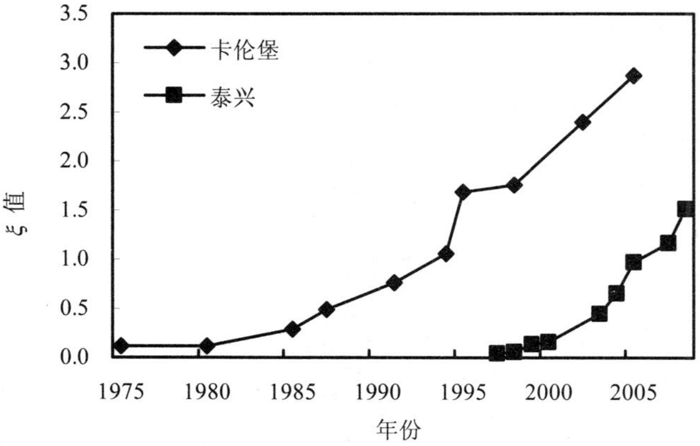

图 4-4 改进后 2 个工业园ξ值的比较

由表 4-2 和图 4-4 可知，泰兴精细化工园的ξ 值远小于卡伦堡工业园，这与两个工园的总体关联度以及交换量的比较是一致的。因此改进后的ξ值可以如实反映工业园的共生效益。

由于ξ值包含了工业园的企业数，产业链数及物质交换量三项指标，比单一指标更加全面。相比于包含了两个指标（企业数和产业链数）的关联度，ξ 也既表征任意年份工业园的共生效益，也能够反映工业园共生的演化规律，因此定义其为工业园共生演化效率指标。将 2005 年卡伦堡ξ值 2.87 作为工业园产业共生结构模式稳定的标准值。ξ值越大，产业共生结构模式越稳定；ξ值越小，说明该工业园远离产业共生结构模式稳定状态，还需要大力发展。

4.1.4 小结

本节从复杂系统的最大流原理出发，推导出工业园自组织规律的序参量公式，借鉴自组织神经网络的机理，得到工业园演化序参量的计算方式，并以泰兴精细化工园为例，利用 Matlab 编程，获得工业园演化序参量动态变化图。参照成熟工业园卡伦堡工业园的现状，推导出非成熟工业园的演化序参量公式，提出将序参量ξ值作为产业共生效率指标，2005 年卡伦堡工业园ξ值 2.87 作为工业园产业共生结构模式稳定的标准值，认为ξ值越大，产业共生结构模式越稳定。

结果表明：从两个工业园演化规律可看出，工业园在自发状况下可逐步形成产业共生关系，并向更高级稳态进化。故在工业园的发展中，应认识工业园发展的自发过程，以企业自发发展为主，政府适当管理。

泰兴精细化工园虽然规模已经达到卡伦堡工业园规模甚至远大于卡伦堡工业园，但近期ξ值只有 1.51，只有卡伦堡工业园ξ值的一半，主要由于物质交换量小，产业链数目少，产业关联度少，说明该工业园远期还有待进一步挖掘共生潜力，需要企业形成上下游吸引，政府辅以合理引导及完善的管理，以获得更佳的产业共生效益。且卡伦堡工业园目前已形成多条废物链，泰兴精细化工园以产品链为主，未来也需要引入以园区废物为原料的企业。

4.2　产业共生研究方法

针对工业园产业共生滞后的状态，有必要采取合适的产业共生分析方法，分析工业园产业共生的潜力，产业共生的稳定性、影响因子，为工业园未来发展提供管理建议，并提出合适的产业共生方案。

4.2.1　基于主体的系统动力学模型

目前在产业共生设计分析方法方面，一直有两种观点[16]，其一是自上而下，主张建立生态工业园的管理体系，这种方法力图减少整个系统的复杂性，方法包括 chemical process simulation（化工过程模拟），系统动力学以及物质流分析。若该管理结构存在并且企业都愿意去签订一个长期合同，这种方法是有效的。这种方法提供了一个系统优化的最理想状态，但是，大多数情况下这种理想状况是不可能的，面对脆弱的市场或者有限的资源，这种自上而下的管理方式很难达到控制资源交换的目的。

另外一个方法基于复杂性理论，将生态工业园看作自组织系统，将其看成是各个主体追求自身最大利益的结果。这方面主要方法是 agent-based model（基于主体的模型），但是它的缺陷是忽略了社会的影响以及各行为与系统进化之间的反馈关系，且这些全局层面的社会因素也无法在模型中体现。同时 agent-based model 拥有大量的变量、参数、关系式，不确定性太大。一个小小参数的变化结果就会有很大差异，虽然模型可以通过情景分析获得一些方案，但无法获得最优路径。

系统动力学可充分考虑社会因素，优势在于可以反映系统随时间变化的趋势，这与产业共生演化规律相匹配，模型可以反映工业园发展历程及未来发展趋势，目前系统动力学在工业园方面也有应用，但目前的研究均忽略了核心的产业共生。

Agent-based 模型是自下而上的思维方式，以追求利润最大化的企业为主体出发，形成系统的整体发展，这与产业共生自发形成规律相符，可以获得更为准确的模拟，但只能是定性分析，不能体现宏观调控的影响，且编程复杂；若在系统动力学基础上，借鉴 agent 的思路，可以将两种模型的优缺点互补，可以获得微观与宏观的不同视角。

目前已有学者对将 agent（自下而上的思维方式）与系统动力学结合的研究方法做了探讨：

国外的一些学者使用 agent-based 模型模拟分析网络如何进化，用于评价政策的影响及所识别关键点[16]，先确定何种发展方式可获得最优化的经济、环境、社会效益，用 agent-based model（ABM）模拟工业园如何自发形成。

还有一些学者则将 agent-based 的思维角度融合于系统动力学中[17]，从而构建更为准确的系统动力学模型，模拟仿真产业集群中的企业创新。

总结：agent 是自下而上的思维方式，可以更加精确地模拟整个工业园动态，是从企业主角度出发，并模拟不同企业主行为的情景输出，以影响企业主的行为。对于管理者来说，其更应关注长期的宏观层面的发展。因此在分析系统动力学与 agent-based 模型的优缺点基础上，借鉴前人的研究，本书拟采用借鉴 agent 思想构建的系统动力学模型作为研究方法。

4.2.2 基于 agent 的思想

4.2.2.1 基于 agent 的模型

目前将 agent 用于产业生态方面已有许多学者做了研究，例如有的学者在基于多 agent 的虚拟生态工业园的建模与仿真建立了多个企业 agent 的 swarm 模型，模拟企业间副产品、水、能交换的动态博弈过程，施加不同政策会使该动态过程出现收敛或发散，借此评价不同政策的影响[18]，还有的研究将 agent 用于模拟产品创新导致的市场行为[19]。其他方面如合同、项目协调、供应链动态学方面也有应用。

agent-based 模型优点在于由于各主体的行为规则已经确定，各主体可以与其他主体相互反应，因而可以在信息不完备的情况下运行，多主体系统可以发挥非确定性的涌现功能。这些特点使得 agent-based 模型在分析以自我利益为核心的参与者在信息匮乏情况下应对环境的反应很有吸引力[20]，可以补充工业生态学领域的其他常用工具如 LCA、系统动力学、物质流分析等。

基于 agent 的模拟软件有 startlogo，netlogo，swarm，repast，Ascape，TNG Lab，已有学者对各软件的使用优缺点进行了总结[21]，一般 swarm 应用范围最广，swarm 结构见表 4-3。但即使是使用最为广泛的 swarm 软件，也需要熟练掌握 obejective C 语言或 java 语言；控制 agent 行为的准则从简单的 if–then 到复杂的算法（如遗传算法），模型经过数以百计次的迭代运算直到得到想要的结果，计算复杂。

表 4-3 swarm 模型结构

swarm 模型	Main 文件（主程序）
	定义文件 agent 的文件
	定义模型 swarm 的文件
	定义观察者 swarm 的文件
	各类附属文件

此外，目前基于 agent 的模型更多的是用于定性分析，因为社会系统本身很复杂，agent-based 模型只能提供一种看待问题的视角而不是复制真实地反映机制。

因此本书不考虑用编程语言，而主张从基于 agent 的角度出发，细化系统动力学结构，将微观与宏观结合，以求获得不同的视角。

4.2.2.2　工业园各 agent

一般用系统动力学研究工业园，通常将其看做一个开放系统，分为人口、经济、环境三个子系统，以人口数、GDP、资源存量、污染量作为状态变量，考察这些变量的变化，这些数值都比较宏观。工业园整体行为是园区内部各主体的行为导致的涌现现象[18]。因此若从各主体行为出发，可以获得更为细致的园区行为，得到更为可靠的状态变量值。

主体定义为有自发行为的个人或组织。在工业园中，主体主要是政府、企业、资源、环境、市场。借鉴周哲[19, 20]等的研究成果，将 agent 分为企业 agent、环境 agent、市场 agent 以及政府 agent。各 agent 联系图如图 4-5 所示。

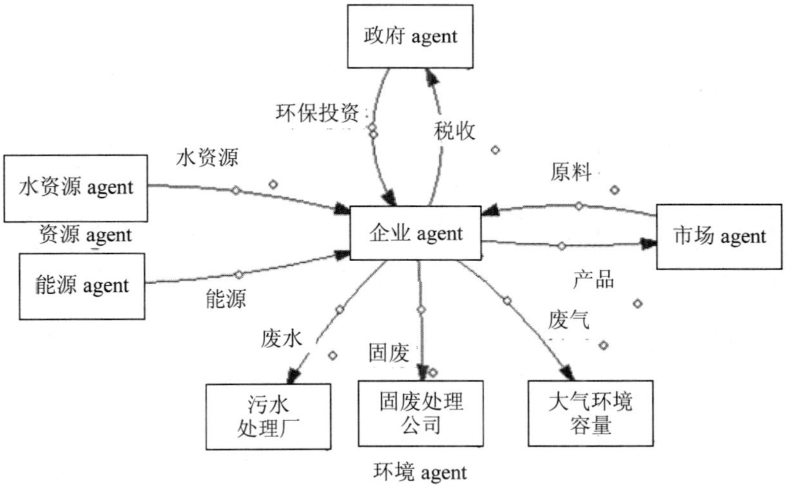

图 4-5　各 agent 联系图

（1）环境 agent

属性：提供资源，消纳污染。

行为：向企业提供水资源，能源，当地的原料；消纳企业的固废、废水、废气。

（2）市场 agent

属性：决定产品价格。

（3）政府 agent

属性：制定排污费标准，获得财政收入、补贴等，一方面政府通过收排污费使企业少排污染，另一方面政府通过补贴鼓励企业创新技术和发展循环经济。

行为：征收排污费，补贴。

（4）企业 agent

属性：包括产能、产量、各类废弃物排放量、成本、销售收入、排污费、利润等。

行为：

a. 决定产量

产量由上年产量及当年新增加投资额决定。

当年产量=上年产量+新增投资额/投资转化率

b. 选择原料供应商

根据产量决定生产所需要的原料量，再根据与各原料供应商的匹配程度，优先选择园内原料，不足原料向园外企业购买。

c. 生产

各 agent 从上游 agent 获得原料后，通过生产函数转化成产品和废弃物，不同 agent 的生产函数不同。

d. 排放污染

e. 销售

根据下游企业的需求信息，将产品供给下游企业或附属企业，再将剩余产品在市场上进行出售。

f. 缴纳排污费

根据政府制定的标准的自身废弃物的排放量，向政府 agent 交纳排污费。

g. 扩大再生产

4.2.3 系统动力学模型

4.2.3.1 系统动力学

系统动力学（system dynamics，SD）出现于 1956 年，创始人为美国麻省理工学院福瑞斯特（Forrester）教授。系统动力学是福瑞斯特教授于 1958 年为分析生产管理及库存管理等企业问题而提出的系统仿真方法，最初叫工业动态学。系统动力学集合了系统论、控制论和信息论，并采用计算机模拟技术，对于认识和处理高阶次、非线性、多重反馈的时变系统极为有效，为复杂系统甚至特大系统提供了分析研究并寻找解决问题的对策提供强有力工具。

系统动力学对问题的理解，是基于系统行为与内在机制间的相互紧密的依赖关系，并且通过数学模型的建立与调试的过程而获得的，逐步发掘出产生变化形态的因果关系，系统动力学称为结构。所谓结构是指一组环环相扣的行动或决策规则所构成的网络，例如指导组织成员每日行动与决策的一组相互关联的准则、惯例或政策，这一组结构决定了组织行为的特性。构成系统动力学模式结构的主要元件包含下列几项，“流”（flow）、“积量”

（level）、“率量”（rate）、“辅助变量”（auxiliary）。

根据系统动力学原理，Forrester 创建了一种系统建模语言 DYNAMO，随着计算机技术的发展，相继出现了 stella，ithink，vensim 等具有可视化界面的软件，因 Vensim Program series 提供可免费使用的 Vensim-PLE，是我国目前使用最多的系统模拟软件。

简而言之，系统动力学可用于园区因果反馈关系识别，帮助理解园区系统复杂关系，通过建立流程图，可以对园区环境进行方案仿真和预测，并提出相应的建议。

系统动力学模型基本构建步骤见图 4-6。

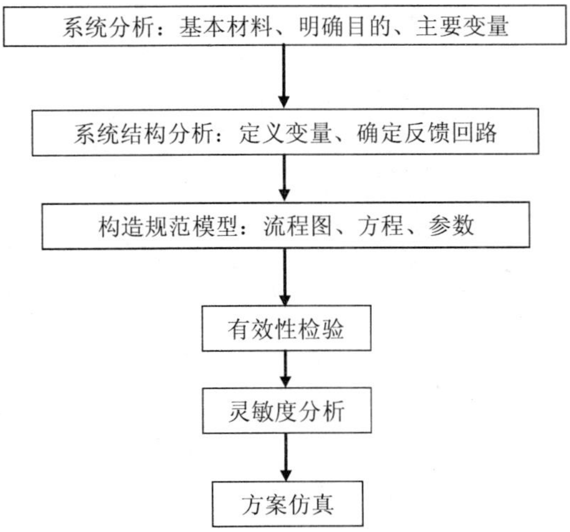

图 4-6　系统动力学的建模步骤

4.2.3.2　工业园系统动力学模型

（1）系统划分

将工业园系统分为经济、环境、社会三个子系统。经济系统状态变量主要为 GDP；环境系统状态变量为资源存量与污染存量，包括水资源存量，能源存量，废水存量，废气存量，废渣存量；社会子系统状态变量主要为人口存量。

（2）因果反馈

系统动力学的研究重点在于自反馈机制的系统动力学问题。为了研究系统的反馈结构，首先要分析系统整体与局部的关系，进而追索因果与相互关系，然后把它们重新联结一起形成回路。回路的概念最简单的表示方法是图形。系统动力学中常用的是因果关系图。

系统由相互联系、相互影响的元素组成。在系统动力学中，元素之间的联系或关系可以概括为因果关系（Causal Relationship），正是这种因果关系的相互作用，最终形成系统的功能和行为。所以，因果关系分析是开展系统动力学模型研究的基础。

系统动力学了解系统动态特性的主要方法是回路分析法（即因果关系和反馈思想）。反馈回路中的因果关系都是相互的，从整体上讲，我们无法判定任意两种因素谁是因，谁是果。社会和个人的决策过程也是这样。导致行为的决策是企图改变系统的状态；改变了的状态又产生进一步的决策及变化，这形成了因果反馈回路。因此，互为因果就成了反馈回路的基本特征。

在明确因果关系、反馈回路的概念和特征之后，针对园区产业共生状况，做出了图 4-7 的因果反馈图。

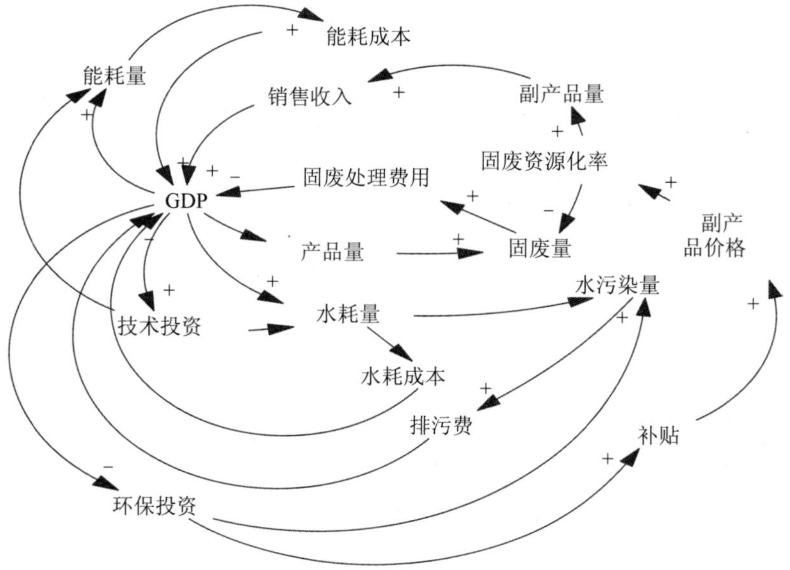

图 4-7　因果反馈关系图

（3）各 agent 的属性与系统动力学状态变量的整合

企业 agent、市场 agent、环境 agent、资源 agent 及政府 agent 通过各自行为影响变量值，继而影响系统行为，即影响代表系统状态的状态变量。各 agent 属性与 SD 中状态变量关系如下列公式所示：

各企业 agent 的总废气排放量=环境 agent 的废气存量

各企业 agent 的总废水排放量=环境 agent 的废水存量

各企业 agent 的总水耗量=资源 agent 的水资源上年存量−当年存量

各企业 agent 的总能耗量=资源 agent 能源上年存量−当年存量

各企业 agent 的销售收入=市场 agent 的总销售收入

各企业 agent 的副产品量=市场 agent 的副产品总量

各企业 agent 的产品量=市场 agent 的产品总量

各企业 agent 的总排污费=政府 agent 的排污费

各企业 agent 的总补贴=政府 agent 的补贴

4.2.4　小结

在进一步分析 agent-based 模型和系统动力学优缺点的基础上，提出将两个模型结合，建立基于 agent 的系统动力学模型。根据 agent-based 模型，将研究对象细化为企业 agent，资源 agent，环境 agent，市场 agent，定义各 agent 的属性和行为。再根据系统动力学方法，划分研究对象系统边界，确定系统的主要状态变量和主要的因果反馈关系。由于各 agent 的行为影响系统中状态变量的值，进而影响系统的状态，可以通过公式将两个模型整合在一起。从而确定了基于 agent 的系统动力学模型的基础框架。

4.3　案例研究——中国精细化工（泰兴）开发园区

4.3.1　研究对象

中国精细化工（泰兴）开发园区（以下简称泰兴精细化工园，详见第 5 章）。

4.3.2　SD 模型

根据泰兴精细化工园的情况，明确各 agent 的状况，建立系统动力学模型。

4.3.2.1　各 agent 概况

（1）资源 agent

该工业园区所用资源包括水和能源，能源包括天然气、燃煤、燃油、热。水由自来水厂供应。

园区由泰兴市城区自来水厂和泰兴经济开发区水厂供水。泰兴市城区自来水厂供水能力为 20 000 t/d，泰兴经济开发区水厂供水能力为 30 000 t/d。

园区由国电网（华东电网）和欧格登热电厂（装机容量 24 000 kW）共同供电。园区现有 2 座 110 kV 变电所，规划再建 2 座 110 kV 变电所，以满足全区供电需要。园区规划实行集中供热，由现有的欧格登热电厂供热。欧格登热电厂现有 4 台 35 t/h 锅炉，总蒸发量为 140 t/h。规划新增 2 台 45 t/h 锅炉，扩建后总蒸发量达到 230 t/h。为满足供热需要，新浦化学公司自行投资在如泰运河北面新建一座热电厂，建设规模为 2 台 220 t/h 高温高压循环流化床锅炉。该热电厂在满足新浦化学公司用汽的基础上向园区供热。

（2）环境 agent

主要接纳污染物，包括接纳污水的滨江区污水处理厂以及河流，接纳固废的福昌固废处理公司，接纳大气污染的大气环境容量。

泰兴精细化工园滨江污水处理厂筹建于 1992 年，预期污水处理规模为 $1\times10^5 m^3/d$，其一期工程——30 000 m^3/d 污水处理项目（10 000 m^3/d 工业废水+20 000 m^3/d 生活污水），于 1999 年 6 月正式动工建设，2001 年 6 月投入运行。2007 年处理水量 7 000 m^3/d，拟再接收泰兴市 20 000 m^3/d 生活污水进行处理。二期工程考虑泰兴精细化工园的发展和泰兴城区生活污水的接管集中处理，70 000 m^3/d 污水处理工程（20 000 m^3/d 工业废水+50 000 m^3/d 生活污水）已经启动，项目正在申报、审批过程中。规划在现有污水处理厂的基础上向东南扩建，最终规模达 150 000 m^3/d。

（3）政府 agent

政府行为包括提供环保投资，收取排污费，提供公共服务设施，制定规划，提供环保补贴及招商引资等。

（4）企业 agent

此处企业主要指生产性化工企业，这些企业随着时间变化而建立，因此企业 agent 的数目逐年增加，相应的产生园区总体经济产值、资源消耗、污染物产生量的变化。

泰兴精细化工园目前有 17 家企业相互间形成了副产品交换，企业间副产品交换量如图 4-8 所示。

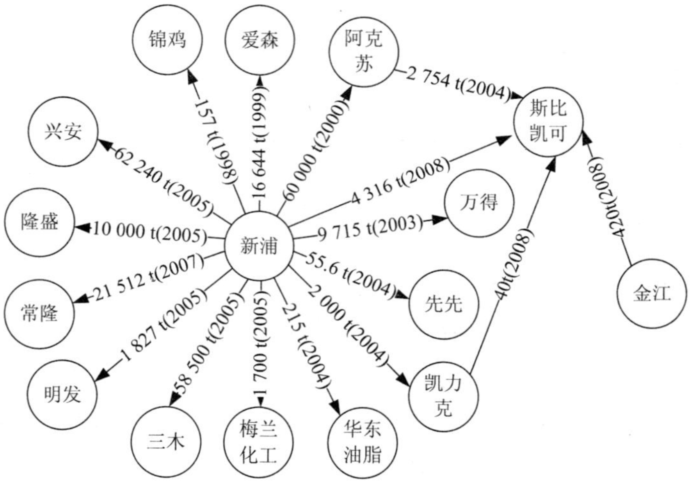

图 4-8 企业产业共生图

因本节主要研究产业共生部分，故只以产业链上 17 家企业为研究对象，又由于泰丰印染在 2007 年因污染大而停产，也不将其作为研究对象，故以剩余 16 家企业作为研究对象。16 家企业概况如表 4-4 所示。

表 4-4 16 家企业 agent

标号	企业名称	建成时间	建成时产品量/（10^4 t/a）	2010 年产品量/（10^4 t/a）	产品名称
A4	金江	2001	3	22	食用酒精
A6	新浦	1998	6	248.8	烧碱，液氯
A8	锦鸡	1998	0.8	3	活性染料

标号	企业名称	建成时间	建成时产品量/（10^4 t/a）	2010 年产品量/（10^4 t/a）	产品名称
A10	爱森	1995	3.6	12.1	絮凝剂
A11	阿克苏	2000	2.5	6	氯乙酸
A25	万得	2004	0.5	1.5	活性染料
A28	先先	2004	0.001 7	0.005	丁烷
A29	凯力克	2004	0.12	0.36	钴、镍盐
A30	华东油脂	2004	13.5	40.5	油脂
A36	梅兰	2004	0.43	0.7	一氟二氯乙烷
A37	三木	2005	5	7.5	环氧氯丙烷
A42	明发	2005	15.8	25.5	油脂
A43	隆盛	2005	0.7	1.1	漂粉精
A47	兴安	2005	5.5	9	三氯化磷，三氧化磷
A53	常隆	2007	1.2	1.82	农药
A54	斯比凯可	2008	1	1.5	羧甲基纤维素

4.3.2.2　SD 模型流程图

因果反馈回路表达了系统发生变化的原因即反馈结构，但这种定性描述还不能确定使回路中的变量发生变化的机制。为了进一步明确表示系统各元素之间的数量关系，并建立相应的动力学模型，系统动力学方法通过广义的决策反馈机构来描述上述机制。

系统动力学通过引入水平变量（Level）、速率变量（Rate）、信息流等因素，构造成更加深入的系统行为关系图（流图），更完整、具体地描述系统构成、系统行为和系统元素相互作用机制的全貌。

系统动力学流图是系统动力学的基本变量和表示符号的有机组合。根据泰兴精细化工园发展系统内部各因素之间的关系设计系统流图，其目的主要在于反映系统各因果关系中所未能反映出来的不同变量的特性和特点，使系统内部的作用机制更加清晰明了，然后通过流图中关系的进一步量化，实现帮助工业园区发展的政策仿真目的。

（1）系统动力学流图

1）企业 agent

企业 agent 系统动力学流图如图 4-9（a）至图 4-9（p）所示。

企业根据上年的销售收入决定本年度的投资，投资量决定产品增加量，产品的生产带来副产品和固废量，副产品量由固废资源化率决定，固废资源化率受共生激励因子的影响。

对于上游企业，固废资源化率的共生激励因子受园内下游企业交换的副产品量及副产品价格影响，副产品量增高使得企业销售收入增加。上游企业包括 A6 新浦化工有限公司，A11 阿克苏氯乙酸有限公司，A29 凯力克金属有限公司，A4 金江有限公司。

对于下游企业，就近使用上游企业的产品作为原料可以节约成本，节约的成本用于下年的扩大再生产。下游企业包括 A8 锦鸡化学有限公司，A10 爱森化学有限公司，A11 阿克苏化学有限公司，A25 万得化学有限公司，A28 先先化学有限公司，A30 华东油脂有限公司，A36 梅兰化学有限公司，A37 三木化学有限公司，A42 明发油脂有限公司，A43 隆盛化学有限公司，A47 兴安化学有限公司，A53 常隆化学有限公司，A54 斯比凯可特种化学品有限公司。

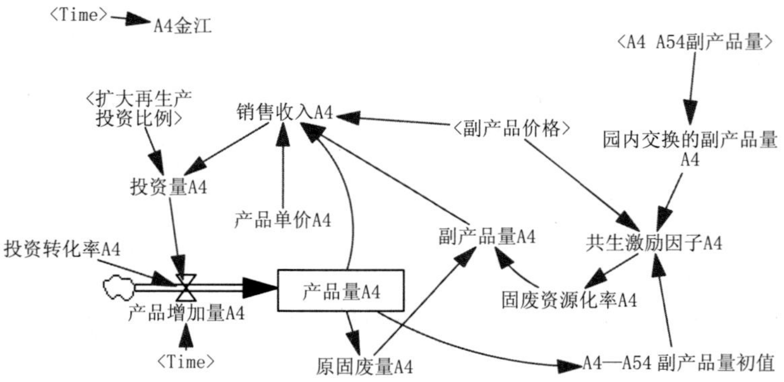

（a）企业 agent 的模型：金江化学有限公司

金江化学公司副产品量受金江化学与 A54 斯比凯可公司的副产品交换量影响。

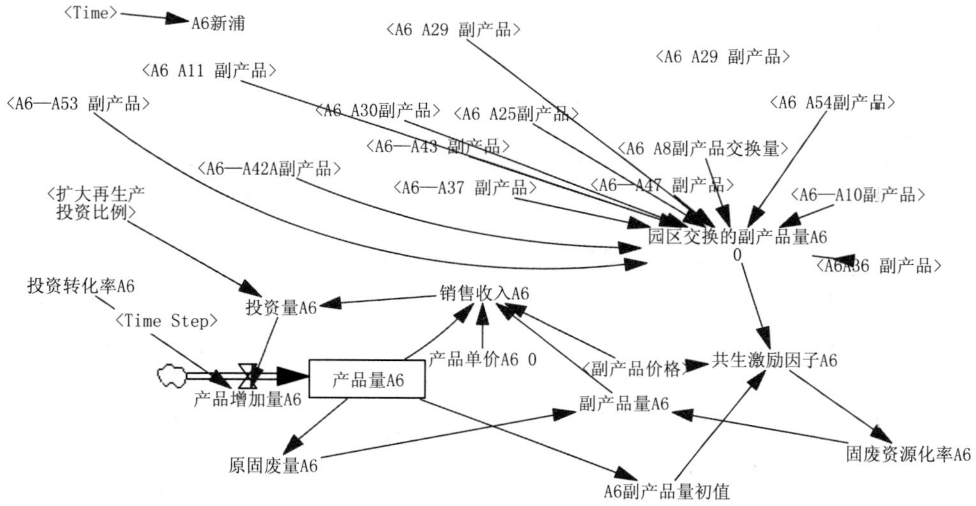

（b）企业 agent 的模型：新浦化学有限公司

新浦化学是产业共生体的核心企业，下游企业众多，新浦化学的副产品交换量受下游 14 个企业与新浦化工副产品交换总量的影响。

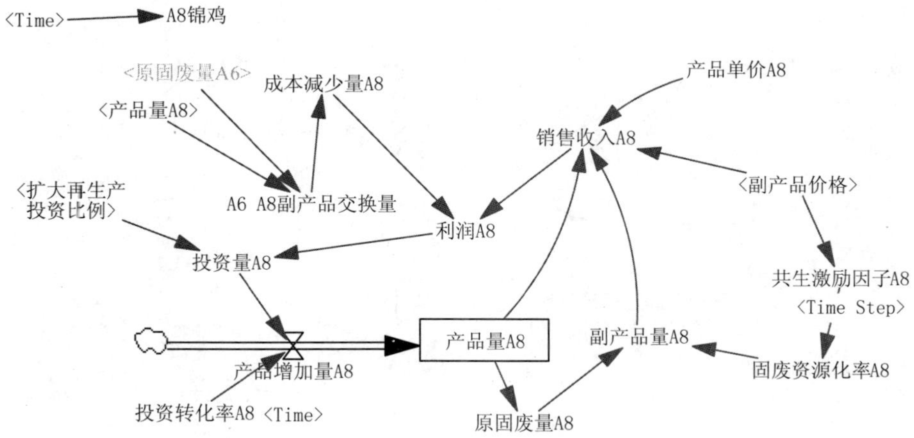

（c）企业 agent 的模型：锦鸡化学有限公司

锦鸡化学公司是新浦化学有限公司的产业链下游企业，由于与上游企业的副产品交换，使得成本减少，成本减少量与销售收入共同作为来年的扩大再生产投资。副产品交换量由下游企业的需求量和上游企业的供给能力决定。

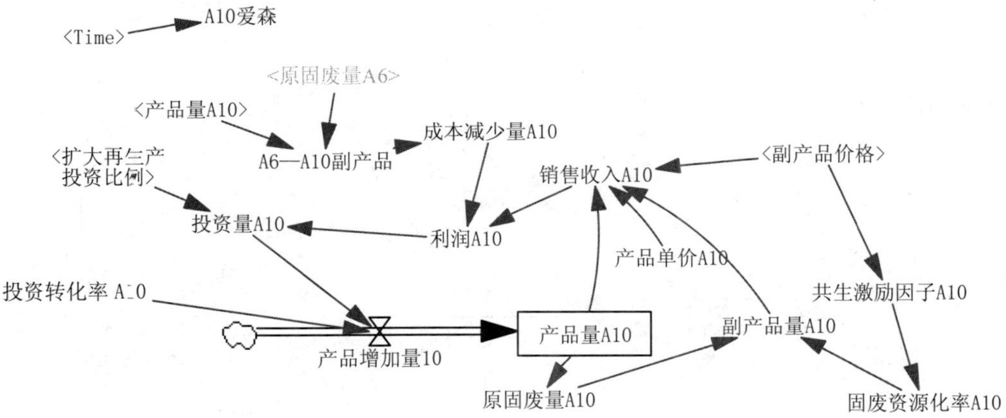

（d）企业 agent 的模型：爱森化学有限公司

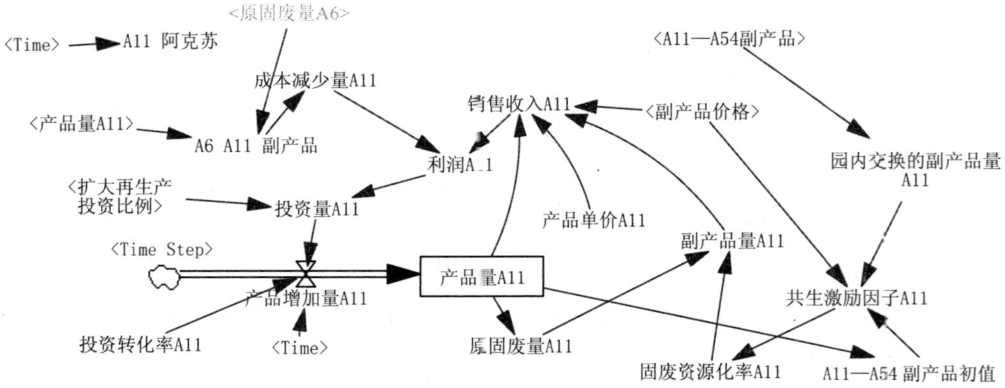

（e）企业 agent 的模型：阿克苏氯乙酸化学有限公司

阿克苏氯乙酸公司既是新浦化工的产业链下游企业，也是斯比凯可特种化学品公司的产业链上游企业，与上游企业副产品交换使得成本减少，与下游企业的副产品交换使得副产品量增加。

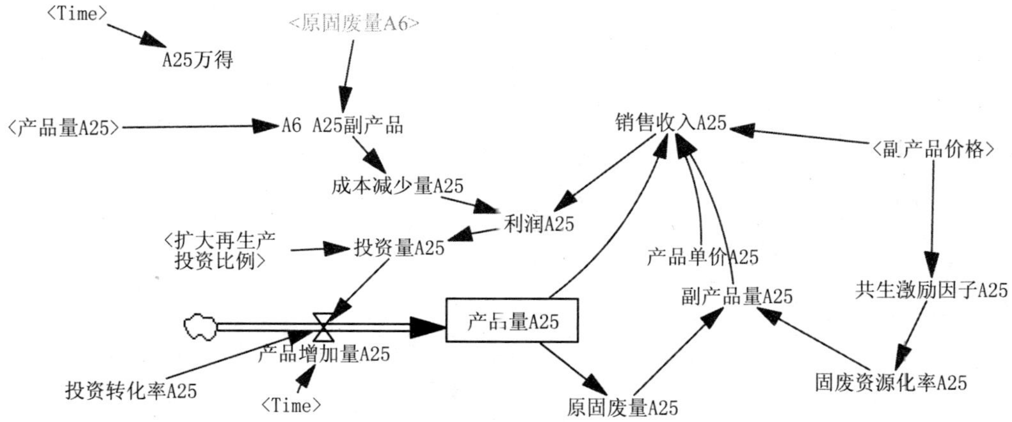

（f）企业 agent 的模型：万得化学有限公司

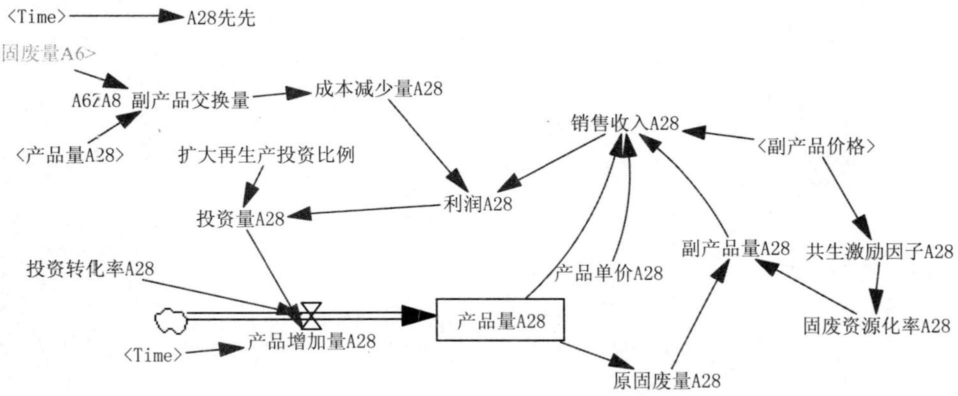

（g）企业 agent 的模型：先先化学有限公司

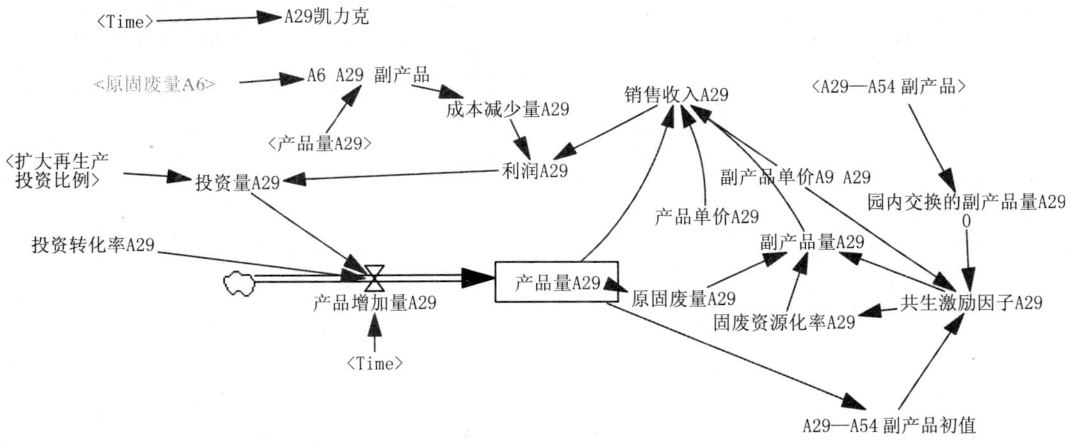

（h）企业 agent 的模型：凯力克金属有限公司

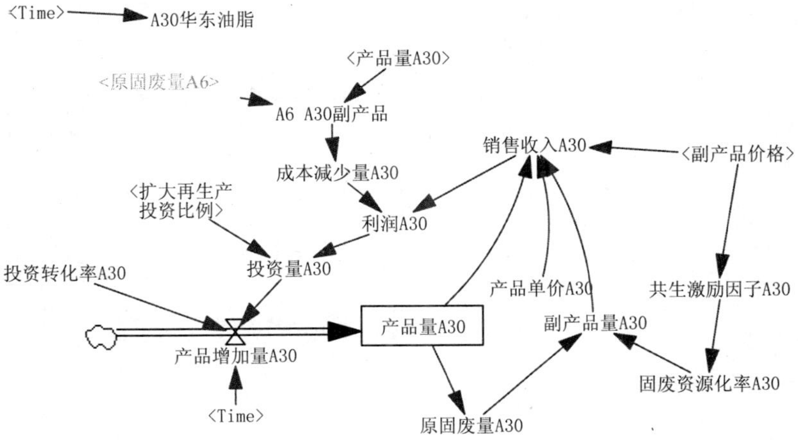

（i）企业 agent 的模型：华东油脂有限公司

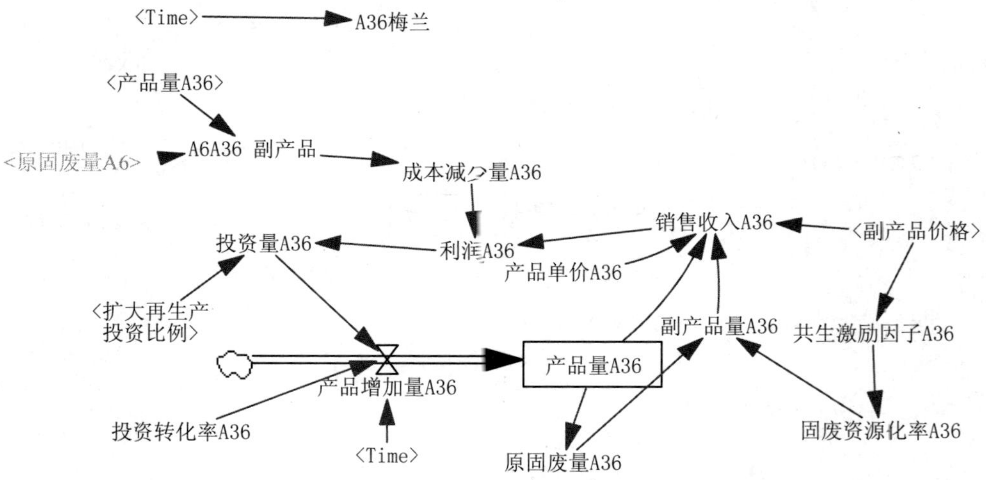

（j）企业 agent 的模型：梅兰化学有限公司

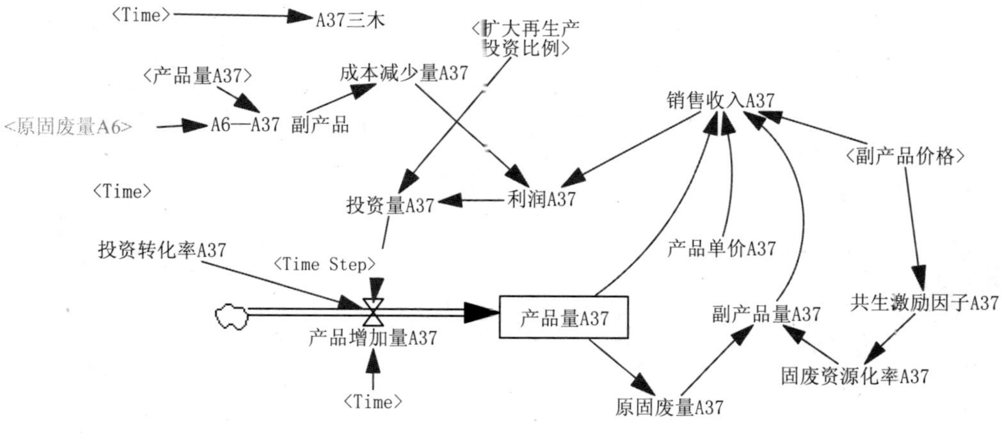

（k）企业 agent 的模型：三木化学有限公司

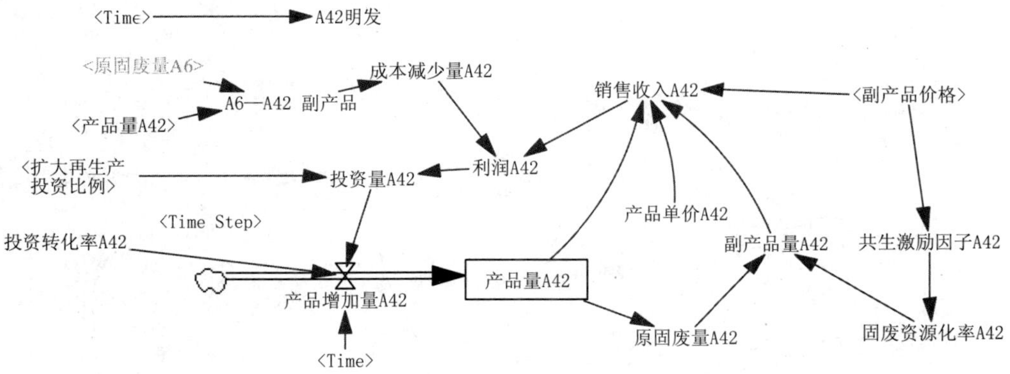

（l）企业 agent 的模型：明发油脂有限公司

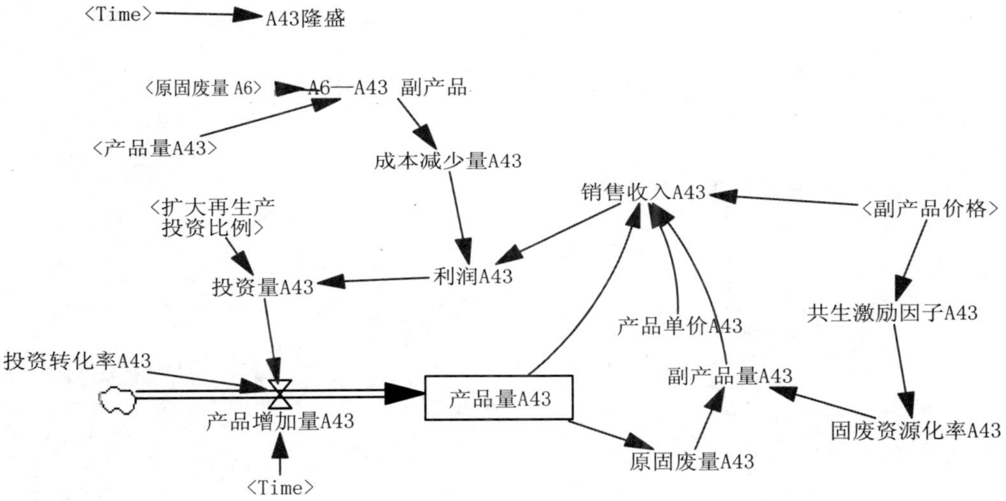

（m）企业 agent 的模型：隆盛化学有限公司

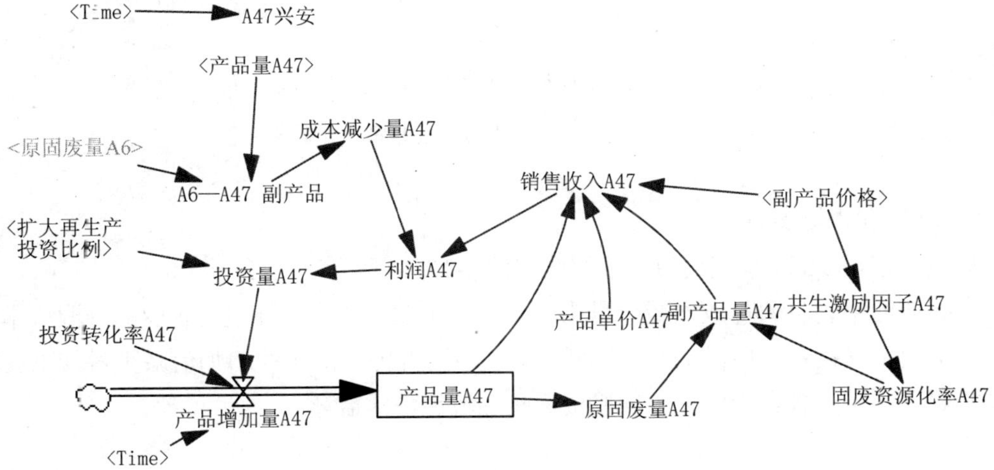

（n）企业 agent 的模型：兴安化学有限公司

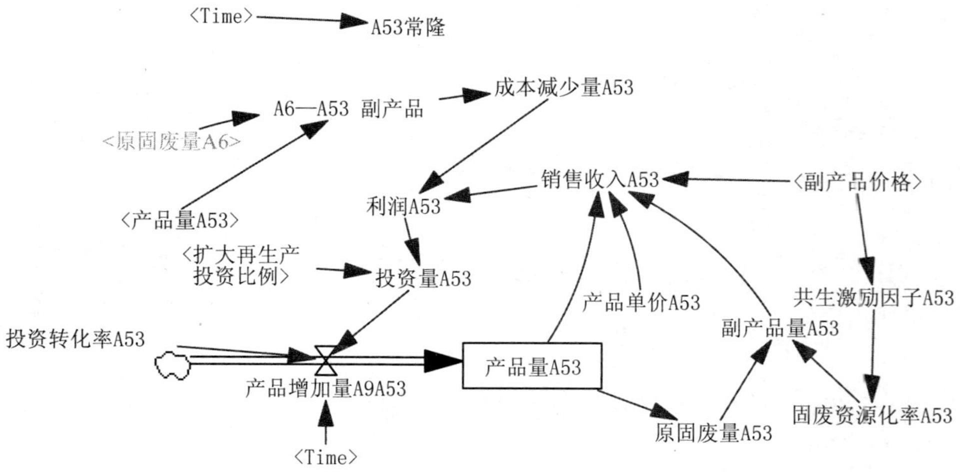

（o）企业 agent 的模型：常隆化学有限公司

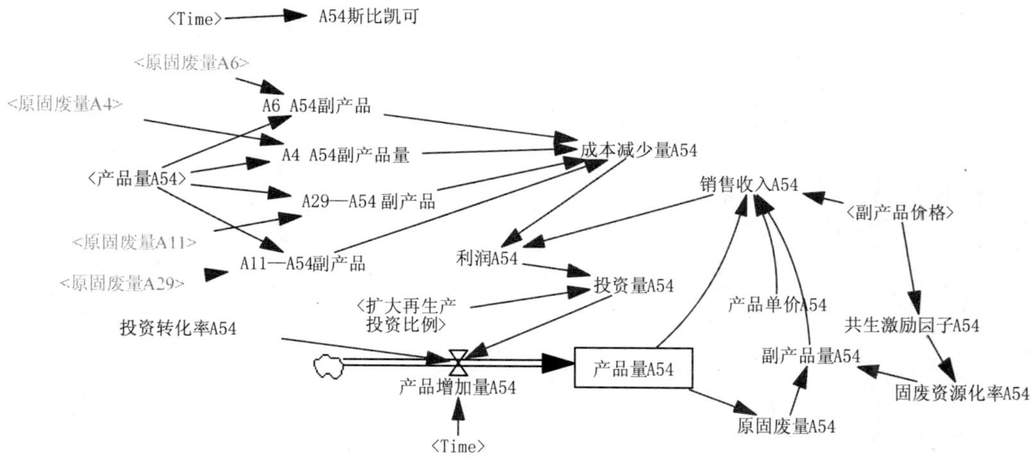

（p）企业 agent 的模型：斯比凯可特种化学有限公司

图 4-9　企业 agent 模型

2）环境和市场 agent

环境和市场 agent 系统动力学流程图如图 4-10 所示。

各企业的销售收入与成本减少量构成每年的工业增加值增加量，企业的资源成本、排污费、扩大生产投资、环保投资、技术投资、政府补贴构成工业增加值减少量。工业增加值又影响下一年的各项投资，各项投资影响环境经济效益。

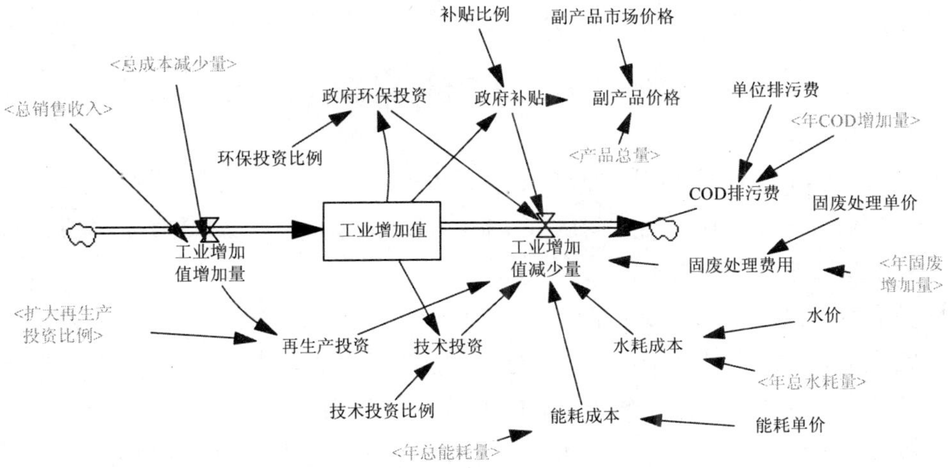

图 4-10　市场 agent 和政府 agent

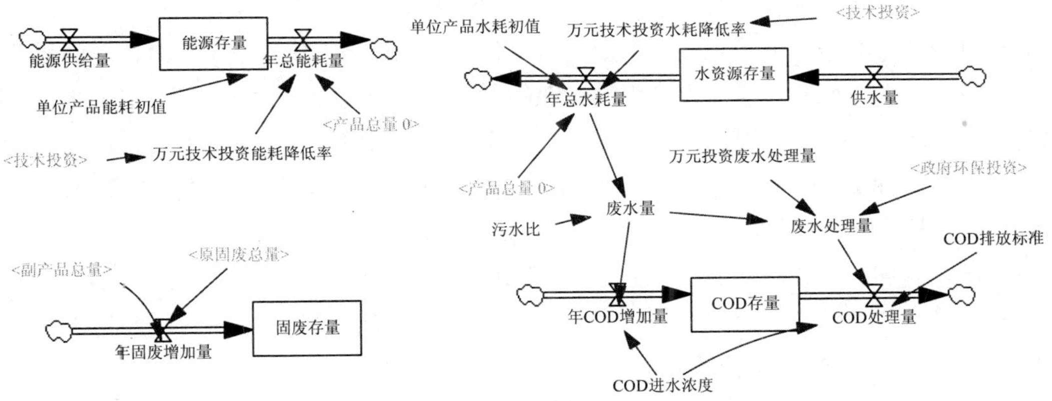

图 4-11　环境和资源 agent

（2）建模方程

1）重要方程

副产品价格由市场价格及政府补贴决定：

$$副产品价格=副产品市场价格+政府补贴/产品总量$$

园区利用副产品的企业越多，对上游企业将废物资源化的激励越大，使其改进技术，生产更多副产品；同时副产品售价越高，也对上游企业产生激励作用。将副产品售价预期定为 1 000 元/t，单价超过时，有共生激励因子激励作用，小于 1 000 元/t 时，反而减少激励。以 A29 企业为例：共生激励因子

A29=1/2×（副产品单价 A29/1 000+园内交换的副产品量 A29）/（A29−A54 副产品初值）

认为固废资源化最高为 0.95，当共生激励因子过高时，最大的固废资源化率也只能 0.95：固废资源化率

A29=IF THEN ELSE（0.9×共生激励因子 A29≥0.95，0.95，0.9×共生激励因子 A29）

IF THEN ELSE 是 vensim 自带的函数，表示满足括号里第一个条件，公式左边等于括号里的中间值，否则等于括号里第三个值。

园区现有污水处理设施的处理能力为 1 460×10^4 t/a，若废水量小于现有处理量，全部处理；若废水量大于现有处理量但小于兴建后的总处理能力，废水也全部处理；若废水量大于兴建后总处理能力，只能处理兴建后的处理能力所及的废水量：

废水处理量=IF THEN ELSE（废水量≤1 460，废水量，IF THEN ELSE（废水量≤万元投资废水处理量×污水处理投资+1 460，废水量，万元投资废水处理量×污水处理投资+1 460））

对于上下游企业的副产品交换量，一方面由下游企业的需求量决定，另一方面由上游企业的供应能力决定。下游企业需求量根据主产品的原料需求比例决定，对于新浦化工来说，上游企业的供应量要满足多家下游企业的需要，供应能力的分配按照 2010 年各下游企业产品需求量占共需求量的比例分配，且因为固废资源率设定最大为 0.95，故上游企业对某一下游企业的产品供应能力=原固废量×0.95×分配比例；对于斯比凯可的三家上游企业，只有斯比凯可一家下游企业，分配比例均取 1。

上游企业和某下游企业的副产品交换量=MIN（上游企业对该下游企业的供应能力，下游企业的需求量）

MIN 为 VENSIM 自带函数，表示取括号内的最小值。

2）基本方程

（a）

产品总量=产品量 A10+产品量 A11+产品量 A25+产品量 A28+产品量 A29+产品量 A30+产品量 A36+产品量 A37+产品量 A4+产品量 A42+产品量 A43+产品量 A47+产品量 A53+产品量 A54+产品量 A6+产品量 A8

产品量=INTEG（产品增加量，产品量初值）

产品增加量=投资量×投资转化率

投资量=（销售收入+成本减少量）×扩大再生产投资比例

成本减少量=上游副产品交换量×1 000

销售收入=产品单价×产品量+副产品价格×副产品量

副产品量=固废资源化率×原固废量

原固废量=产品量×固废产生率

副产品价格=副产品市场价格+政府补贴价格

政府补贴价格=政府补贴/产品量

政府补贴=攻府补贴=补贴比例×工业增加值

（b）

工业增加值=INTEG（工业增加值增加量−工业增加值减少量，初值）

工业增加值增加量=（总销售收入+总成本减少量）×0.9

工业增加值减少量=固废处理费用+能耗成本+COD 排污费+水耗成本+再生产投资+技术投资+政府污水投资

固废处理费用=固废处理单价×年固废增加量

年固废增加量=原固废总量−副产品总量

COD 排污费=年 COD 增加量×单位排污费

能耗成本=年总能耗量×能耗单价

年总能耗量=产品总量×（1−万元技术投资能耗降低率）×单位产品能耗初值

水耗成本=年总水耗量×水价

年总水耗量=产品总量×（1−万元技术投资水耗降低率）×单位产品水耗初值

技术投资=工业增加值×技术投资比例

再生产投资=工业增加值增加量×扩大再生产投资比例

污水处理投资=政府环保投资−政府补贴

COD 处理量=废水处理量×（COD 排放标准−COD 进水浓度）

年 COD 增加量=废水量×COD 进水浓度

COD 处理投资=政府环保投资−政府补贴

副产品量=固废资源化率×共生激励因子×原固废量

固废存量=INTEG（年固废增加量，0）

COD 存量=INTEG（年 COD 增加量−COD 处理量，0）

水资源存量=INTEG（供水量−年总水耗量，0）

废水量=污水比×年总水耗量

（c）

总销售收入=销售收入 A10+销售收入 A11+销售收入 A28+销售收入 A25+销售收入 A29+销售收入 A30+销售收入 A36+销售收入 A370+销售收入 A4+销售收入 A42+销售收入 A43+销售收入 A47+销售收入 A53+销售收入 A54+销售收入 A6+销售收入 A8

副产品总量=副产品量 A10+副产品量 A11+副产品量 A28+副产品量 A25+副产品量 A29+副产品量 A30+副产品量 A36+副产品量 A37+副产品量 A4+副产品量 A43+副产品量 A47+副产品量 A53+副产品量 A54+副产品量 A6+副产品量 A8+副产品量 A42

原固废总量=原固废量 A100+原固废量 A11+原固废量 A25+原固废量 A28+
原固废量 A29+原固废量 A30+原固废量 A36+原固废量 A37+
原固废量 A4+原固废量 A43+原固废量 A47+原固废量 A53+
原固废量 A54+原固废量 A6+原固废量 A8+原固废量 A42

4.3.2.3 基本假设和参数估计

（1）基本假设

①由于园区使用能源种类包括电、蒸汽、煤、天然气、柴油，供应总量无法统计，设定能源供应量为 100 000×10^4 t/a。园区大部分企业使用清洁能源，也有使用煤和柴油，SO_2 污染无法统计，故本模型不考虑 SO_2 的污染。

②设定各企业将销售收入的 10%用于扩大再生产，GDP 受销售收入、排污费、水费、电费、固废处理费的影响，不考虑职工工资及固定资产投入等非环境因素。

③模型只考虑生产型投资收入及污染，不考虑职工带来的生活污染情况。

④政府根据 GDP 情况决定第二年的环保投资及补贴，环保投资部分用于兴建污水处理厂，补贴部分用于补贴副产品的价格；企业根据 GDP 情况决定第二年的技术投资，主要用于降低单位产品的能耗及水耗。

（2）参数估计

模型研究涉及参数众多，而且有的不容易确定。在模型调试中，参数选择须与模型运行结合起来。本模型通过模拟试验法来确定系统参数，在参数值的变化范围内先粗略地试用参数进行模型调试，模型行为无显著变化时，即确定了该参数值。

模型中的参数有初始值、常数值、表函数等。为简化模型参数，对那些随时间变化不甚显著的参数近似取为常数值。本模型中大量使用了表函数，方便有效地处理了众多的非线性问题。本模型参数估计采用了以下方法：应用统计资料、调查资料确定参数；一些常用的数学方法，如经济计量学方法；从模型部分变量关系中确定参数值；根据模型的参考行为特征估计参数值。

①一些常数由资料（泰兴精细化工园投资指南，泰兴精细化工园回顾性环评）直接获得，如表 4-5 所示。因本研究主要关注园区内部，为减少外部环境对园区的影响，将市场价格视为常数，且市场容量为无限大，各产品价格通过文献收集获得。

②其他常数

部分常数根据资料回归分析得到，包括：单位产品能耗初值、单位产品水耗初值、能耗单价、副产品交换率、原固废产生率、产品单价、投资转化率等。

表 4-5　直接获取的常数值

常数名称	数值	单位
固废处理单价	1 000	元/t
水价	1.65	元/t
水供给量	1 825	万 t/a
污水处理费	3	元/t
废水（COD）排污费	900	元/t
COD 接管浓度	1 000	mg/L
COD 排放标准	60	mg/L
万元投资废水处理量	0.012 1	万 t/万元

③表函数的确定

本研究中对万元投资能耗削减率，万元投资水耗削减率采用了表函数。

VENSIM 软件中的表函数形式如下：

$$Y = \text{WITH LOOKUP}\{X,([(x_{\min}, y_{\min}) - (x_{\max}, y_{\max})](x_1, y_1)(x_2, y_2 \cdots\cdots (x_n, y_n))\}$$

式中，X 为自变量名，Y 为因变量名。其中[]中前面（）$x_{\min}$，$y_{\min}$ 分别为自变量和因变量的最小值，后面（）中 $x_{\max}$，$y_{\max}$ 分别为自变量、因变量最大值。[]后面 n 个（）是已知自变量和因变量对应点，若自变量不在给出点中，则自动用线性插值法求得因变量对应值。

万元技术投资能耗降低率 = WITH LOOKUP{技术投资，([（0，0）-（1e+010，2）]，（0，0），（40000，0.025），（50000，0.05），（100000，0.07），（1e+006，0.1），（1e+008，0.15），（1e+010，2））}

随着技术投资的增高，能耗降低率增高，但增高幅度降低。

万元技术投资水耗降低率= WITH LOOKUP{技术投资，([（0，0）-（1e+009，10）]，（0，0），（1e+006，0.1），（1e+007，0.15），（1e+008，0.2），（1e+009，0.25））}

随着技术投资的增高，水耗降低率增高，但增高幅度降低。

4.3.2.4　模型检验

模型的有效性检验是为了验证构造模型与现实系统的吻合度，检验模型所获得信息与行为是否反映了实际系统的特征和变化规律，验证通过模型的分析研究能否正确认识与理解所要解决的问题。系统动力学模型有效性检验方法可分为直观检验、历史检验以及灵敏度分析三种方法。直观检验，主要通过对资料的进一步分析，用来检验模型是否与系统的内部机制相一致，因果关系是否合理，对每个元素、变量是否有正确的定义，模型方程表述是否合理、量纲是否一致。直观检验可通过 Vensim DSS 的编译检错与跟踪功能实现，是模型运行的前提。

（1）历史检验

模型检验，相当重要的一点是模型仿真结果与实际系统是否相符合，即系统行为与历史数据的拟合度检验。通过它可以发现模型中存在的问题，经过多次修改、拟合，可以在一定程度上保证模型的正确性和有效性。历史检验也是通过数据的检验来检验模型结构的合理性。以 1998 年为基准年，时间步长为 1 年，模拟 1998—2010 年主要变量值，模拟值与实际值比较见表 4-6，除个别变量（2000 年的副产品量，2002 年销售收入）误差稍大于 10%外，其余误差均较小，由此可见本书构建的模型所描述的系统行为与实际系统行为是基本相符的，是有效的。

表 4-6 历史性检验

年份	产品量			副产品量		
	历史值	仿真值	误差	历史值	仿真值	误差
1998	11.8	11.8	0	0.561 231	0.515 7	−0.081 13
1999	13.8	14.41	0.044 203	0.697 341	0.685 8	−0.016 55
2000	21.8	20.34	−0.066 97	4.250 794	4.7	0.105 676
2001	28.3	28.29	−0.000 35	6.597 272	6.294	−0.045 97
2002	34.8	35.52	0.020 69	7.879 468	7.432	−0.056 79
2003	47.1	45.08	−0.042 89	8.999 863	8.24	−0.084 43
2004	69.351 7	72.35	0.043 233	10.232 01	10.85	0.060 398
2005	123.151 7	119.17	−0.032 33	30.562 63	30.04	−0.017 1
2006	149.251 7	147.87	−0.009 26	34.498 38	34.21	−0.008 36
2007	188.493 4	186.5	−0.010 58	39.075 24	40.26	0.030 32
2008	233.693 4	236.77	0.013 165	44.903 49	47.23	0.051 811
2009	303.693 4	301.9	−0.005 91	52.774 48	55.19	0.045 771
2010	381.88	388.09	0.016 262	60.373 15	65.08	0.077 963

年份	年总能耗			年总水耗		
	历史值	仿真值	误差	历史值	仿真值	误差
1998	10 953.97	10 938	−0.001 46	79.244 08	79.29	0.000 579
1999	12 810.57	13 340	0.041 328	92.675 28	96.92	0.045 802
2000	20 236.99	18 813	−0.070 37	146.400 1	136.98	−0.064 34
2001	26 270.95	26 010	−0.009 93	190.051 5	189.91	−0.000 74
2002	32 304.91	32 492	0.005 791	233.702 9	238.22	0.019 328
2003	43 723.03	41 019	−0.061 84	316.304 8	302.1	−0.044 91
2004	64 379.33	65 417	0.016 118	465.738 3	484.31	0.039 876
2005	114 322	104 812	−0.083 19	827.037 6	796.57	−0.036 84
2006	138 550.7	128 667	−0.071 34	1 002.315	985.92	−0.016 36
2007	174 978.8	160 752	−0.081 31	1 265.846	1 239	−0.021 21
2008	216 938.1	203 811	−0.060 51	1 569.391	1 568	−0.000 89
2009	281 919.2	259 476	−0.079 61	2 039.483	1 991	−0.023 77
2010	354 500	332 925	−0.060 86	2 564.553	2 545	−0.007 62

年份	COD 年增量			销售收入		
	历史值	仿真值	误差	历史值	仿真值	误差
1998	6.339 526	6.343	0.000 548	63 167.3	63 686	0.008 212
1999	7.414 022	7.754	0.045 856	70 556.4	75 646	0.072 135
2000	11.712 01	10.95	−0.065 06	101 181.9	104 560	0.033 387
2001	15.204 12	15.19	−0.000 93	144 018.3	157 172	0.091 334
2002	18.696 23	19.05	0.018 922	174 291	193 070	0.107 745
2003	25.304 38	24.16	−0.045 22	249 874.7	239 294	−0.042 34
2004	37.259 06	38.74	0.039 747	317 711	338 349	0.064 959
2005	66.163	63.72	−0.036 92	525 562.9	557 691	0.061 131
2006	80.185 18	78.87	−0.016 4	627 927	682 959	0.087 641
2007	101.267 7	99.19	−0.020 52	822 157.6	885 958	0.077 601
2008	125.551 3	125.47	−0.000 65	1 013 034	1 111 000	0.096 706
2009	163.158 7	159.29	−0.023 71	1 294 921	1 392 000	0.074 969
2010	205.164 3	203.67	−0.007 28	1 729 145	1 759 000	0.017 266

（2）灵敏度分析

灵敏度分析，就是改变模型中的参数、结构，运行模型、比较模型的输出，而确定其影响的程度。当改变的是参数 X，输出变量为 Y 时，可建立灵敏度 S 分析表达式：

$$S_Q = \left| \frac{\Delta Q(t)}{Q(t)} \bullet \frac{X(t)}{\Delta X(t)} \right|$$

式中，Q（t）为状态变量值，t 为时间，ΔQ（t）为 t 时刻的状态变量改变值，X（t）为 t 时刻的参数值，ΔX（t）为参数值的改变量。

$$S = \frac{1}{n} \cdot \sum_{i=1}^{n} S_{Q_i}$$

式中，S 为 n 个状态变量的平均灵敏度，i =1，2，…，n。

以固废处理单价为例，原固废处理单价为 1 000 元/t，提高 20%到 1 200 元/t，对比两个参数值情况下的状态变量值各年份的误差，可得到固废处理单价的灵敏度见表 4-7。

表 4-7　参数固废处理单价的灵敏度分析

年份	工业增加值			固废存量			能源存量		
	基础值	模拟值	误差	基础值	模拟值	误差	基础值	模拟值	误差
1998	0	0	0	0	0	0	0	0	0
1999	37 632	37 636	0.000 106	5.031	5.031	0	89 061	89 061	0
2000	73 421	71 243	0.029 665	11.88	11.88	0	175 716	175 715	5.69×10^{-6}
2001	114 105	109 726	0.038 377	24.92	24.93	0.000 401	256 891	256 888	1.17×10^{-5}
2002	178 472	171 514	0.038 987	41.93	41.94	0.000 238	330 850	330 841	2.72×10^{-5}

年份	工业增加值			固废存量			能源存量		
	基础值	模拟值	误差	基础值	模拟值	误差	基础值	模拟值	误差
2003	247 685	237 606	0.040 693	64.07	64.08	0.000 156	398 301	398 280	5.27×10^{-5}
2004	325 337	311 339	0.044 192	93.1	93.1	0	457 181	457 141	8.75×10^{-5}
2005	434 555	415 351	0.040 533	132.37	132.38	7.55×10^{-5}	491 530	491 443	0.000 177
2006	652 338	625 897	0.040 116	185.35	185.34	5.4×10^{-5}	487 873	487 275	0.001 226
2007	888 008	852 385	0.040 438	255.58	255.55	0.000 117	455 632	454 919	0.001 565
2008	1 187 000	1 139 000	0.041 64	349.22	349.16	0.000 172	394 295	393 383	0.002 313
2009	1 537 000	1 473 000	0.044 125	473.89	473.79	0.000 211	290 655	289 777	0.003 021
2010	1 949 000	1 863 000	0.044 125	642.4	642.23	0.000 265	131 398	130 563	0.006 355
	合计		0.442 996	合计		0.001 69	合计		0.014 841

年份	水资源存量			COD 存量					
	基础值	模拟值	误差	基础值	模拟值	误差			
1998	0	0	0	0	0	0			
1999	182 420	182 420	0	12.3	12.3	0			
2000	364 823	364 823	0	27.34	27.34	0			
2001	547 186	547 186	0	48.6	48.6	0			
2002	729 496	729 496	0	77.36	77.37	0.000 1293			
2003	911 758	911 758	0	113.17	113.18	8.836×10^{-5}			
2004	1 093 000	1 093 000	0	157.94	157.95	6.332×10^{-5}			
2005	1 275 000	1 275 000	0	229.62	229.64	8.71×10^{-5}			
2006	1 457 000	1 457 000	0	347.92	347.95	8.623×10^{-5}			
2007	1 639 000	1 639 000	0	493.68	493.75	0.000 141 8			
2008	182 000	182 000	0	676.1	676.22	0.000 177 5			
2009	2 001 000	2 001 000	0	905.64	949.85	0.048 8			
2010	2 181 000	2 181 000	0	1 195	1 195	0			
	合计		0	合计		0.001 005 4			

根据公式，得到

固废处理单价灵敏度=1/65×（0.442 996+0.001 69+0.014 841+0+0.001 005 4）×

1 200/（1 200−1 000）=0.042 5

同样得到其他参数的灵敏度，如图 4-12 所示。

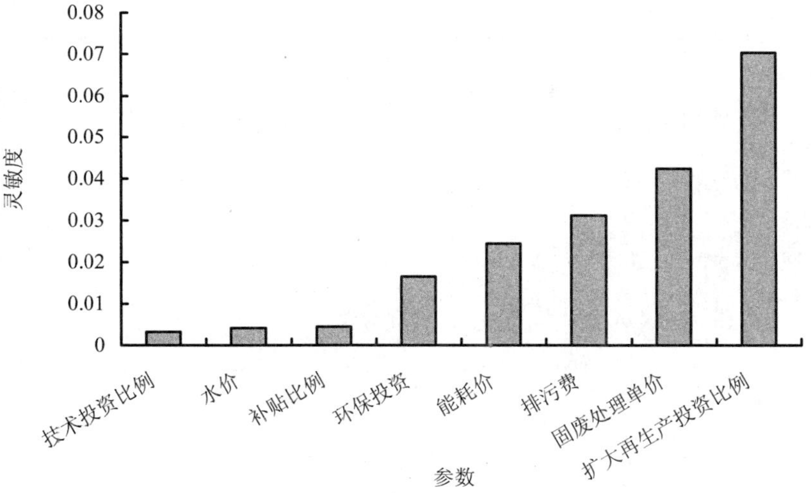

图 4-12　各参数灵敏度

由图 4-12 可知，所有常数参数灵敏度都在 0.08 以内，模型行为模式并未因为参数的微小变动而出现异常变动，因此模型是可信的，表明模型可以应用政策实验室进行模拟分析。

4.3.2.5　情景仿真与分析

（1）共生效益

对于上游企业，下游企业对产品需求量激励上游企业生产更多副产品，获得更多销售收入，同时减少了固废排放量，因而也降低了固废处理费用。

对于下游企业，可以在园区就近选择原材料，降低了原料采购成本，运输成本及仓储成本，降低成本即增加利润，将有更多资金用于扩大再生产。

上游企业和下游企业获得的经济效益即该产业共生体的共生效益。1998—2010 年 16 家企业共生效益如图 4-13 所示。

由图 4-13 可知，产业共生体的共生效益随时间而增高，2004 年增长速率最快，主要是由于 2004 年 5 家下游企业的加入，使副产品量交换增多。2008 年后无新的企业加入，共生效益仍呈现增长，则是由于整个产业共生体的稳步发展，产品量在增高，带动副产品量的增高。

由此可知，延长产业链，形成产业共生，对于追求利润最大化的企业来说完全有利可图，政府应做好上下游企业的媒介作用，促进产业共生的发展。

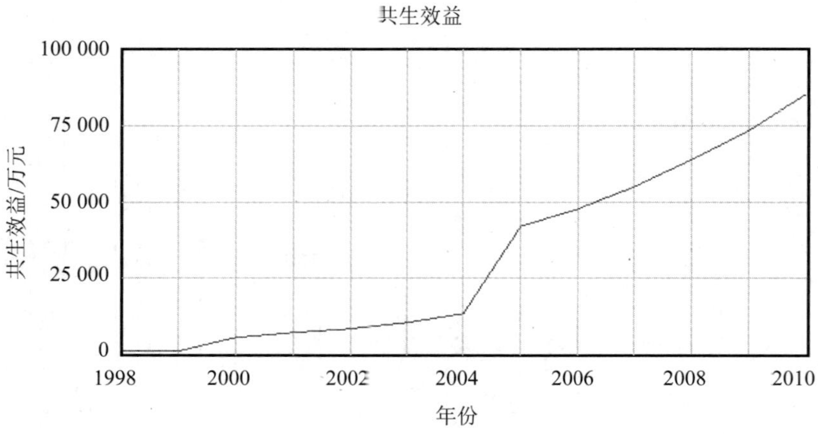

图 4-13　16 家企业的共生效益

（2）市场的影响

产业共生体最大风险来自于市场，一家企业的产品市场价格受到影响，会波及整个产业共生体。产品市场价格包括主产品价格和副产品价格，模型拟仿真产品价格波动后对整个产业共生体的影响，也可以反映产业共生体的稳定性。

1）上游企业新浦化工的主产品价格波动

新浦化工是整个产业共生体的核心企业，为 14 家下游企业提供原料，假设未来新浦化工主产品价格降低 50%，观察对园区其他企业的影响。以 2010 年为基准年，时间步长为 1 年，仿真未来 30 年各企业的产品量。仿真结果如图 4-14，图 4-15，图 4-16，图 4-17 所示。

图 4-14　新浦化学公司产品价格降 50%后对产量的变化

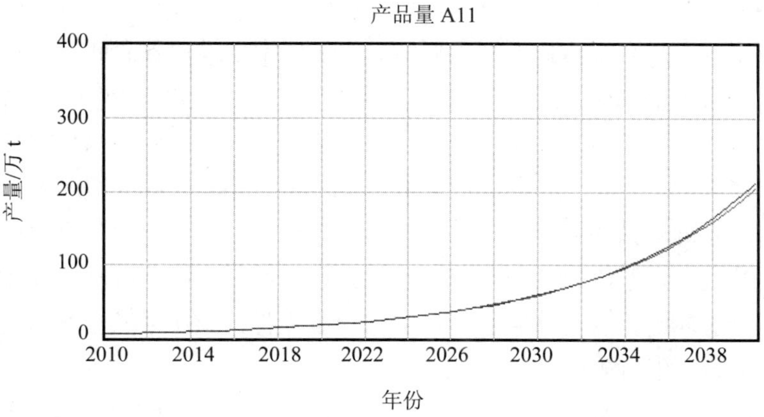

图 4-15　阿克苏氯乙酸公司产品价格降 50%后对产量的变化

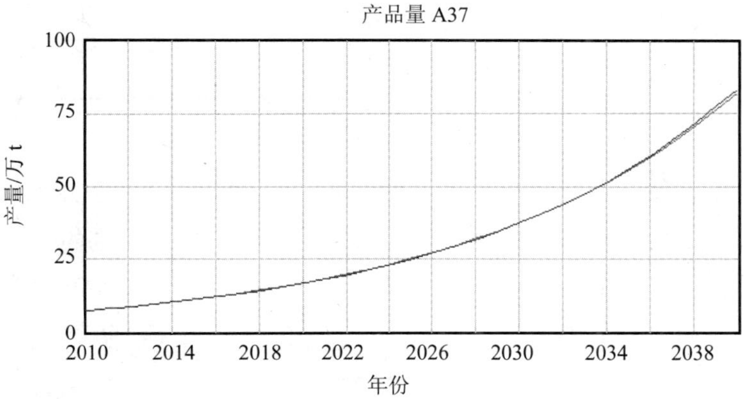

图 4-16　三木化学公司产品价格降 50%后对产量的变化

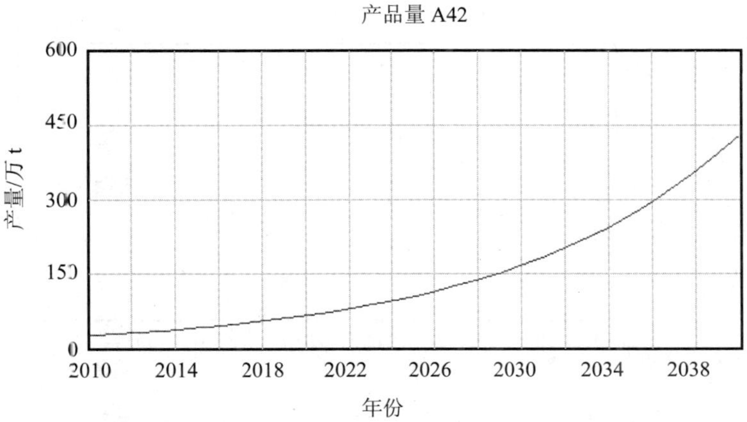

图 4-17　兴安化工公司产品价格降 50%后对产量的变化

由以上四幅图可知，新浦化工主产品价格大幅降低对新浦化工生产的影响巨大，但是对于下游企业来说，只有细微影响或无影响。由于模型中设定各企业产品量受上年销售收入以及产业共生带来的共生效益共同影响，即假设原料供应量减少时，下游企业能迅速找到市场上其他原料，只是导致成本增加。由图可知，寻找其他市场原料增加的成本相对于企业的销售收入来说影响不大，故下游企业基本上生产不受影响，即园区下游企业的盈利并不依赖于上游企业的共生效益，可以免受上游企业的影响。以上分析说明，在上游企业生产受影响的情况下，下游企业只要能迅速找到替代原料，虽然可能会导致部分成本的增加，但生产不受影响。也就是说各企业保持相对独立性，该企业共生体稳定。

2）副产品价格的影响

模型中将副产品市场价格统一设为 1 000 元/t，假设未来市场副产品价格降低 50%，考察对整个产业共生体副产品生产的影响。以 2010 年为基准年，各项参数值不变，生产投资比例仍为 10%，时间步长为 1 年，仿真 2010—2040 年的发展。如图 4-18、图 4-19、图 4-20 所示。

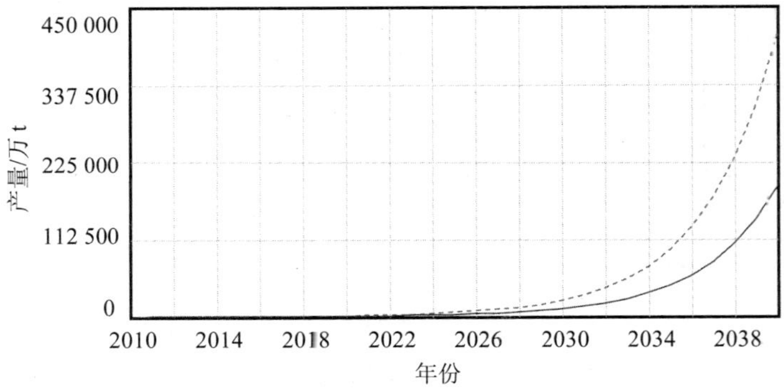

图 4-18　副产品价格降低 50%后对副产品总量的影响

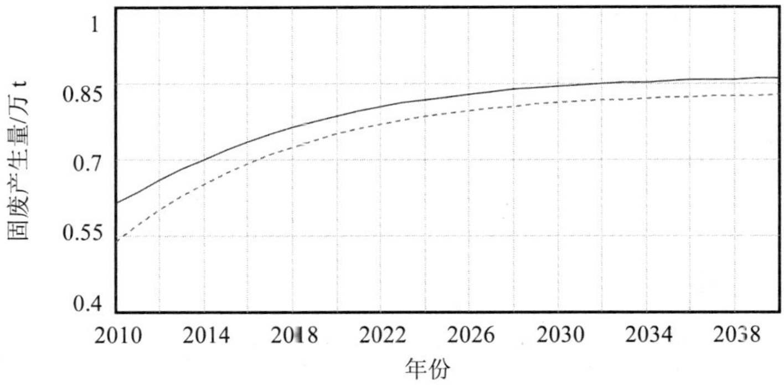

图 4-19　副产品价格降低 50%后对单位产品固废产生量的影响

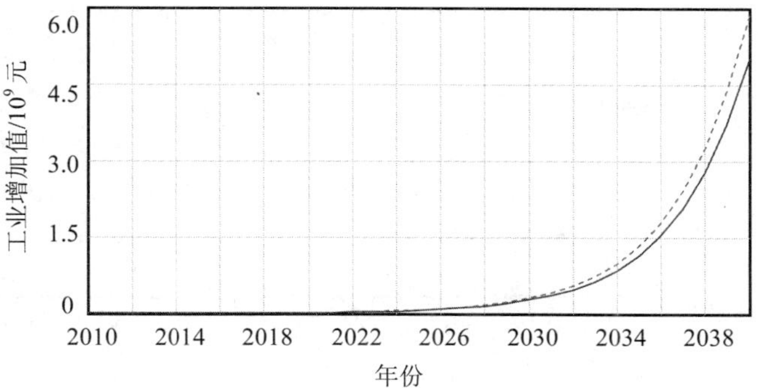

图 4-20　副产品价格降低 50%后对工业增加值的影响

由图 4-18、图 4-19 可知，副产品价格的降低会降低企业利用固废生产副产品的激励，导致副产品总量的降低及单位产品固废产生量的升高。由图 4-20 可知，虽然副产品价格相对主产品价格来说价格较低，副产品价格下跌并未影响总体经济增长情况，但却使工业增加值在 2040 年降低了 8 亿元。因此，副产品价格的下跌会使园区产业共生状况变差，固废产生量增多，经济效益下滑，在市场失灵情况下，需要政府管理部门发挥积极作用，通过各种措施保证园区产业共生效益，其中最为有效的措施是经济刺激，可以通过补贴副产品价格的方式形成企业副产品资源化的动力。

如图 4-21 所示，在副产品价格发生波动时，政府提高补贴比例到 0.11 时，使得副产品价格回到波动前水平，仿真结果如图 4-22、图 4-23、图 4-24 所示。

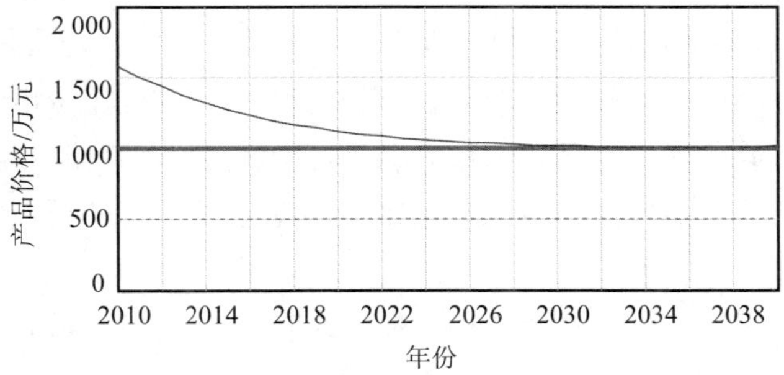

图 4-21　政府补贴使副产品价格恢复波动前水平

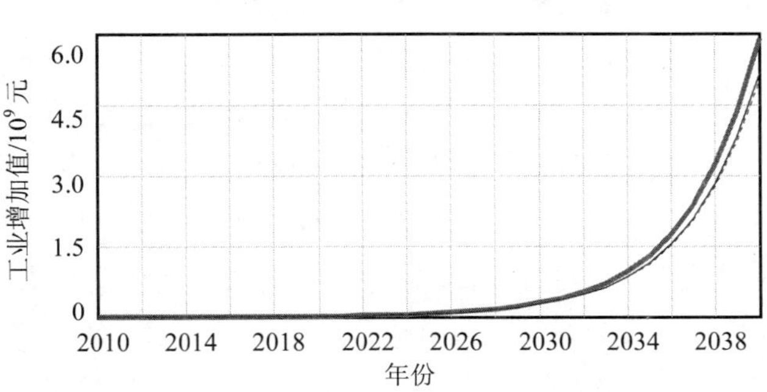

图 4-22　政府补贴副产品价格后工业增加值

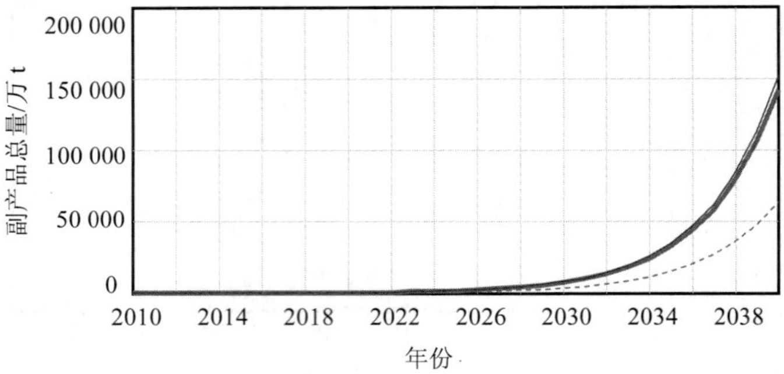

图 4-23 政府补贴副产品价格后副产品总量

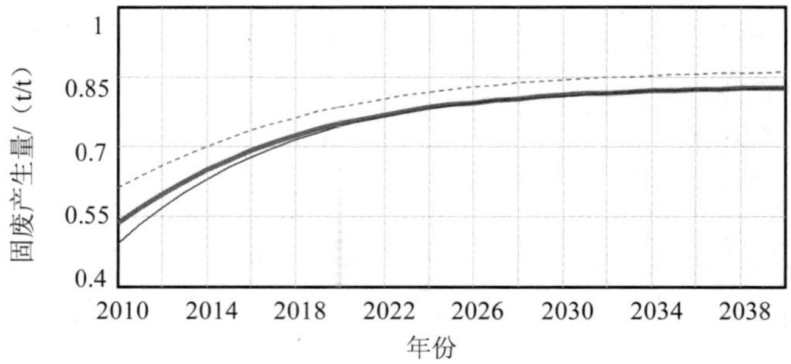

图 4-24 政府补贴副产品价格后单位产品固废产生量

由图 4-22 所知，政府提高财政补贴后，园区工业增加值相比于市场价格波动前降低，主要是因为财政补贴加大了支出，使得工业增加值存量降低；但是园区工业增加值略高于市场波动后的园区工业增加值，说明财政补贴对园区工业增加值的降低有一定的补救作用。由图 4-23、图 4-24 所知，增加财政补贴后，园区副产品总量恢复到市场价格波动前水平，单位固废产生量也降低到市场波动前水平，说明政府补贴对园区继续保持共生效益及降低固废污染很有成效。

因此，在副产品市场价格发生波动时，园区政府管理部门可以通过财政补贴部分市场价格，挽回部分工业增加值的损失，同时保持园区共生效益，降低固废污染，但单纯以政府补贴并不可取，须辅以其他手段。

（3）共生潜力

金江、新浦、阿克苏，以及凯力克金属拥有下游企业，但是下游企业副产品利用率未达到最大的 0.95 值。引入补链企业，可以使四家企业的固废资源化率达到 0.95。这是补链情况下的最大共生效益。不改变模型其他参数，模拟未来 30 年园区的发展，得到基础仿真，将基础仿真与引入补链企业提高固废资源化率后的模型结果对比，可以得到目前该产业链的共生潜力。

以 2010 年为基准，模拟未来 30 年这个产业共生体的发展，时间步长为 1 年，得到的副产品总量、工业增加值、单位工业增加值固废产生量分别如图 4-25、图 4-26、图 4-27 所示。

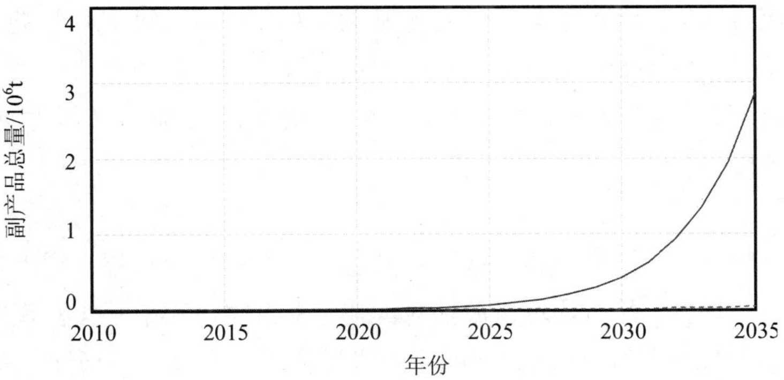

图 4-25　补链前后副产品总量的仿真

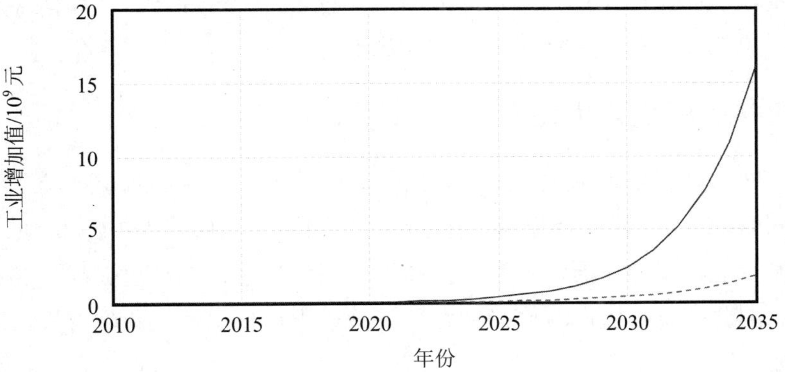

图 4-26　补链前后工业增加值的仿真

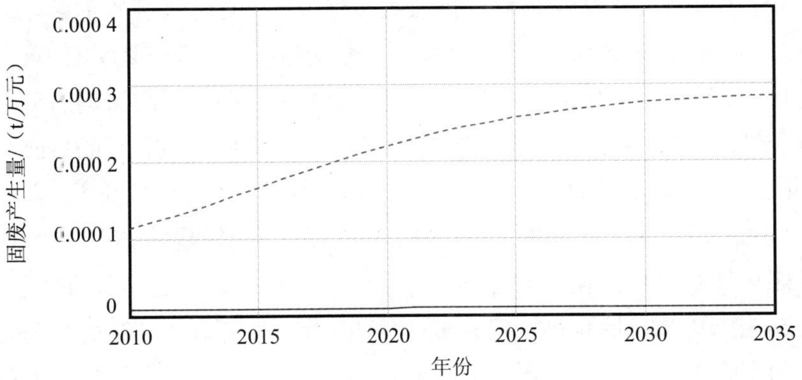

图 4-27　补链前后单位工业增加值固废产生量的仿真

由图 4-25、图 4-26、图 4-27 可知，引入下游企业利用园区副产品，促进废物资源化，不仅可以刺激企业改进废物资源化技术，使副产品量增大，同时副产品的销售带来销售收入，带来利润的增加，为企业来年扩大再生产增加投资资金，最终使得工业增加值增高。

也使得单位工业增加值固废产生量远远低于基础仿真值。故通过引入补链企业，延长产业链，可以获得经济、环境效益的双赢。从图中也可看出，基础仿真与情景 1 差距很大，说明产业链延伸空间大，需要政府招商引资，引入以现有固废或副产品作为原料的补链企业，提高园区共生效益。

（4）结论

通过以上分析可知，园区逐步形成产业共生，产业共生效益逐年递增，呈现良好发展态势；目前核心企业主产品市场价格波动对其他企业的生产影响不大，说明了园区产业共生体的稳定性；副产品价格的波动会影响企业资源化固体废物的积极性，影响副产品产量，进而影响园区工业增加值，政府需要在副产品价格波动时对副产品价格进行补贴，保证园区的稳定发展；引入补链企业利用园区副产品，可以刺激上游企业改进资源化技术，提高副产品产生量，进而提高销售收入，降低固废产生量，形成经济、环境效益的双赢，因此政府需要在绿色招商、引入补链企业方面做出努力。

4.3.3 产业共生现状与优化方案

根据前节对园区目前产业共生效益的分析，得出产业共生给园区带来了巨大的经济、环境效益，同时，目前园区的副产品资源化的潜力巨大，在远期如能做大做强现有企业，同时引入下游企业，延伸拓展产业链，提高副产品交换量，将迅速提高工业增加值和减少固废产生率。因此在分析园区现有产业结构的基础上，提出产业共生方案，对于园区未来发展尤为重要。

4.3.3.1 产业链结构分析

泰兴精细化工园拥有 102 家企业。目前氯碱化工及下延产业主要有新浦化学（泰兴）有限公司 46.5×10^4 t/a 氯碱装置、阿克苏诺贝尔氯乙酸装置、新浦 20×10^4 t/a 氯乙烯、泰兴市兴安公司三氯化磷、氧氯化磷等；苯胺系列下延利用主要有锦鸡染料有限公司、万得化工（泰兴）有限公司等；氢系列下延产业主要氯氢合成盐酸、硝基苯加氢还原生产苯胺等；并利用周边地区丰富的石化原料发展二次加工（如新浦化学 32×10^4 t/a 乙苯-苯乙烯联合装置），为园区精细化工产业提供支撑。泰兴精细化工园产业链现状如图 4-28 所示。

由图 4-28 可知泰兴精细化工园已初步形成 2 条产业链。一是以新浦化学（泰兴）有限公司现有 46.5×10^4 t/a 离子膜烧碱（已建成 30×10^4 t/a，在建 16.5×10^4 t/a）为龙头的下延产业链，其中使用氢氧化钠的区内企业有爱森（中国）絮凝剂有限公司、江苏扬农化工集团泰兴药化有限公司、泰兴市扬子医药化工有限公司等 20 多家；生产三氯化铝的企业主要有泰兴市红星化工厂、泰兴市兴宇化工有限公司等；生产 PCl_3、$POCl_3$ 的主要为泰兴市兴安精细化工有限公司，另外，江苏常隆农化有限公司则利用氯气、液碱及其他化工原料制备光气及光气化产品；新浦公司自身也在现有产品基础上延伸，生产氯苯、硝基氯苯、氯乙烯等。但园区有 102 家企业，企业关联度仍然较低，需要在现有产业链基础上延伸拓展产业链。

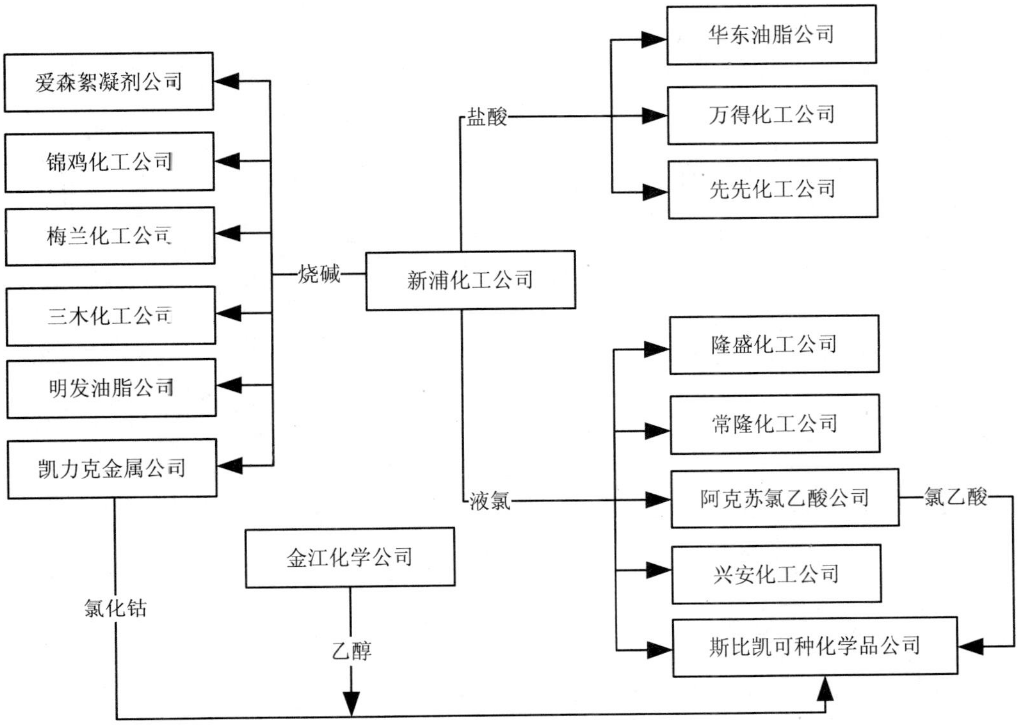

图 4-28　泰兴精细化工园产业链现状图

通过分析产业链现状图，可知泰兴精细化工园的关键种企业为新浦化工，氯碱产业链为主导产业链。泰兴经济开发区化工开发区是全国最大的高质量的氯乙酸、聚丙烯酰胺（阿克苏诺贝尔）生产基地，离子膜烧碱（新浦化学）产量名列全国前三。因新浦化学的产品烧碱、液氯，以及副产品盐酸是基本化学原料，不仅为园区氯碱化工企业提供了原料，同时吸引了包括医药中间体，染料颜料，油脂化学品等其他企业。故泰兴精细化工园生态产业链的聚变活性因子是新浦化学，要继续大力发展和培育该企业，发挥其聚变优势，通过“链式招商”的形式把区外链吸引进区内。

4.3.3.2　产业生物群落分析

图 4-29 为泰兴精细化工园企业的生物群落分类图，可知生产者企业为龙头企业新浦化工，除提高热电外，也提供基本原料如氢气、盐酸、液氯等，园区企业通过原料利用成为其下游企业，因此生产者企业的生产运行情况与整个园区利益息息相关。一方面要大力扶持新浦化工，保证其生产运营；另一方面也要考虑产业链的稳定性，增强原料的可替代性，发展更多的生产者企业，以防止断链导致的原料供应不足的危险。

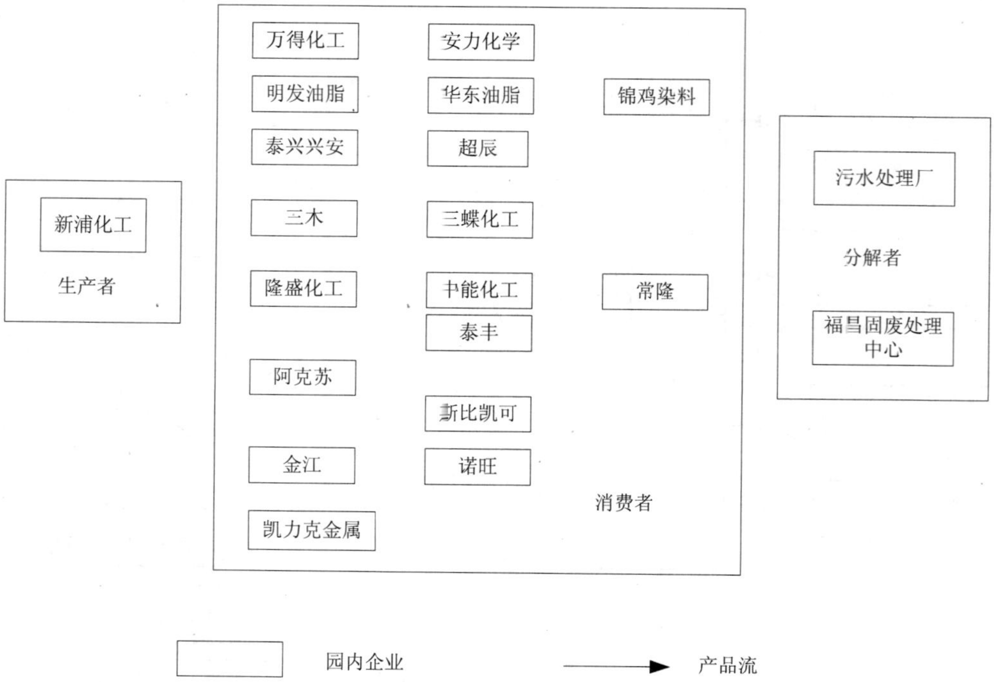

图 4-29 泰兴精细化工园企业产业生物群落

园区大部分企业为消费者企业，且形成了一级消费者、二级消费者，远期应继续拓展产业链，以形成产业网。但园区企业众多，一些企业规模小，与其他企业关联度低，在图中并未列出，需要将小企业做大做强，对于无法形成产业链、能流链或废物链的有着较高排污系数的小型化工项目，应加以限制并逐步淘汰。

分解者企业为福昌固废处理中心，缺少废物再生回收企业。各企业产生的固废（液）首先经本公司充分回收利用，其次考虑通过社会化协作实现综合利用，最后才考虑送危废处理单位处置。目前除生活垃圾由市环卫部门统一处理外，各企业的工业固体废物均自行解决处置出路，特别是化工生产过程产生的各类残液、残渣、废催化剂等危险废物，全区缺乏统一的收集、处置管理机构。

4.3.3.3 产业链结构生态化方案

（1）氯碱链

在以上分析的基础上，按照产业定位和产业规划，主要拓展现有产业链氯碱链。

氯碱工业是基础原材料工业，氯碱产品种类多，关联度大，其下游产品达到上千个品种，具有较高的经济延伸价值，它广泛应用于农业、石油化工、轻工、纺织、化学建材、电力、冶金、国防军工、建材、食品加工等各个领域，对国民经济的健康持续发展具有重大意义，是现代化学工业中的基本原料工业，在国民经济中占有重要地位。

离子膜烧碱项目工艺流程如图 4-30 所示。

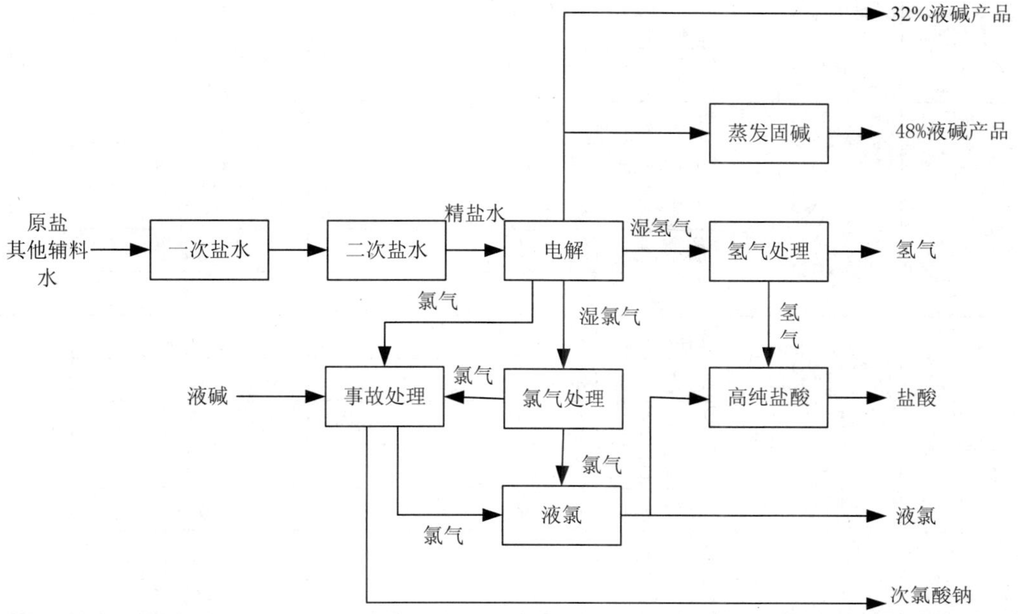

图 4-30　离子膜烧碱项目工艺流程

离子膜烧碱项目主产品为液碱，液氯，副产品包括氢气，盐酸，依托氯碱装置产出的氯、碱、氢等基础化工原料向下游衍生，可以丰富装置的内涵，增加产品的附加值，提升装置的竞争，避免造成资源浪费和闲置。

园区围绕新浦化工，下游企业利用离子膜烧碱的副产品氯气、氢气、烧碱作为原料，已形成初步的氯碱产业链，新浦化工产品及园内产品交换量如表 4-8 所示。

表 4-8　新浦化工离子膜烧碱产品及园内产品交换量

产品名称	设计生产能力/（10^4 t/a）	下游企业名称	下游企业用作原料量/（10^4 t/a）	利用率/%
离子膜烧碱	46.5	斯比凯可特种化学品有限公司羧甲基纤维素项目	0.431 6	19.8
		爱森絮凝剂有限责任公司絮凝剂项目	1.664 4	
		三蝶化工有限公司环氧氯丙烷项目	5.85	
		常隆化工有限公司	0.85	
		凯力克化工有限公司	0.2	
		锦鸡化工有限公司	0.008 2	
		明发油脂有限公司	0.18	
		梅兰化工有限公司	0.01	
		泰丰化工有限公司	0.017 2	
		合计	9.211 4	

产品名称	设计生产能力/（10^4 t/a）	下游企业名称	下游企业用作原料量/（10^4 t/a）	利用率/%
氢气	1.02	新浦化工苯胺项目	0.91	89
		合计	0.91	
盐酸	18.6	万得化工有限公司	0.971 5	5.4
		华东油脂有限公司	0.021 5	
		先先化工有限公司	0.005 6	
		锦鸡化工有限公司	0.007 5	
		合计	1.006 1	
液氯	36.13	新浦化工氯乙烯项目	11.8	72.1
		阿克苏诺贝尔氯乙酸项目	6	
		兴安化工有限公司	6.224 0	
		常隆化工有限公司	0.851 2	
		梅兰化工有限公司	0.16	
		隆盛化有限公司	1	
		合计	26.035 2	

由表 4-8 可知，目前园内下游企业利用新浦化工的产品作为原料所得利用率较低，进一步拓展下游产业链空间巨大，下一步应继续依托离子膜烧碱装置进一步发展有机氯系列、氢系列和苯系列产品，并使氯产品向精细化深加工方向发展。产业链构建图如图 4-31 所示。

1）有机氯系列

① 液氯-氯乙烯-PVC 产业链

氯乙烯（VCM）是聚合氯乙烯（PVC）的单体，是聚氯乙烯的基本原料。聚氯乙烯是五大热塑性合成树脂之一，具有优良的耐化学腐蚀性、电绝缘性、阻燃性、质轻、强度高且易加工、成本低，PVC 制品广泛应用于工业、农业、交通、建筑等领域。随着科技发展，采用多元共聚技术，会使 PVC 应用扩展到特殊涂料树脂、专用医疗树脂及耐辐射树脂等，其应用前途十分广阔。随着聚氯乙烯用于节能环保型化学建材领域的不断开拓和农村城镇化的影响，市场需求增长较快。

目前新浦化工引进比利时苏威公司氯乙烯生产技术，建成 20 万 t/a 氯乙烯（VCM）项目，围绕新浦的氯乙烯着力打造聚氯乙烯、氯化聚氯乙烯等产业链并向聚氯乙烯深加工最终向塑胶工业园方向发展。

② 液氯-三氯化磷-三氯氧磷-草甘膦农药链

拟建产业链如图 4-32 所示。

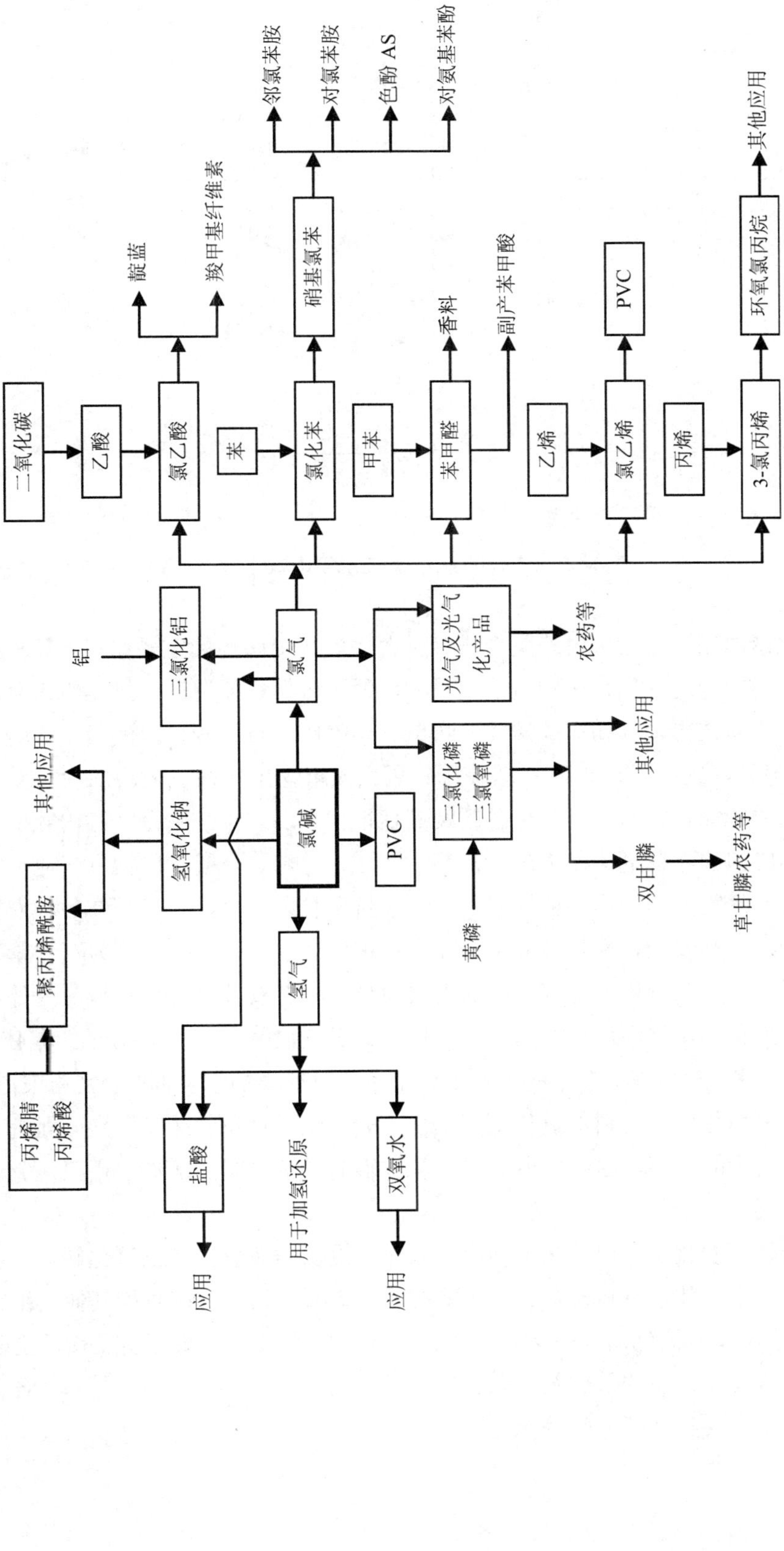

图 4-31　泰兴经济开发区拟建的氯碱产业链

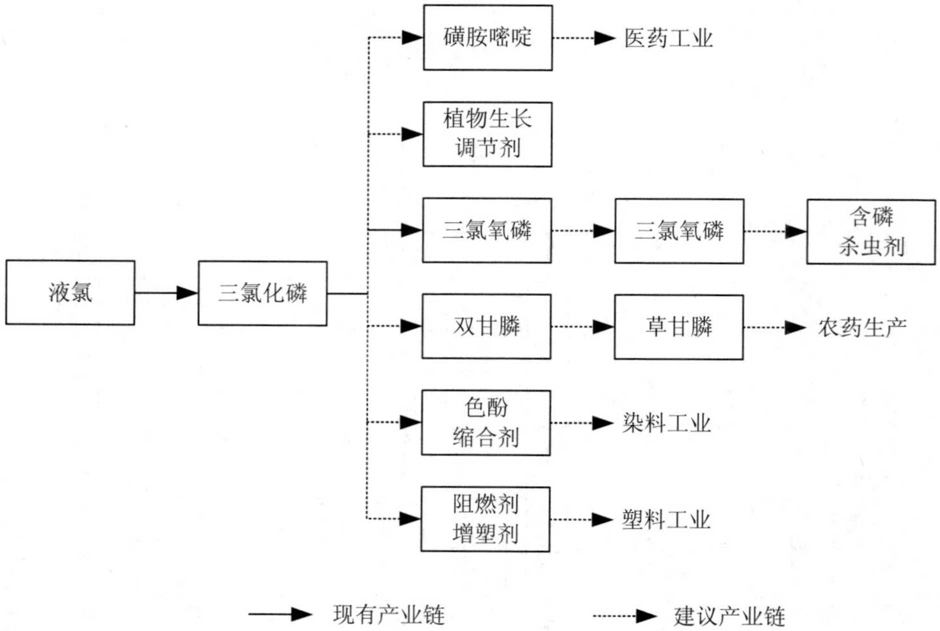

图 4-32 液氯-三氯化磷-三氯氧磷-草甘膦农药链

三氯化磷的用途非常广泛，是合成多种含磷农药中间体的重要原料，如三氯硫磷、三氯氧磷、亚磷酸二烷基酯、亚磷酸三烷基酯、磷酰氯等都要通过三氯化磷来合成，进而合成一大批有机磷杀虫剂（如辛硫磷、二嗪磷、三唑磷、毒死蜱、丙溴磷、乙酰甲胺磷、灭线磷等）。另外，它可以通过氯乙基磷酰二氯合成植物生长调节剂乙烯利。双甘膦是草甘膦农药产品的中间体，其下游是草甘膦及其他衍生产品。草甘膦是一种内吸、低毒、低残留、高效、广谱的除草剂，在玉米、棉花、大豆、小麦等众多农作物及其他植物上的使用越来越广泛。生物基因工程的应用，培育出了抗草甘膦大豆、玉米等新品种农作物，抗草甘膦基因作物迅猛发展，草甘膦的市场需求也因此而急剧扩大，无疑为双甘膦提供了更加广阔的市场空间。三氯化磷是双甘膦的上游原料，随着双甘膦及草甘膦国内外市场的不断拓展，必将推动三氯化磷市场空间的不断扩大。三氯化磷在医药工业上主要用于生产磺胺嘧啶、磺胺五甲氧嘧啶等，在染料工业上用于生产色酚类的缩合剂等，销售渠道较为畅通。三氯化磷还可用作生产香料的氯化剂和催化剂等。塑料行业的蓬勃发展，促进了磷系增塑剂、阻燃剂用量的提高，国内外市场对三氯氧磷的需求量明显增加，相应地驱动了三氯化磷市场的发展。

目前园区兴安化工、申龙化工利用新浦化工提供的液氯生产三氯化磷，三氯化磷是传统的氯系农药中间体，单独投资三氯化磷的经济效益比较差（相对于其他精细化工产品而言），因此建议以三氯化磷为基础，向下衍生出三氯氧磷、三氯硫磷及市场需求量比较大的高效、低毒、低残留的杀虫剂、杀菌剂、除草剂等农药产品，如草甘膦、乙酰甲胺磷、毒死蜱等，重点要实施草甘膦等农药项目发展。

③ 3-氯丙烯、环氧氯丙烷—环氧树脂链

环氧氯丙烷是重要的有机氯产品。甘油法环氧氯丙烷可以消耗氯化氢 1.5 t/t，质量分数为 30%的烧碱 1.75 t/t。由于环氧氯丙烷的消费领域单一，下游环氧树脂需求的迅速增长便成为推动环氧氯丙烷发展的主要动力。我国环氧树脂市场潜力巨大，随着对汽车的需求量增加，与之配套的环氧树脂电泳漆需求也在增加；电力工业规模宏大，且正处于迅速发展阶段，所用环氧需求年增幅扩大。此领域从发电、输变电到用电都需要环氧，如绝缘材料、干式变压器、开关、互感器、水利、水电工程；集装箱工业发展迅猛，集装箱用涂料主要是环氧树脂。

目前园区三蝶化工利用新浦化工的片碱生产环氧氯丙烷，为了提高环氧氯丙烷装置的竞争力，应考虑引入环氧树脂项目，生产环氧树脂及其后道产品。

④ 氯乙酸—羧甲基纤维素链

氯乙酸是重要的有机精细化工原料，广泛应用于农药、医药、染料、油田化学品、造纸化学品、纺织助剂、表面活性剂、电镀、香料、香精等领域。随着技术的进步，氯乙酸的新应用领域逐渐得到开发，尤其是下游产品羧甲基纤维素（CMC）的市场需求强劲，因此，氯乙酸的市场前景非常看好。

继续发展氯乙酸（阿克苏诺贝尔氯乙酸）至羧甲基纤维素（斯比凯可特种化学品）这条产业链。

2）氢系列

氯碱工业副产氢气资源是国内氢气资源的主体，其质高价廉且无污染。部分氢气与液氯反应，可以用于制成盐酸出售。其余部分进入氢气柜发展氢气下游产业链。

目前新浦化工已建成 15 万 t/a 的苯胺项目，可以消耗 89%纯氢气，加氢还原生成的苯胺可以用于染料工业，应继续延长氢气-苯胺产业链，对于剩余氢气或者可以油脂氢化生产氢化油脂，或精制提纯装瓶。氢系列产业链构建图如图 4-33 所示。

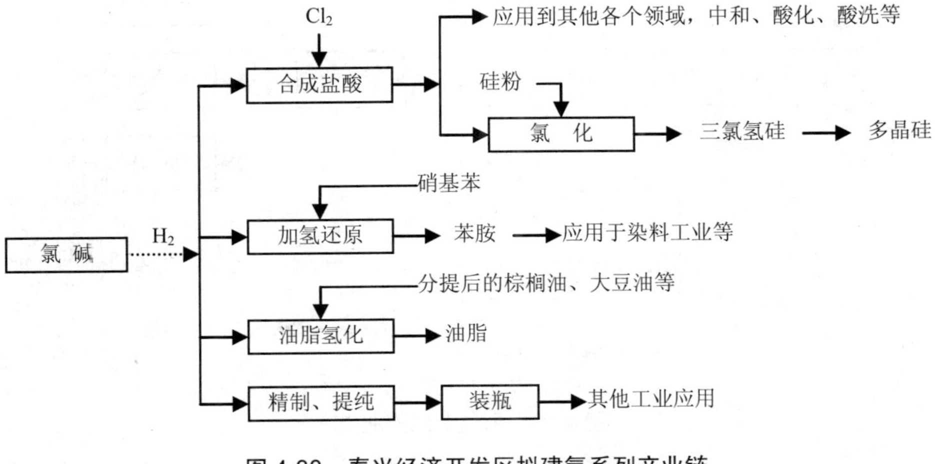

图 4-33 泰兴经济开发区拟建氢系列产业链

① 氢气-苯胺-MDI-聚氨酯-染料工业链

苯胺是重要的有机化工原料，主要用于制备聚氨酯的原料 MDI，并广泛应用于橡胶助剂、染/颜料、农药、医药及特种纤维等工业领域。苯胺是耗氢量非常大的产品，平均目前国内不少氯碱企业建设苯胺生产装置来平衡氢气，新浦化工与 2010 年新建 15×10^4 t/a 的苯胺项目，可以消耗 0.91×10^4 t/a 的氢气。生产的苯胺可以作为产品出售，或者向下游产业链衍生，如配套建设 MDI 生产装置，或用于生产橡胶助剂、医药中间体和农药中间体。

4,4′-二苯基甲烷二异氰酸酯（MDI）是生产聚氨酯的主要原料。聚氨酯广泛用作建筑、汽车、船舶、制鞋、磁带、航空、电子、玻璃纤维、金属等的黏合剂。此外，MDI 还可用于生产聚氨酯彩色涂料、聚氨酯弹性纤维（即氨纶）和制备合成革等，目前这些产品已广泛应用于国防、航天、轻工等多种领域。近年来，中国 MDI 的年均需求增长率在 20%以上，已成为世界第二大 MDI 市场。MDI 生产需要消耗大量原料，主要原料有苯胺、甲醛、氯气、烧碱等。除甲醛外的原料基本上可以由氯碱装置提供或者依靠氯碱装置生产的产品（苯胺）进行生产。主要原料消耗为苯胺 800 kg/t，甲醛 400 kg/t，氯气 550 kg/t，烧碱 1 200 kg/t，投资利润率约为 24%。

MDI 生产装置是投资大、技术难度高的项目，适合国内大型氯碱企业建设，应考虑原料和下游产品的配套，上游配套苯胺生产装置，下游配套 PU 浆料、聚氨酯弹性体等 MDI 加工生产装置，最为理想的是邻近环氧丙烷生产装置。这样，MDI 生产装置和环氧丙烷生产装置相结合，大力发展聚酯多元醇和聚醚多元醇等新型材料项目。

目前新浦化工已建成 15×10^4 t/a 的苯胺项目，可以消耗 89%纯氢气，计划继续延长氢气-苯胺产业链，如图 4-34 所示。

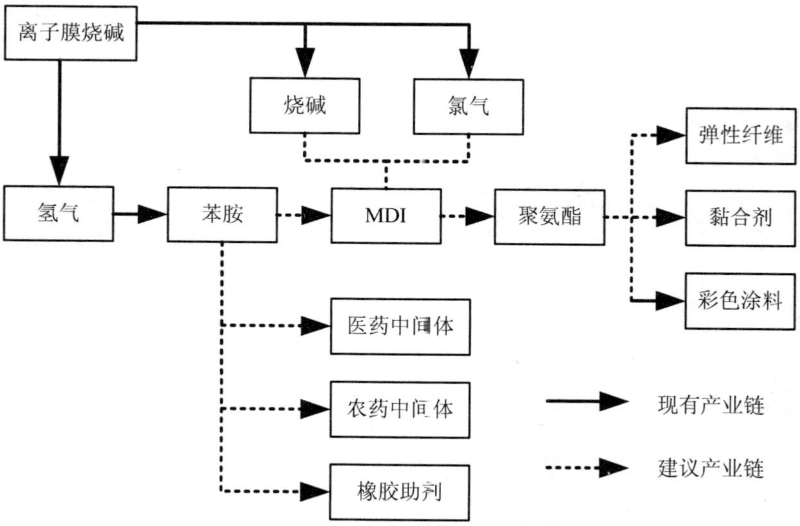

图 4-34 氢气苯胺产业链

② 氢气-氢化油脂链

目前园区有明发国际油脂生产氢化油脂，但其目前只利用新浦化工的片碱作为原料，在新浦化工苯胺生产结余的情况下，建议新浦化工与明发油脂达成氢气利用协议。

（2）CO_2 生态产业链

泰兴黄桥有优质的 CO_2 自然资源，可以依托 CO_2 自然资源构建 CO_2 生态产业链。

黄桥 CO_2 气田是迄今为止亚洲发现的储量最大、纯度最高的 CO_2 大型气田，含气面积 52.2 km^2，基本储量 110.9 亿 m^3，纯度 99.8%以上，预计可开发利用 100 年以上。目前 CO_2 气体管道已铺设至泰兴市河失镇，距离泰兴经济开发区约 18 km，建议铺设管道将 CO_2 引入泰兴开发区，逐步形成资源利用 CO_2、轻污染的产业链。

我国 CO_2 主要用于石油采矿、机器铸造、金属冶炼、陶瓷搪瓷、饮料啤酒及消防事业等行业。此外，还可以做酵母粉、制造干冰，用 CO_2 和氨气合成的尿素肥料等。CO_2 既是很好的资源，但大量的 CO_2 也产生了温室效应，做好 CO_2 资源综合利用共作的同时，也不能忽视 CO_2 的排放问题。

根据《泰兴市黄桥二氧化碳资源综合开发利用发展规划》，鼓励 CO_2 企业大力发展全生物可降解塑料、泡沫塑料以及皮革、轮胎、涂料等行业用新材料；并将 CO_2 基聚合物工艺向机械行业延伸。由于 CO_2 以物理方式使用消耗的 CO_2 的量也有限，通常附加值特别低，不应大力提倡。CO_2 的最佳用途是发展化工与材料产业，从 CO_2 出发合成碳酸酯或可降解材料，从可降解高分子材料出发进一步形成包装材料和医用材料专用料以及加工产业集群。

同时泰兴精细化工园可以适当引进机械行业，如利用 CO_2 资源的焊接、消防等，这些企业一般产污系数低，无有毒有害污染物，可以布点于外围，起到将精细化工园主区与外隔离的作用。因此拟建的 CO_2 生态产业链如图 4-35 所示。

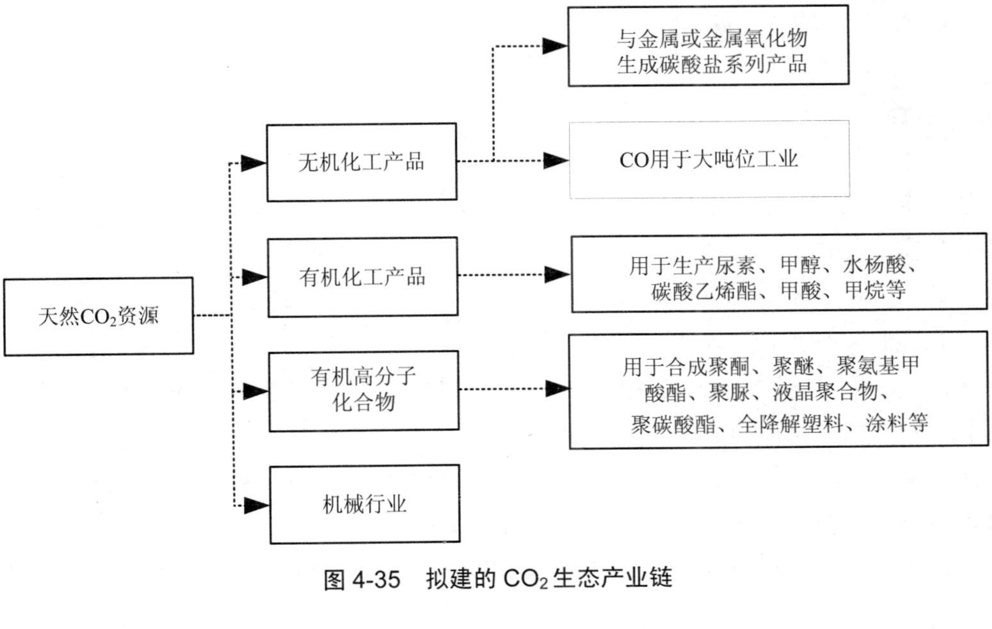

图 4-35　拟建的 CO_2 生态产业链

（3）废物链

精细化工生产中会产生各种副产品、固体废物、废液等，应当引进技术和项目，将其充分地进行综合利用，分离提取有用物质，提高整个园区的资源利用率。一般工业固废应按类型进行处理。对于可以回收的工业固废，按照循环经济思想的立足回收，再次进入本厂的产业链中，综合利用，实现资源化。

电石渣作为电石法聚氯乙烯装置的主要污染源，是非常大的环境隐患，可以用于生产水泥，引入 PVC 项目时应当考虑配套建设。

各类炉渣、回收的粉尘应全部回用，达到零排放。热电厂产生的煤渣供铺路和建筑材料的制造。目前已有企业将废渣外售给砖瓦用于建材制造，考虑到废渣产生量大，外售增加运费成本，建议引入再生废渣的建筑材料公司。

4.3.4 小结

以泰兴精细化工园为例，建立泰兴化工园系统动力学模型，在模型仿真基础上提出园区的管理对策。

首先以园区产业链上 16 家企业形成的产业共生体作为研究对象，通过分析各 agent 的状况，建立了包含 16 个企业 agent 的系统动力学模型流程图，并通过数据调研和回归分析等建立了系统动力学的方程，用历史性检验和灵敏度检验证明了模型的有效性。在此基础上，分析了产业共生体获得的产业共生效益，核心企业主产品价格波动对产业链下游企业的影响，副产品价格波动对产业共生激励的影响，政府补贴的影响以及未来引入补链企业后的产业共生潜力。从而得出政府应引入下游补链企业的建议。

在模型仿真结论基础上，分析园区产业链现状结构和产业生物群落，围绕核心企业新浦化工的氯碱生产，提出延长氯碱产业链，具体包括发展液氯下游产品以及发展氢气下游产品，以及完善 CO_2 链和废物链。

4.4 结论

基于复杂系统的自组织规律，研究了产业共生规律，在此基础上构建了产业共生的系统动力学模型，并以泰兴精细化工园为例，分析工业园产业共生潜力，提出了产业共生建议。

（1）工业园产业共生规律研究

从最大流原理出发，结合自组织神经网络，探索工业园共生演化的基本规律，以非成熟工业园泰兴精细化工园为例，对照经典工业园卡伦堡工业园为例，得到工业园的共生演化规律，及共生演化稳定值。认为工业园发展符合自组织发展规律，在工业园产业共生发展过程中，应以企业自发发展为主，政府辅以引导。

探讨了序参量 ξ 在研究非成熟工业园演化规律中的积极作用，并对 ξ 值的计算过程进行改进，在比较了关联度及其他指标后，进而定义ξ 为产业共生演化效率指标，并将 2005 年卡伦堡ξ 值 2.87 作为工业园产业共生结构模式稳定的标准值。

（2）工业园产业共生研究方法

通过对工业园产业共生规律的探索，得出应以企业自发发展为主，政府辅以引导的基本思路，在此基础上对比目前产业共生研究的不同方法的优劣，认为微观与宏观角度结合可以获得更好的研究结果，因此将 agent-based 模型和系统动力学结合，建立各个企业 agent 参与下的系统动力学模型，并构建了模型的基本框架。

（3）产业共生案例研究

将系统动力学模型应用于泰兴精细化工园产业共生体的研究中，分析了副产品交换带来的产业共生效益，核心企业产品价格对其他企业的影响，副产品价格的影响，产业共生潜力等，对产业共生体的未来发展提出引入补链企业的建议。

在现状分析的基础上，通过对泰兴精细化工园的产业共生结构分析及产业群落分析，围绕泰兴精细化工园的主导产业链，主张延长氯碱链，CO_2 链及废物链。

参考文献

[1] Zhu Q H，Cote R P，Integrating green supply chain management into an embryonic eco-industrial development：a case study of the Guitang Group [J]. Journal of Cleaner Production，2004（12）：1025-1035.

[2] 韦海英. 湖泊富营养化的非线性动力学及统计力学特性[D]. 硕士论文，天津大学，2006.

[3] Rene Van Berkal，Tsuyoshi Fujita. Quantitative assessment of urban and industrial symbiosis in Kawasaki，Japan [J]. Envrion Sci Technol，2009（43）：1271-1281.

[4] Sang Hun Kim，Economic and environmental optimization of a multi-site utility network for an industrial complex[J]. Journal of Environmental Management，2010，19（3）：690-705.

[5] Norton B，Costanza R，Bishop R C. The evolution of preferences — why 'sovereign' preferences may not lead to sustainable policies and what to do about it [J]. Ecological Economics，1997（24）：193-211.

[6] 冯鮗一，柴立和. 大自然运行法则：最大流原理研究进展[J]. 科技导报，2007，25（24）：73-80.

[7] 霍翠花. 生态工业系统结构演化的理论分析与模拟[D]. 天津：天津大学环境科学与工程学院.

[8] 韦海英，柴立和. 基于最大流原理的湖泊系统富营养化新模型[J]. 科技导报，2007，25（2）：54-59.

[9] 霍翠花，柴立和. 生态工业系统的分形生长理论分析与模拟[J]. 自然科学进展，2007，17（11）：1583-1588.

[10] Huo Cuihua，Chai Lihe. Physical principles and simulations on the structural evolution of eco-industrial systems[J]. Journal of Cleaner Production，2008（16）：1995-2005.

[11] 王辉，柴立和. 基于最大流原理的复杂生态系统分形结构[J]. 天津理工大学学报，2007，23（6）：3-7.

[12] Kohonen T. The self-organizing map [J]. Proceedings of the IEEE，1990，78（9）：1464-1480.

[13] 周金峰，柴立和. 自组织特征映射网络隐含的分形机制[J]. 天津理工大学学报，2007，23（5）：4-8.

[14] 胡守仁. 神经网络导论[M]. 长沙：国防科技大学出版社，1993.

[15] 飞思科技产品研发中心. 神经网络理论和 matlab7 实现[M]. 北京：电子工业出版社，2005.

[16] Ruud Kempener，Jessica Beck，Jim Petrie. Design and Analysis of Bioenergy Networks[J]. Journal of Industrial Ecology，2009，13（2）：284-305.

[17] Ma T，Nakamori Y. Agent-based modeling on technological innovation as an evolutionary process[J]. European Journal of Operational Research，2005，166：741-755.

[18] 秦荪涛，徐立中. 基于多 agent 的虚拟生态工业园的建模与仿真[J]. 系统仿真学报，2007，19（12）：2844-2849.

[19] Kraines S，D Wallace. Applying agent-based simulation in industrial ecology[J]. Journal of Industrial Ecology，2006，10（1-2）：15-18.

[20] 周哲. 生态工业系统复杂适应系统研究[D]. 博士论文，北京：清华大学，2006.

[21] 朱江，伍聪. 基于 agent 的计算机建模平台的比较研究[J]. 系统工程学报，2005，20（2）：161-166.

第 5 章 化学工业园生态化改造研究——中国精细化工（泰兴）开发园区

5.1 园区基础情况调查

5.1.1 园区概况

5.1.1.1 自然环境

（1）地理位置

泰兴市位于江苏省中部，长江下游北岸。东接如皋市，南接靖江市，西濒长江，北邻姜堰市，东北与海安县接壤，西北与泰州市高港区毗连，全市总面积 1 253.9 km^2，其中水域面积 230.3 km^2。泰兴精细化工园规划建设于泰兴市中部最西端，位于泰兴市滨江镇境内，距离泰兴主城区 7 km，依江而建，截至 2010 年规划总面积为 16.90 km^2。规划范围：北起北二环西延线、南至洋思港、西以长江为界、东至朝阳路，具体位置为东经 119°38′～120°33′，北纬 32°01′～33°10′。

（2）地形地貌和地质构造

本地区位于苏中平原南部，为长江冲积平原的河漫滩地，属第四纪全新统冲积层，具有典型三角洲河相冲淤地貌特点，江滩浅平，江流曲缓。地势开阔平坦，略呈东北向西南倾斜，一般高程 3.5 m 左右。沿江筑有填土大堤，堤顶高程一般 7.3 m，堤外芦苇丛生，堤内为农田。土壤系长江冲积母岩逐渐发育而成，表层为亚黏土，厚 1～2 m，第二层为淤积亚黏土，厚 2～3 m，第三层为粉沙土，厚约 15 m。本地区地震烈度为 6 度。区内无影响项目建设的采空区、崩塌、滑坡、泥石流、冻土等特殊地形、地貌。

根据泰兴精细化工园内的万吨级码头地质勘察资料：该区地表以下 54 m 内的土层按其成因类型、物理力学指标的异同分为Ⅰ、Ⅱ、Ⅲ三个工程地质层，细分为 11 个工程地质（亚）层：Ⅰ层为人工填土（河堤，勘察孔未揭露）；Ⅱ层为冲淤积成因，软弱黏性土为主，局部分布砂性土；Ⅲ层为冲积成因，分布较稳定的砂性土，厚度较大，工程地质条件良好。

（3）气候特征

园区所在地属北亚热带季风气候区，临江近海、气候温和湿润、四季分明、雨量充沛、无霜期长，“梅雨”、“台风”等地区性气候明显。根据泰兴市气象台多年气象资料统计：泰兴地区常年平均气温 14.9℃，年均降水量 1 030.6 mm，年均蒸发量 1 420.3 mm，平均相对湿度 80%。全年盛行偏东风，风速在 2.2～3.9 m/s，年均风速 3.1 m/s。历年主要气象要素统计见表 5-1，各风向频率见表 5-2。

表 5-1　本地区气象特征统计资料

气象参数		数　值
（1）气压/Pa	常年平均气压	101 610
（2）气温/℃	常年平均气温	14.9
	极端最高气温	39.1
	极端最低气温	−11.3
（3）相对湿度/%	常年平均相对湿度	80
	常年最小相对湿度	11
（4）降雨量/mm	常年年平均降雨量	1 030.6
	历年最大年降雨量	1 449.4
	历年最小年降雨量	462.1
	历年最大日降雨量	246.0
	历年平均降雨日数	80～100 天
（5）蒸发量/mm	常年年平均蒸发量	1 420.3
	常年最大年蒸发量	1 574.6
（6）日照	常年年平均日照时数	1 997.6（h）
	常年平均日照百分数	44%
（7）雷暴/d	常年年平均雷暴日数	28.9
	常年年最多雷暴日数	45
（8）积雪/cm	常年最大积雪深度	16
（9）风速/（m/s）	常年全年平均风速	3.1
（10）风向	常年全年主导风向	SEE
	常年夏季主导风向	SEE、SSE
	常年冬季主导风向	NNE、NNW

表 5-2　各风向频率及平均风速

风向	N	NNE	NE	NEE	E	SEE	SE	SSE	S
频率/%	4	8	6	8	6	11	8	8	4
风速/（m/s）	3.5	3.9	3.4	3.8	3.7	4.1	4.0	4.0	2.9
风向	SSW	SW	SWW	W	NWW	NW	NNW	C	
频率/%	3	3	4	3	5	4	7	6	
风速/（m/s）	2.8	2.8	3.5	3.6	4.1	3.8	3.6	—	

（4）水系、水文

1）地表水

泰兴西濒长江，现境内河流统属长江水系。本地区水资源丰富，河流纵横交错，水网密布。长江泰兴段呈 NNW—SSE 走向，岸线总长 24.2 km，岸段顺直微凸，江面宽度 4～5 km。本江段距入海口约 200 km，距上游感潮界点大通水文站约 360 km，河川径流受潮汐影响，每日有 2 个高潮和 2 个低潮，平均涨潮历时 3 小时 50 分，落潮历时 8 小时 35 分。长江在河川径流和潮汐共同作用下水文情势复杂，从涨落潮的历时及潮量对比分析看，落潮流比涨潮流要强得多，所以江中的污染物质主要是随水流向下游运动的。但另一方面也注意到，涨潮历时（非洪水期）要超过 2 h，因此，涨潮时污染物将随潮流溯江而上，影响排放口上游部分江段的水质。据实测资料，15 m 等深线处的测点最大落潮流速约 1.6 m/s，垂线平均最大落潮流速为 1.0 m/s。

2）地下水

泰兴市含水岩组属松散类孔隙含水岩组，自上而下分为潜水含水层、上部承压含水层和下部承压含水层。其中潜水层底板埋深除泰兴镇至靖江地段为 20～25 m 外，其余在 25～30 m，潜水埋深 1～3 m，流向总的趋势由西南向东北流，水力坡度很小，流速极迟缓。含水层岩性以灰、灰黄色粉（亚）沙土为主，水质为淡水，矿化度 0.5～0.85 g/L，单井涌水量 50～500 t/d，基本可满足生活用水要求。

5.1.1.2　生态环境

（1）土壤、植被及陆域生态

泰兴市区境内主要土壤类型为发育长江冲积母岩的小粉浆土和夜潮土，局部有少量砂浆土和淤泥土。

境内植被属常绿阔叶与落叶阔叶混交林带，由于长期的农业生产活动和人工植树造林，自然植被已残留无几。人工植被主要有农田作物、经济林、防护林等，其中农作物主要有水稻、小麦、豆类、薯类以及油料和蔬菜等品种；农田林网和四旁种植的林木主要有银杏、水杉、柳、桑等，林木覆盖率约 10.87%；次生植被常见于农田隙地和撂荒地，以白茅、海浮草、西伯利亚蓼等为主，其次是画眉草、狗尾草、苜蓿、蒲公英等，野生植物中可供药用的有皂荚刺、半夏、石菖蒲等 200 多种，虽种类较多，但数量较少；此外还有分布在水域环境中的水生植被，主要包括芦苇、菖蒲等挺水植物，黑藻、狐尾藻等沉水水生植被和凤尾莲、浮萍等漂浮植物。

陆生动物主要有牛、猪、羊、鸡、鸭、鹅等家畜家禽，以及猫、狗等；野生动物有狗獾、刺猬、野兔、蝙蝠、地鳖虫、蛇、黄鼠狼等，麻雀、燕子、喜鹊、白头翁等鸟类；虾、蟹、甲鱼等甲壳类动物；蚯蚓、水蛭等环节类昆虫；蚂蚁、蝗虫、蜜蜂等节肢类动物。

（2）水生生态概况

长江泰兴段水生生物资源较为丰富，具有淡水、咸淡及河口性鱼类等多种水生生物种群的栖息环境，有鲥鱼、刀鱼、鳗鱼、鲈鱼以及草、青、鲢、鳊等水产资源，且为青、草、鲢、鲤四大家鱼的活动通道，但没有四大鱼类的产卵场和中华鲟保护区。

本江段浮游植物（藻类）群共有 63 属（种）左右，分别为绿藻门 26 属（种）、硅藻门 21 种、蓝藻门 10 属（种）、裸藻门 3 属（种）、黄藻门 1 属（种）、隐藻门和甲藻门各 1 属（种）。浮游动物约 30 种，其中原生动物 6 种、轮虫 9 种、枝角类 3 种、挠足类 12 种。本地区水生生物资源较丰富。

长期以来，由于对水产资源的过度捕捞，水质污染以及水下建筑物的兴建等原因，长江下游渔业水产资源已受到一定程度影响。主要表现为渔业产量下降，鱼类生产受到抑制，生长缓慢等。

5.1.2 相关规划

5.1.2.1 《泰州市沿江开发总体规划纲要》

规划时间范围：2003 年至 2010 年，远期展望至 2020 年。空间范围：沿江地区，重点是沿江开发核心区域，兼顾考虑沿江开发联动区域。其中沿江地区包括泰州市区和泰兴、靖江两市；沿江开发核心区域包括高港、泰兴、靖江 3 个区县。

沿江开发战略：通过开发，把沿江地区重点是核心区域建成：长江三角洲国际制造业的新兴成长区，全省沿江南北联动、创新开发的示范区，苏中、苏北腹地经济融入苏南、接轨上海、走向世界的传导区，全市经济跨越发展和实现苏中率先崛起的支撑区，经济社会与资源环境协调发展的领先区。

分段岸线开发利用方向（与本园区有关的内容）：

东夹江-洋思港段。岸线长 6.6 km，其中东夹江至新段港 4.4 km 为一级岸线，新段港至洋思港 2.2 km 为二级岸线，已用岸线 1.4 km，可开发利用岸线 4.8 km。保留泰兴开发区沿江水厂及取水口，转为工业用供水，适时调整不合理岸线占用。东夹江至过船港段主要作为港口公用码头岸线，过船港至洋思港段作为工业和仓储岸线。

洋思港-七圩闸段。岸线长 14.2 km，为三级岸线，可开发利用岸线 13.3 km。此段浅水淤积，外有天星洲，不适宜建设港口码头。现时保留泰兴七圩水厂取水口，适时关闭。洋思港至芦坝港段和六圩闸至七圩闸段作为工业和仓储岸线，芦坝港至六圩闸段作为生态保护区和生活旅游岸线。

5.1.2.2 《中国精细化工（泰兴）开发园区总体规划》

2010 年规划面积 16.9 km^2，规划范围北起北二环西延线、南至洋思港、西以长江为界、东至朝阳路；远期至 2020 年，规划面积 39.4 km^2，规划范围北至北二环西延线、南至南三环西延线、东至泰常公路、西至长江边。

规划目标：以面向新世纪的现代化城市规划思想为指导，在注重区域关系协调的基础上，逐步将泰兴经济开发区建设成为具有泰兴地区地方特色的，以化工、轻加工工业为主导的，兼顾居住、金融、娱乐、休闲等多种功能综合配套发展，旅游文化事业发达具有良好生态环境的现代化的城市工业片区。

主要内容包括泰兴精细化工园性质与规模、用地布局、居住用地规划、公共设施规划、工业仓储规划、交通规划和绿化系统规划等。

5.1.2.3　《中国精细化工（泰兴）开发园区产业发展规划》

发展思路及园区今后发展方向：以精细化工为主导产业，大力发展医药化工、农药化工和石油化工，鼓励发展塑料助剂、塑料加工、纺织印染、机械电子等相关产业；以市场为导向，以现有化工产业主导行业为基础，以引进高科技、高附加值项目为重点，立足港口优势，加大招商引资力度，把园区建设成为全省石化工业整体发展的重要组成部分和重要的增长点，努力把化工园建成国家级精细化工生产基地。

具体规划目标为：利用 5 年左右的时间，重点依托离子膜烧碱装置发展有机氯系列产品，使氯产品向精细化深加工方向发展；利用周边地区丰富的石化原料发展二次加工；利用天然廉价高纯二氧化碳矿资源，发展二氧化碳深加工和碳化学品；利用区内和周边地区合成树脂原料发展塑料加工；采用先进技术改造区内现有的能耗较高、污染较重的农药、染料、医药中间体产业，同时发展新领域精细化工、塑料加工助剂和特种合成材料。

该产业发展规划于 2004 年 1 月报经江苏省经贸委批准。批复要点为：中国精细化工（泰兴）开发园区产业规划导向明确、层次清晰、目标合理、定位恰当，具有一定前瞻性和较好的可操作性，规划的总体框架与江苏省化工产业的总体布局规划相容性较好，原则同意规划提出的总体实施方案。

5.1.3　园区规划概况

5.1.3.1　园区性质与产业定位

①园区性质：精细化工园

②面积和范围

中国精细化工（泰兴）开发园区（以下简称泰兴精细化工园）规划面积为 16.90 km^2。范围为：北起北二环西延线、南至洋思港、西以长江为界、东至朝阳路。

③产业定位

园区根据现有生产状况，将重点发展氯碱系列、苯胺系列和氢系列产品及其相关产业、延伸产业；有意向 MDI/TDI、聚氨酯深加工、氟化工方向发展；在现有基础上，园区将继续扩大染料化工和涂料化工的生产规模。

5.1.3.2 园区用地规划布局

泰兴精细化工园规划工业用地面积为 842.7 hm^2，占总规划面积的 49.86%，并设置仓储物流用地、市政设施用地、道路用地和绿地。规划在园区的南、北片区分别设置一个小型的“工业邻里中心”，内设管理、商业金融服务等配套设施，工业用地内不设生活和服务设施。

泰兴化工园总体规划见图 5-1，用地规划、用地平衡表见表 5-3。

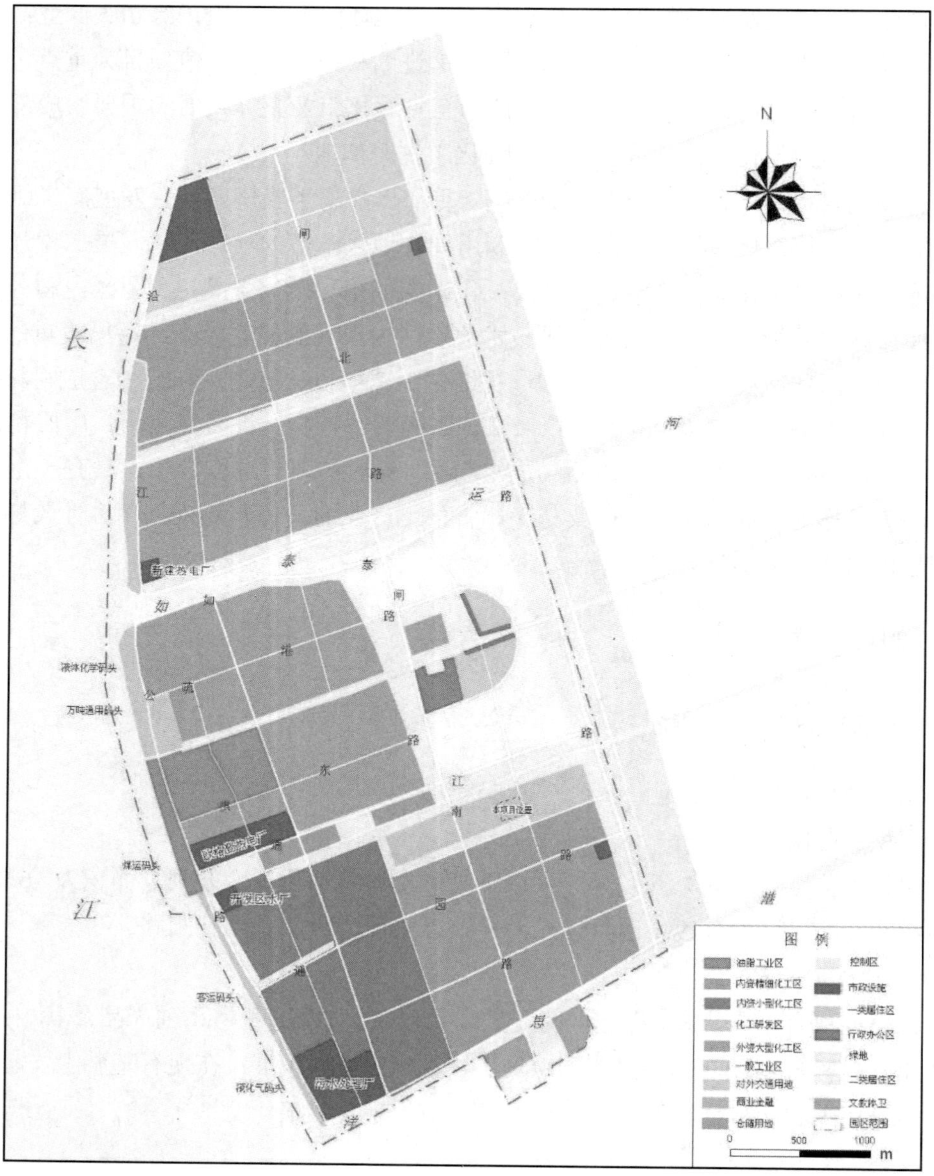

图 5-1 泰兴开发园区总体规划图

表 5-3　泰兴开发园区规划用地平衡表

序号	用地类别、名称	用地面积/hm^2	占地比例/%
1	工业用地	842.7	49.86
2	仓储物流用地	54.9	3.24
3	居住用地	94.6	5.6
4	管理服务用地	25.1	1.5
5	市政设施用地	48.8	2.9
6	道路广场用地	185.8	11.0
7	绿地	438.1	25.9
合计		1 690	100

5.1.3.3　园区主要基础设施规划

园区实行集中供热和污水、固废集中处理，主要基础设施规划如下：

（1）给排水

1）给水

由泰兴市三水厂（取水口位于泰州高港区永安镇同心村，供水能力 20×10^4 m^3/d）和泰兴开发区沿江水厂（工业用水、5×10^4 m^3/d）两家供水。供水管线基本沿道路敷设，形成环状与枝状相结合的供水管网，供水干管管径为 400～600 mm。

2）排水

采用雨污分流制。雨水分 8 个片区就近排入附近河道，雨水排水沟设置结合防洪排涝工程；生产废水和生活污水经各厂自行预处理达接管标准后均汇集进污水处理厂集中处理，达标后排入长江。

3）污水处理厂

园区现有一座设计处理能力为 3×10^4 m^3/d 的污水处理厂（一期工程），现已形成日处理 2×10^4 m^3 工业废水及 1×10^4 m^3 生活污水的能力，目前园区实际工业废水量约 12 000～15 000 m^3/d，一期工程可满足园区现有企业的废水处理需要。

园区的污水收集系统分 5 个片区，污水管径最小为 300 mm。

（2）供电和供热

1）供电

本园区由国电网（华东电网）供电。园区现有两座 110 kV 变电所，规划在闸北路东、团结港南侧再新建两座 110 kV 变电所，以满足全区供电需要。

2）供热

本园区规划实行集中供热，由现有的欧格登热电厂和新浦热电厂供热。供热管网采用枝状网布置，管网敷设采用通行地沟，蒸汽输送距离不超过 4 000 m。

（3）道路

道路规划分区内景观主干道、区内交通性主干道、次干道和支路四个层次，路网间距一般在 500～800 m，以适应化工企业用地特点。在管理服务中心区设置公共停车场，所有地块均配置停车场地。

（4）环境卫生及固废处理

规划中要求各企业生活垃圾全部袋装化，园区在闸南路与丰产河交界处西北侧的绿楔中设一座生活垃圾中转站，由市政环卫部门定时、定点收集，送泰兴市生活垃圾填埋场无害化处理。

各企业工业固废自行按规范分类收集，分别处置。尽可能通过社会化协作，在园区内外实现综合利用，不能再利用部分委托有危废处理资质的单位处置。

（5）港口、码头

泰兴精细化工园的沿江岸线由南至北（洋思港至团结港间）现已建成 10 座码头，分别是：太平洋液化气码头、砂石建材码头、油脂码头（原为客运码头）、欧格登热电有限公司煤码头、万吨级通用码头、新浦公司化工码头，2 座 4 万吨级液体化工码头和新浦公司热电站 5 万吨级通用泊位等。

（6）消防系统

泰兴精细化工园建成区内市政消火栓按 120 m 间隔要求沿道路布置。由泰兴精细化工园专职消防队和泰兴市消防支队（位于泰兴市市区，距园区 6 km）负责泰兴精细化工园消防工作。两个消防队均能在接警后 3～10 分钟到达出事地点。

园区已建工业区为一级封闭工业区，区内无明火点。园区各个厂区内均有消防栓，沿园区道路建筑密集地和居民区设有消防栓 有泰兴精细化工园自来水厂提供供水和加压。太平洋液化气公司厂内设有专门的消防安全办公室，有专人负责消防，厂内有专门的加压泵提供消防用水。

5.1.4 园区发展现状

5.1.4.1 土地利用

目前，泰兴精细化工园已开发的面积为 10.63 km^2，占规划用地的 62.9%，未突破园区土地利用规划。其中已建区域面积 7.10 km^2，范围西至长江、东至闸南路、北至如泰运河、南至洋思港，在该区域内企业基本已建成投产；在建区面积 3.53 km^2，主要分布了一批在建、待建项目和部分拟定建设项目（指正在编制环评、安评报告报批的项目）。未开发的面积为 6.27 km^2，占规划用地的 37.1%，目前仍分布着农田和农村居住点。土地利用现状见表 5-4。

表 5-4　土地利用现状

序号	用地类别 建设用地	用地面积/hm^2	占总规划用地的比例/%
1	工业用地	648.8	38.39
2	仓储用地	10.84	0.64
3	河流水域	183.49	10.80
4	居住用地	33.5	1.98
5	管理服务用地	5.9	0.35
6	市政设施用地	23.7	1.40
7	道路广场用地	52.27	3.09
8	公共绿化用地	105.5	6.24
以上为建成区，小计		1 063	62.9
9	尚未开发的规划工业用地（现为农田或农村居住点）	627	37.1
总　计		1 690	100

5.1.4.2　基础设施建设进度和现状

经过十几年的建设，热电厂、污水处理厂、固废焚烧处置中心、给排水管网、供电、交通等基础设施已经实现配套，并在不断改进完善。

（1）给排水现状

区域给排水设施均能够与项目建设同步。

供水：目前由泰兴市三水厂和泰兴开发区沿江水厂两家供水。泰兴市三水厂主要供给生活用水；沿江水厂供给工业用水，供水能力 5×10^4 t/d。泰兴三水厂现取水口位于泰州永安工业园规划区内，根据江苏省及泰州市区域供水规划，该取水口将与其北侧约 7 km 的泰州市三水厂取水口合并。

排水管网。泰兴精细化工园的排水管网实行清污分流，管网沿道路铺设，与道路施工同步进行。园区的道路根据化工园的发展和企业入驻情况，逐步建设。目前，在园区的建成区，雨、污水管网覆盖面积为 7.10 km^2，已布设完成近 35 km 的污水管网。现有污水管网为多管输送系统，沿疏港路、滨江路、闸南路、新港路等区内干道铺设。污水通过压力管道输送至污水处理厂集中处理，雨水分 8 个片区就近排入附近河道，雨水排水沟结合防洪排涝工程设置。

在实际建设中，污水收集管网随道路的建设而延伸；雨水管网主要接纳沿线企业雨水、清下水（包括未污染雨水和间接冷却水）并就近排放，但在起步区一些建设较早的中小企业还有自行设置的雨水和清下水排口。

（2）污水处理厂

园区现有一座设计能力为 3×10^4 m^3/d 的污水处理厂（2×10^4 m^3 工业废水+1×10^4 m^3 生活污水），采用 A^2/O+PACT（粉末活性炭）处理工艺。区内企业废水经预处理达接管标准后送污水处理厂集中处理，达标尾水排入长江。污水采用水下排放，排口距离岸边 418 m，距离水面 20 m。

根据督查验收监测资料和日常监督性监测数据，目前污水处理厂出水主要污染物指标 COD、SS、氨氮、石油类、苯胺、硝基苯等指标基本达到 DB 32/939—2006 一级标准要求，仅总磷出现超标，污水处理厂正在实施 MP-MBR 技术改造，以较为先进的膜组件代替传统的粉末活性炭工艺，同时加强进水水质控制，以提升出水至 GB 18918—2002 一级 B 标准排放。

另外，为满足区域发展和环境保护的需要，结合泰兴城区生活污水处理，污水处理厂二期工程——7×10^4 m^3/d 污水处理（2×10^4 m^3 工业废水+5×10^4 m^3 来自泰兴城区的生活污水）项目已经启动，目前正在申报审批。

（3）供电和供热

由国电网直供，园区现有 2 座 110 kV 变电所，西郊变电所（位于延龄路西首）和沿江变电所（位于园区新港路和滨江路交叉口西北侧）。

园区实行集中供热，由欧格登热电厂和新浦化学（泰兴）有限公司热电站分别为如泰运河以南、以北企业供热。供热管网根据项目实施情况同步延伸、覆盖。

目前供热、供电可满足入区企业正常运营需求。由于两家供热企业主要供应 1.0 MPa 常规蒸汽，少部分企业为满足工艺需要自备高压蒸汽锅炉、导热油炉和加热炉窑如热风炉等。

（4）道路

道路规划建设分为景观主干道、区内交通性主干道、次干道和支路四个层次，路网间距在 500～800 m，以适应化工企业用地特点。现已形成六横六纵网格状路网，与通江路、沿江高速、泰常公路、宁通公路及宁靖盐高等级公路相连。

（5）码头建设和沿江岸线利用情况

泰兴精细化工园所在沿江岸线长度计 5.6 km，江堤全部为块石砌岸填土结构，其中从洋思港—团结港岸线为 5.1 km，已开发利用岸线约 4.1 km，从南向北现已布置有 10 个码头，尚余团结港以南 1 km。现有码头以公共码头为主，少量的业主码头也根据园区企业的利用需要，通过园区管理部门协调，实行过管、公用，因此，符合集约利用岸线要求。

5.1.4.3 产业发展

园区现有企业 102 家，其中 62 家从事化工及相关产品生产、经营，其余主要从事机电及相关配套服务如施工、安装、运输等，园区现有企业情况见表 5-5 和图 5-2。

表 5-5 企业基本情况

企 业	主要产品及产量	投资额/万元	占地面积/m^2	备注
新浦化学（泰兴）有限公司	离子膜烧碱 46.5×10^4 t/a、苯胺 7.5×10^4 t/a、硝基苯 10.8×10^4 t/a、氯苯 7.5×10^4 t/a	48 000	263 333	外资
	2×220 t/h 循环流化床锅炉+1×60 MW 热电站	20 000	30 000	外资
爱森（中国）絮凝剂有限公司	聚丙烯酰胺系列絮凝剂 135×10^4t/a	25 000	300 000	外资
阿克苏诺贝尔氯乙酸（泰兴）公司	氯乙酸 2.5×10^4t/a 盐酸（食品级）3.4×10^4t/a	21 000	250 000	外资
泰州百力化学有限公司	农药中间体等 10 000 t/a	3 000	60 953	私营
江苏凯力克金属有限公司	钴、镍盐 3 600 t/a	10 000	37 000	合资
双键（泰兴）化工有限公司	紫外线吸收剂 300 t/a、阻燃剂 2 000 t/a、w-光稳定剂 200 t/a、r-光稳定剂 2 000 t/a 等	1 700	27 000	合资
泰兴市先先化工有限公司	三（2-环己基-5-甲基-苯酚）50 t/a 等	1 200	23 000	外资
泰兴市金缘化学有限公司	次磷酸钠 5 000 t/a，副产磷酸 2 000 t/a、磷酸钙 3500 t/a	1 826	20 000	外资
华东油脂工业（泰兴）有限公司	20×10^4t/a 精炼棕榈油、20×10^4t/a 精炼大豆油项目	2 000 万美元	54 000	外资
泰兴市广域化学有限公司	烷基取代苯硼酸 BBA6 t/a 烷基取代联苯 3 t/a	1 100	20 000	私营
泰兴金江化学工业有限公司	酒精 80 000 t/a（自备热电站）	5 000	65 700	私营
泰兴市旭鹏化工有限公司	活性染料 3 000 t/a（在扩建中）	6 000	33 350	民营
泰兴市锦富化学有限公司	油溶性金属络合染料、颜料系列 550 t/a、金属及塑料表面处理剂 300 t/a	1 120	28 000	私营
泰兴市宏阳化工公司	苯甲醛 2 000 t/a、功夫酸	1 000	16 000	私营
泰兴市新欣化工有限公司	间苯氧基苯甲醛 800 t/a	900	12 600	民营
泰兴市科教精细化工厂	色酚 AS 2 000 t/a、邻氯苯胺 650 t/a、对氯苯胺 650 t/a	470	6 000	私营
泰兴市远东化工有限公司	2,3-二甲基苯胺 480 t/a、3,4-二甲基苯胺 480 t/a	460	5 000	外资
泰兴市锦鸡染料有限公司	活性、酸性染料 30 000 t/a	8 000	16 000	民营
江苏瑞和化肥有限公司	硫酸 12×10^4t/a、磷铵 6×10^4t/a、复合肥 10×10^4t/a	12 000	150 000	中外合资
泰兴市扬子医药化工厂	对氨基苯酚 8 000 t/a、对羟基邓钾盐 300 t/a	3 000	34 000	内资
江苏扬农化工集团泰兴药化有限公司	对氨基苯酚 12 000 t/a	417	34 000	私营
泰兴市康鹏化学品有限公司	氟苯系列产品 750 t/a	2 000	8 000	内资
泰兴市沃特尔化工厂	甲基苯甲酸系列 6 000 t/a	1 000	18 227	私营
延龄精细化工厂	γ-丁内酯 99%800 t/a、α-吡咯烷 99%300 t/a、*N*-甲基吡咯烷酮 99%200 t/a、盐酸乙醚 500 t/a	500	10 000	中外合资

企　业	主要产品及产量	投资额/万元	占地面积/m^2	备注
太平洋液化气有限公司	液化石油气 12×10^4t/a	1 500	32 000	外资
泰兴市热镀锌厂	热镀锌管	738	10 000	私营
沪泰化工厂	氨基蒽醌 2 000 t/a	600	14 235	私营
泰兴市江神化工厂	邻氯苯甲醛 1 000 t/a、对氯苯甲醛 1 000 t/a	1 000	15 000	民营
南京开广化工有限公司	羟基乙叉二磷酸 250 t/a、氨基三甲叉磷酸 83 t/a	600	13 000	私营
泰兴市三泰印染有限公司	年产 1 200×10^4m 各类染色布	500	10 000	合资
泰兴市玺鑫化工有限公司	直接黑 TBRN200 t/a、直接红棕 B3R200 t/a、直接大红 4B100 t/a	400	8 000	私营
江苏新海油脂工业有限公司	食用油脂 60 000 t/a	480	12 000	私营
泰兴市红星化工厂	无水氯化铝 1.5×10^4t/a	530	4 000	外资
泰兴市恒盛五金化工有限公司	精制盐酸 3 000 t/a	60	10 000	私营
泰兴市中染化工有限公司	4-磺酸-2,5-二氯苯胺 600 t/a 1-（2′,5′-二氯-4′-磺酸苯基）-3-甲基-5-吡唑啉酮 600 t/a	889	12 000	私营
泰兴市玉峰化工有限公司	染料 800 t/a			民营
泰兴市兴宇化工有限公司	无水氯化铝 15 000 10^4 t/a			
泰兴市沃特尔化工有限公司	羟基乙酸 400 t/a	529	3 000	私营
泰兴市百色化工有限公司	硫化染料 2 200 t/a	418	5 000	民营
泰兴市康泰染织有限公司	1 200×10^4m/a 染织	800	16 680	民营
泰兴市五联染料化工有限公司	活性染料 2 000 t/a	1 200	9 600	民营
泰兴市同方热镀锌厂	栅栏 3 000 t/a、护栏板 2 000 t/a	460	20 000	私营
泰兴市锦泰化工厂	溴氨酸 600 t/a、芳胺回收	500	15 000	私营
泰兴市远大化工有限公司	二聚酸 7 000 t/a、聚酰胺树脂 4 500 t/a	2 100	33 300	私营
江苏凯力克金属有限公司	钴、镍盐 3 600 t/a	1 200 万美元	37 000	合资
泰兴市永佳化工有限公司	磷酸氢钙 50 t/a	2 500	28 680	私营
江苏瑞星化工有限公司	间苯二酚 1 200 t/a	76 万美元		合资
江苏三木物流有限公司	50 000 t/a 3-氯丙烯	30 000	41 580	私营
万得化工（泰兴）有限公司	B 型活性染料 15 000 t/a	800 万美元	133 000	私营
明发国际油脂化工（泰兴）有限公司	20×10^4t/a 食用油、2×10^4t/a 特种油脂、3×10^4t/a 工业油脂及 5 000 t/a 肥皂	2 900 万美元	133 340	外资
泰兴市隆盛精细化工有限公司	漂粉精 10 000 t/a	4 920.5	64 000	私营
安力化学（泰兴）有限公司	染料 1 300 t/a、助剂 1 500 t/a	580 万美元	33 333	外资
泰兴市永佳化工有限公司	磷酸氢钙 50 t/a、间氨基三氟甲苯 1 000 t/a	1 660	28 680	内资
泰兴市梅兰化工有限公司	HCFC141b 5 000 t/a HCFC142b 2 500 t/a	2 400	7 435	合资
新浦氯乙烯（泰兴）有限公司	20×10^4t/a 氯乙烯	18 000	45 000	外资
阿克苏诺贝尔硫胶化学有限公司	15 000 t/a 液态聚硫橡胶	1 400 万欧元	20 000	外资

企　业	主要产品及产量	投资额/万元	占地面积/m^2	备注
泰兴市富安化工有限公司	吩噻嗪 500 t/a、对羟基苯甲醚 100 t/a、ZJ-701 300 t/a、ZJ-705 50 t/a、甲酸铜 50 t/a、甲基三辛基氯化铵 100 t/a、氨基锂 15 t/a	1 500	20 000	外资
泰兴诺威斯特种化学品有限公司	金属涂料、金属颜料 3 000 t/a	1 250 万美元	39 000	外资
泰兴金达重油减粘有限公司	重油减粘 160×10^4t/a	2 980 万美元	200 000	外资
泰兴斯比凯可特种化学品有限公司	15 000 t/a 羧甲基纤维素（CMC）	2 500 万美元	49 188	外资
泰兴市斯氟特种气体有限公司	纯氟 700 t/a、液氮等	1 400	20 000	外资
泰兴诺菲斯特种化学品有限公司	10 000 t/a 高性能金属基涂料等	1 000 万欧元	20 000	外资
泰兴市凯日化工有限公司	800 t/a 贲亭酸甲酯等	2 500 万元	23 027	民营
泰兴市兴安精细化工有限公司	8 000 t/a 三氯化磷、1 000 t/a 三氯氧磷	8 000	20 000	内资
江苏玉华金龙科技发展有限公司	DL-丝氨酸	2 000	18 000	民营
江苏生力格科技能源有限公司	生物柴油	800 万美元	13 350	合资
富锋生物能源（泰兴）有限公司	生物柴油	800 万美元	10 000	外资
泰兴锦汇化工有限公司	25×10^4t/a 硫酸、1×10^4t/a H 酸、1×10^4t/a 对位酯、2.5×10^4t/a 氯磺酸	2 000 万美元	66 700	合资
广鸿化工（泰兴）有限公司	20 000 t/a 涂料添加剂	2 998 万美元	200 000	外资
泰兴市南磷化工有限公司	2×80 000 t/a 热法磷酸	8 000	33 300	内资
泰兴协联众达新材料有限公司	10×10^4t/a 苯酐、3 000 t/a 富马酸项	2 900 万美元	66 600	外资
泰兴百川染织有限公司	120×10^4 条/年毛巾（浴巾）印花、600×10^4m/a 布匹印花、$1 500\times10^4$m/a 布匹及 6 000 t/a 纤维筒纱染色加工	650 万美元	21 350	外资
泰兴市彩之源化学有限公司	溶剂染料 750 t/a	1 300	20 000	民营
泰州联成化学工业有限公司	12×10^4t/a 苯酐、6 000 t/a 富马酸、聚氯乙烯增塑剂 24×10^4t/a	9 998 万美元	263 298	合资
泰州联成仓储有限公司	仓储、物流建设项目	1 807 万美元	147 139	合资
泰兴市超辰化工有限公司	年产 5 万 t 亚磷酸二甲酯和 3 万 t 双甘膦项目	2 998 万美元	130 亩	外资

由统计情况可以看出，入区企业主要具有以下特点：

（1）氯系列及延伸产品、染料化工占有绝对优势；

（2）项目投资组成以外资为主，外资占总投资比重的80%以上，其次是合资，占14%；内资、民营企业总投资额不大，但企业数量较多，均为中小企业，约占进区企业总数的45%。

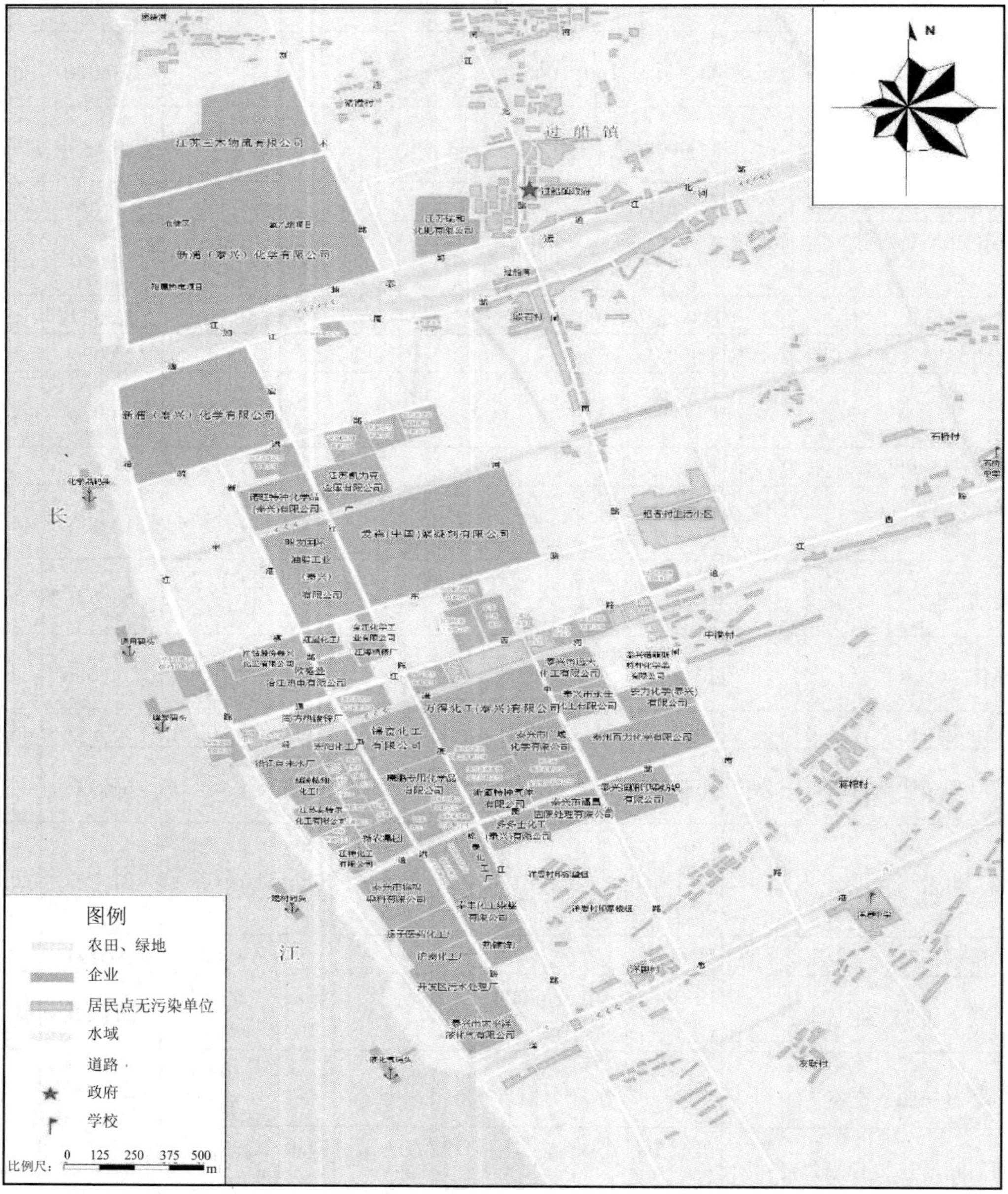

图5-2 园区主要企业分布

5.1.5 园区存在的主要问题及制约因素分析

泰兴精细化工园发展主要存在以下制约因素：

（1）原国家环保总局、江苏省及泰州市各级政府对“十二五”期间及今后环保工作的“节能减排”、总量削减目标提出了更高的环境要求。如何实现增加经济总量、削减区域排污总量，具有很大的挑战性，因此，区域污染物总量削减方案及总量获取途径将成为园区发展的主要制约因素之一。

（2）泰兴精细化工园位于长江边，长江是我国最大的河流，也是极其重要的淡水资源，沿江分布了诸多的取水口，关系民生，是十分敏感的区域，因此泰兴精细化工园的废水必须稳定达标排放，其排水规模受到上下游取水口的制约。

（3）区域环境功能和环境质量要求的制约。根据区域园区环境质量现状及变化趋势分析，区域环境空气已经受到区内企业排污的影响，各项污染物指标呈现不同程度上升趋势，经整治后上升趋势虽得到有效抑制，但特征因子仍有检出，不利气象条件下，受多个企业综合排放影响，区内异味气体达到嗅觉阈值。目前各单项指标浓度值仍符合相应的环境质量标准要求，但对区域开发的强度及发展规模已有所制约。

（4）园区布局的制约。在现有的泰兴精细化工园规划布局中有居住区，目前主要为闸南路东侧的中港小区（稻香村生活小区），另在洋思港以南有洋思小区，原过船镇居民尚未完全迁出，居住区的存在要求园区布局必须考虑居住用地的安全和环境保护。因此，目前建成区向南、向东均不宜再布置化工企业，尤其不能布置事故风险危害较大的项目，除非中港小区迁建完成。

（5）园区产业定位制约。根据江苏省沿江开发的总体规划、《泰州市沿江开发总体规划纲要》、省环保厅“关于明确苏北地区建设项目环境准入条件的通知”等文件精神，对沿江开发的产业布局和行业规模均作出了指导性意见，泰兴精细化工园的产业定位和项目引进都必须受到上述政策的制约。

5.2 园区生态现状评价

5.2.1 评价指标

根据所建立的评价指标体系的结果，共计 29 个指标，其中定量指标有 21 个，定性指标有 8 个，定量指标可以根据园区发展实际得出具体的数值，而定性指标采用调查问卷的形式。具体如下：

（1）定量指标

指标数据来自园区 2009 年实际资料，主要通过园区的相关统计资料、网上资料、书籍和实地调查得出。具体数值见表 5-6。

表 5-6 2009 年园区生态化水平定量指标的数值表

指标代码	指标名称	单位	数值
D1	是否采用资源化技术	—	是
D2	是否采用无害化技术	—	是
D3	是否采用高新技术	—	是
D4	排放总量达标率	%	100
D5	排放特征因子达标率	%	100
D6	清洁生产评价	—	国内先进水平及以上
D8	生态关联度	—	0.003 4
D9	园区副产品、废品资源化率	%	10
D12	工业增加值增长率	%	13
D13	科技投入占 GDP 的比例	%	1
D14	科技进步对 GDP 的贡献率	%	20
D15	万元 GDP 工业废水产生量	m^3/万元	12.1
D16	万元 GDP 有毒有害废物产生量	t/万元	0.013 4
D17	万元 GDP 工业废气产生量	m^3/万元	1 487
D18	万元 GDP 工业固体废弃物产生量	t/万元	0.124
D19	废水	%	80
D20	集中供热	%	20
D21	中水利用率	%	10
D22	固体废弃物	%	100
D28	园区环境质量达标率	%	85
D29	园区绿化率	%	20

（2）定性指标

由于定性指标的特殊性，无法取得具体的数值，故采用调查问卷的形式，虽然不是特别准确，但也能客观反映出该指标的实际情况。调查问卷共设有 8 项指标，从很差、差、中、好、很好五个方面设置，得出人们对指标的看法。本次调查共发放问卷 100 份，回收 100 份。问卷发放对象为园区内的相关工作人员及园区周边的相关人员。根据调查得出的结果，采用归类加权的方法得出该项指标的最终得分，调查结果和最终得分见表 5-7。

表 5-7 定性指标调查结果

单位：份

指标代码	指标名称	很差	差	中	好	很好	总数量	加权得分
D8	有无成熟的生态工业链	4	18	40	27	11	100	64.6
D10	产品种类的可替代性	25	46	17	8	4	100	44.0
D11	原材料的可替代性	18	36	25	19	2	100	50.2
D23	职工对生态工业的认知率	1	7	27	28	37	100	78.6
D24	突发性污染事件控制体系	0	3	8	37	52	100	87.6
D25	环境管理制度完善度	3	10	38	43	6	100	67.8
D26	信息平台的完善度	1	3	14	47	35	100	65.2
D27	周边社区对园区的满意度	0	3	6	23	68	100	91.2

5.2.2　生态化现状评价

将各个指标的实际数值代入工业园区生态化水平综合评价体系中，就可得出各指标的得分及整个体系的总得分。整个体系的总评估得分见表 5-8。

表 5-8　生态化水平综合评价体系的总评估得分表

总目标层	子目标层/权重/得分	准则层/权重/得分	指标层/权重/得分
A：生态工业园综合评价指数/55.11	B_1 核心企业/0.2/100	C_1 核心技术/0.333 3/100	D_1 是否采用资源化技术/0.333 3/100
			D_2 是否采用无害化技术/0.333 3/100
			D_3 是否采用高新技术/0.333 3/100
		C_2 污染物排放/0.333 3/100	D_4 排放总量达标率/0.5/100
			D_5 排放特征因子达标率/0.5/100
		C_3 清洁生产/0.333 3/100	D_6 清洁生产评价/1.0/100
	B_2 企业间/0.6/39.31	C_4 生态网络/0.5/31.53	D_7 有无成熟的生态工业链/0.333 3/64.6
			D_8 生态关联度/0.333 3/20
			D_9 园区副产品、废品资源化率/0.333 3/10
		C_5 柔性特征/0.5/47.1	D_{10} 产品种类的可替代性/0.5/44.0
			D_{11} 原材料的可替代性/0.5/50.2
	B_3 园区/0.2/57.63	C_6 经济发展/0.238 3/33.33	D_{12} 工业增加值增长率/0.333 3/90
			D_{13} 科技投入占 GDP 的比例/0.333 3/0
			D_{14} 科技进步对 GDP 的贡献率/0.333 3/10
		C_7 环境绩效指标/0.249 5/43.71	D_{15} 万元 GDP 工业废水产生量/0.135 1/25
			D_{16} 万元 GDP 有毒有害废物产生量/0.436 7/40
			D_{17} 万元 GDP 工业废气产生量/0.282 5/50
			D_{18} 万元 GDP 工业固体废弃物产生量/0.145 7/60
		C_8 污染集中控制/0.083 2/60.83	D_{19} 废水/0.135 1/100
			D_{20} 集中供热/0.436 7/75
			D_{21} 中水利用率/0.282 5/0
			D_{22} 固体废弃物/0.145 7/100
		C_9 园区管理/0.375 8/77.52	D_{23} 职工对生态工业的认知率/0.135 1/78.6
			D_{24} 突发性污染事件控制体系/0.436 7/87.6
			D_{25} 环境管理制度完善度/0.282 5/67.8
			D_{26} 信息平台的完善度/0.145 7/65.2
		C_{10} 区域环境/0.053 2/86.24	D_{27} 周边社区对园区的满意度/0.2/91.2
			D_{28} 园区环境质量达标率/0.6/85
			D_{29} 园区绿化率/0.2/85

5.2.3　评价结果分析

目标层工业园区生态化水平由园区核心企业、企业间和区域三个准则层构成。园区企业间生态性对目标层的影响最大。如果这项的得分高，就会使整体评估得分高；反之，则低。

根据评价结果可知，园区 2009 年生态化水平得分为 55.11 分，处于初步建立了生态工业园，园区活力中等的状况。也就是说，园区处于建设生态工业园的初级阶段，尚有很多问题存在。准则层中，生态网络和柔性特征指标偏低分别为 31.53 分和 43.71 分，其指标层中的 D_7 有无成熟的生态工业链、D_8 生态关联度、D_9 园区副产品、废品资源化率、D_{10} 产品种类的可替代性、D_{11} 原材料的可替代性指标得分仅分别为：64.6、20、10、44.0、50.2，使得整体评价得分比较低。同时，园区中集中供热、中水利用等指标也很低，突出地反映出园区在快速发展的同时，没有很好地兼顾生态环境和经济合理性方面的因素，一方面破坏了生态环境；另一方面没有充分的利用资源；以及技术水平不够，过多的低水平重复建设等不足之处。

因而园区的生态化改造刻不容缓，需进一步加强在企业内部、企业之间以及园区层面上的改造工作，朝完全生态化方向发展，才能满足新型工业化的要求。

5.3　企业生态位及关键种企业

5.3.1　企业的生态位测度

根据园区现状调查，园区参与交换活动的代表性企业主要有：新浦化工、诺旺、阿克苏等企业，企业成员之间通过市场的作用相互利用对方生产过程中产生的废弃物或副产品，作为自己生产中的原料或能源，或部分替代原来使用的原料或能源。由“副产品”到“原料”的交换，不仅减少了废弃物产生量和处理的费用，还节约了资源与能源，降低了生产成本，产生了经济效益，形成了经济发展和资源、环境的良性循环。园区企业生态位测量见表 5-9。

表 5-9　园区企业生态位测量表

序号	企业名称	企业生态位（B_i）	序号	企业名称	企业生态位（B_i）
1	泰兴新浦化工有限公司	1.85	2	泰兴市宏阳化工有限公司	0.03
3	泰兴市科教精细化工厂	0.00	4	泰兴市新欣化工有限公司	0.02
5	恒盛五金化工	0.01	6	精华园生化	0.00
7	金江化学	0.03	8	玺鑫化工公司	0.13
9	泰兴斯氟特种气体有限公司	0.06	10	江苏泰丰化工有限公司	0.04
11	法国 SNF（泰兴）爱森絮凝剂有限责任公司	1.18	12	锦鸡染料有限公司	0.76

序号	企业名称	企业生态位（B_i）	序号	企业名称	企业生态位（B_i）
13	南京开广化工有限公司泰兴分公司	0.52	14	泰兴锦富化学有限公司	0.06
15	阿克苏诺贝尔	0.94	16	泰兴市旭鹏化工有限公司	0.07
17	沃尔特化工厂	0.05	18	泰兴市泡沫塑料厂	0.00
19	沃特尔化工有限公司	0.00	20	新兴塑料化工厂	0.42
21	远东化工	0.00	22	泰兴市偶联剂厂	0.00
23	江神化工厂	0.00	24	双键化工有限公司	0.00
25	泰州延龄精细化工厂	0.54	26	太平洋液化气	0.12
27	天元化工	0.21	28	招商石化	0.16
29	清华紫光英力中丹技术中心	0.00	30	沿江自来水厂	1.04
31	扬子医药化工	0.00	32	污水处理厂	1.22
33	扬农化工	0.31	34	欧格登热电力公司	1.28
35	康鹏专用化学品有限公司	0.00	36	福昌固废处理中心	1.02
37	锦泰化工	0.00	38	江苏三木物流有限公司	0.53

5.3.2　关键种企业

从上表列出的企业生态位宽度测量值看到：泰兴新浦化工有限公司、法国 SNF（泰兴）爱森絮凝剂有限责任公司、污水处理厂、欧格登热电力公司热电厂、福昌固废处理中心为园区生态工业体系的前 5 名，因而从数值上判断这 5 家企业是系统副产品、废料交换活动的主体和关键力量，可以被称为关键种企业。

5.4　园区定位与系统设计框架

园区处于长三角地区，是我国经济最发达地区之一，建立了一大批国内外先进企业入驻。多年的实践具备了发展高新技术产业的经济、技术基础和较丰富的管理经验，并对园区形成了一定的辐射效应。

根据园区的发展目标，结合园区具体的产业结构和已有的基础设施，园区将重点发展氯碱系列、苯胺系列和氢系列产品及其相关产业、延伸产业；有意向 MDI/TDI、聚氨酯深加工、氟化工方向发展；在现有基础上，园区将继续扩大染料化工和涂料化工的生产规模。同时依据本报告所提出的规划原则，采取以物质集成、能量集成、信息集成的方法，以及园区内的生态链与远程的信息（虚拟）生态链相结合，构建虚实结合的、全新规划型和虚拟型并举的第三代高科技生态工业园。这就是园区规划设计的定位。

为实现上述建设目标，园区系统框架包括了企业选择、系统集成、园区生态系统设计和非物质化等四部分。在系统集成中，以废物减量化、再循环利用和废物资源化为指导原则，构成园区成员内和成员间的物质集成和废水系统、能量系统、信息系统的集成。园区系统生态化框架规划见图 5-3。

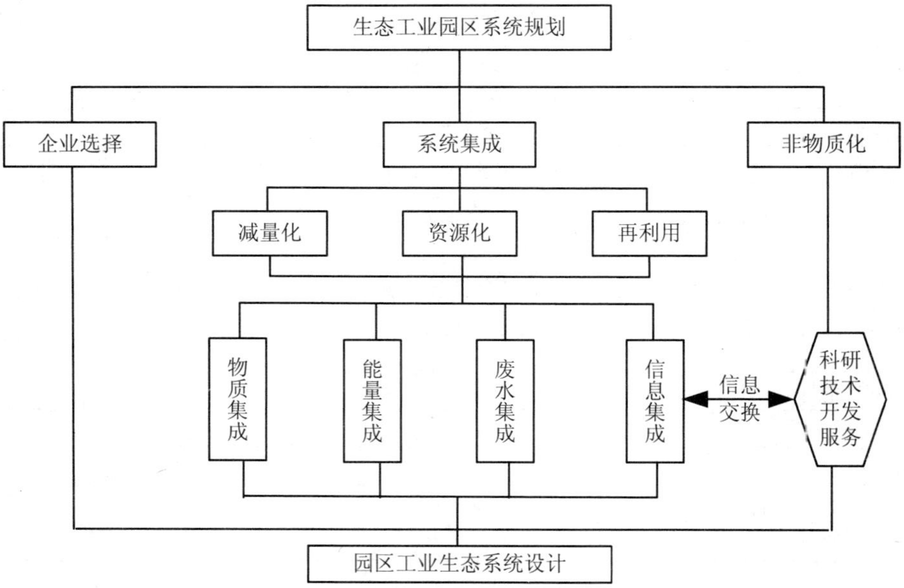

图 5-3 生态工业园系统框架规划示意

园区共生系统以工业生产、农业生产和居民生活为三个核心成员，通过各成员之间以及与教育机构、污水处理厂、科技开发机构、集中供热站等公共设施之间的物质、能量和信息交换，加之废物处理中心、公共绿地等附属成员，共同构成了园区的共生复合系统，示意图如图 5-4 所示。

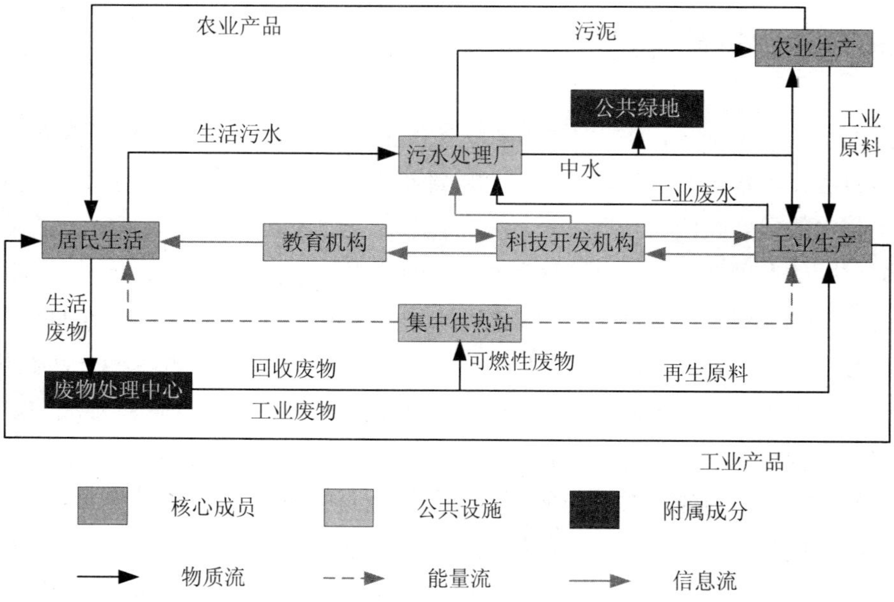

图 5-4 生态工业园共生复合系统规划示意图

5.5　园区生态化改造

5.5.1　核心企业生态化改造

5.5.1.1　园区企业清洁生产审核概况

目前已有新浦化学（泰兴）有限公司、阿克苏诺贝尔氯乙酸（泰兴）有限公司、泰兴市沃特尔化工有限公司、泰兴市玺鑫化工有限公司等 15 家企业进行了清洁生产审核。这些企业通过清洁生产审核，对生产全过程进行现状评价，掌握生产过程的原材料、能源与产品、废物（污染物）的输入输出状况，分析识别影响资源能源有效利用、造成废物产生以及制约企业生产效率的原因或“瓶颈”问题，进一步识别污染预防机会，从原材料、技术工艺、生产运行管理以及废物循环利用等多个环节着手节能、减污、增效，提高资源、能源利用效率和生产效率，减少污染物产生。通过审核，也提高了企业管理者与广大职工清洁生产的意识与参与程度，更好地促进清洁生产在企业的持续改进，取得了较为明显的成效。

5.5.1.2　核心企业清洁生产水平分析

（1）新浦化学（泰兴）有限公司氯碱和 VCM 装置

新浦公司现有 30×10^4 t/a 氯碱装置及在建的 16.5×10^4 t/a 氯碱装置均采用离子膜电解制碱技术，该技术先进成熟，与金属阳极隔膜电解制碱和水银电解制碱相比，具有技术最先进、经济最为合理的优点，是当今电解制碱技术的发展方向。

新浦离子膜烧碱项目通过一系列节水措施，水重复利用率和间接冷却水循环率分别达到 96.7%和 99%；产品排水量为 0.454 m^3/t，远低于《烧碱、聚氯乙烯工业水污染物排放标准》（GB 15581—95）表 6 的吨产品排水量标准（1.5 m^3/t）。根据审核、评估，该装置清洁生产综合得分为 80.6，对照清洁生产总体指标评价等级，说明该项目总体上处于国内清洁生产先进水平。

新浦公司 20×10^4 t/a VCM 装置引进比利时苏威公司氯乙烯生产专利技术，采用乙烯氧氯化法生产氯乙烯单体（VCM），该工艺是目前生产氯乙烯单体最先进的方法，通过优化设计，更具有很好的兼容性，在乙烯原料紧张时，可改用二氯乙烷裂解法生产 VCM，装置采用 DCS 控制系统，设备自动控制水平较高。与电石乙炔法相比，其工艺技术先进，污染物产生量较少，所产生的废气减少 80%左右；更具有无汞污染、无电石渣等优越性，同时具有产品质量较高的优点。装置达到国内先进水平，符合清洁生产要求。

（2）阿克苏诺贝尔氯乙酸（泰兴）有限公司氯乙酸装置

该公司氯乙酸装置采用阿克苏集团公司自行开发并已获得专利注册的一种连续生产

工艺，其工程设计和运行充分体现了以下原则：物料尽可能回收，中间产物尽可能转化成产品，尽可能减少进入环境的释放物，以至零排放。与国内间歇法生产工艺相比，先进性主要体现在：

1）该工艺包括氯化、加氢和蒸馏三个部分，而国内间歇法生产工艺只有氯化、蒸馏，而无加氢转化部分。氯化工段一氯乙酸通常转化率为 80%，二氯乙酸含量 3%～5%，在加氢工段，二氯乙酸和氢反应生成一氯乙酸，从而降低了产品中二氯乙酸含量，提高了一氯乙酸的得率，最终产品 MCA 纯度达 99.93%～99.99%，比国内现有的生产工艺高出 3%～5%。

2）该项目采用两个蒸馏塔，第一蒸馏塔蒸馏出来的轻质组分经洗涤、冷凝后大部分返回氯化反应器回用；第二蒸馏塔将产品 MCA 和其中的杂质——重尾馏分 HE 分离，重尾馏分 HE 作为废液。而国内间歇法生产工艺只有一个蒸馏塔，只能回收一部分醋酸，且重尾馏分 HE 无法分离出来而进入产品。

3）该工艺尽可能回收利用热能和中间产物。如醋酸在进入氯化反应器之前先同水反应器出来的气体接触，一是为了吸收其中的 HCl，二是为了进行热交换。又如各洗涤塔的洗涤水均返回反应器；氯化尾气洗涤塔、氢化尾气洗涤塔和轻质馏分洗涤塔均配有冷凝器，冷凝回收下来的 HCl 和中间产物均返回氯化反应器。

4）该工艺使用醋酸酐做催化剂，而国内间歇法生产工艺通常用硫酸作催化剂。用醋酸酐做催化剂可避免废硫酸的产生和分离。且醋酸酐可转化成产品或副产品，对环境影响很小。

5）该项目使用液氯作原料（新浦公司管道供给），氯转化率达 99.03%。

6）工艺产品质量明显优于国内间歇法生产工艺；物耗、能耗、生产成本均明显低于国内间歇法，也低于 VUCHT 连续法。因此达到国际先进水平。

（3）爱森（中国）絮凝剂有限公司聚丙烯酰胺系列絮凝剂项目

该项目丙烯酰胺单体生产采用SNF公司与ENSAM合作开发的专利技术——氰化酶系列连续固定菌种工艺，以丙烯腈为主要原料直接生产 50%丙烯酰胺单体。该工艺是目前国内外生产丙烯酰胺单体最先进的技术路线，具有高选择性、高活性和高收率的特点，且反应完全（丙烯腈转化率≥98.5%），无副产物，无公害，反应温度要求不高，能耗低。

——与铜催化水合法工艺相比，省去了丙烯腈回收工艺设备，简化了产品精制过程，不需要脱盐、脱色精制，每吨丙烯酰胺的丙烯腈消耗降低 80 kg，水、电、汽节约 50%，设备和建筑费用减少 1/3。微生物催化法丙烯酰胺产品质量优于化学法，无铜离子杂质，可用于生产高分子量的聚丙烯酰胺。

——与不固定菌种的微生物催化法生产丙烯酰胺工艺相比，在后续聚合工序不固定菌种的菌体细胞可能溶解会干扰聚合反应，而本法比较稳定，生产的聚合物分子量高于不固定菌种工艺。

——聚丙烯酰胺絮凝剂生产采用少污染的共聚或均聚工艺，可避免共水解工艺的 NH_3

和 CO_2 排放。

该公司工艺技术成熟先进，各项指标达到国际清洁生产先进水平。

（4）泰兴化工园总体清洁生产水平分析

综合评价园区已建项目，15%～30%的企业（或项目）达到国际清洁生产先进水平，30%～45%达到国内清洁生产先进水平，其他项目主要采用成熟工艺，处于国内清洁生产一般水平，两家使用落后的铁粉还原工艺的企业（占 2.5%）目前正在改进。

5.5.1.3　非核心企业提高清洁生产水平的建议

相比较而言，非核心企业一般投资规模、人员技术水平及管理水平等限制，工艺、设备及自动控制水平总体低于以上重点项目，并且化工产品由于品种极多，绝大多数产品及工艺也未形成可以参照的清洁生产标准或清洁生产实用技术指标，但非核心企业仍应加强生产管理和清洁生产审核，结合自身工艺特点持续改进和优化工艺、改良生产设备，提高产品回收率，减少污染物产生，同时加强回收利用和废物的综合利用，进一步提高资源能源利用率。

5.5.2　企业间生态化改造

5.5.2.1　代谢分析

生态工业园企业链接规划，其目的是通过少量投入，引进废弃物资源利用企业，通过不同企业及行业链接，延长企业及行业产业链，消纳企业清洁生产推进后排放的污染物质，进一步减轻整个园区工业发展对环境的压力，将园区污染物质排放减小到最低限度。因此，企业资源利用和污染物排放分析是园区代谢分析的前提，工业园区物能代谢分析是生态工业园建设中企业链接的基础。

（1）园区企业物能利用分析

1）新浦化学（泰兴）有限公司

新浦化学（泰兴）有限公司系新加坡新浦化学在中国的独资企业，成立于 1995 年 12 月 30 日，其主要产品有离子膜烧碱、硝基苯、苯胺和氯乙烯单体（VCM）等。

离子膜烧碱采用离子膜法制碱工艺，由一次盐水制备、盐水二次精制及电解、氯氢处理、液氯、盐酸合成等工段组成，生产烧碱、盐酸、液氯和氢气等产品，生产工艺流程见图 5-5，离子膜烧碱装置物料平衡见表 5-10。

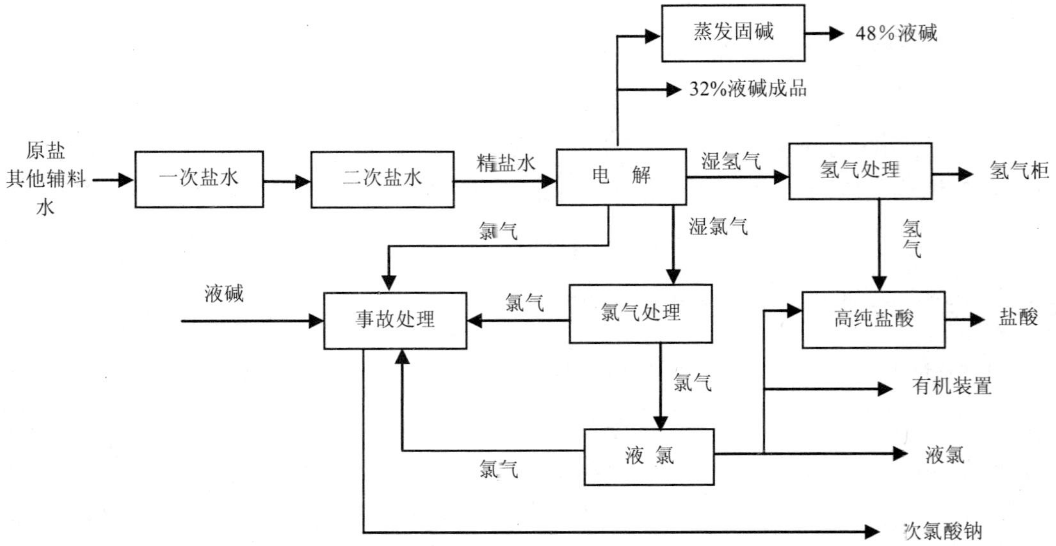

图 5-5　离子膜烧碱生产工艺流程图

表 5-10　50 万 t/a 离子膜烧碱装置物料平衡表　　单位：t/a

序号	投　料		产　出			
	原料名称	耗用量	名称		产生量	备注
1	原盐	774 600	32%离子膜烧碱		1 262 500	折纯 50 万 t
2	纯碱	4 500	48%离子膜烧碱		200 000	
3	烧碱	21 500	31%高纯盐酸		87 000	
4	硫酸	8 511	H_2		11 184	
5	亚硫酸钠	516.4	液氯		396 096.5	
6	纯水	926 743	废水	一次盐水废水	67 892	直接回用
7	$FeCl_3$	50		二次盐水废水	96 040	含酸性、碱性废水
8	工业水	689 995		纳滤废水	186 412	
9	氯化钡	3 274		氢洗涤废水	116 173	回用
回用部分	液氯洗涤废水	12 835		液氯洗涤废水	12 835	脱氯回用
	氢洗涤废水	93 678	盐酸吸收尾气		64.5	
	一次盐水废水	35 892	液氯充装等尾气		953	至事故氯装置
			盐泥废渣		23 633.4	
			75%废硫酸		11 311	
			水汽蒸发		100 000	
合计	2 572 094		2 572 094			

采用苯连续硝化、硝基苯气相连续催化加氢工艺，生产硝基苯、苯胺，其工艺流程见图 5-6 和图 5-7，硝基苯及苯胺装置物料平衡分别见表 5-11 和表 5-12。

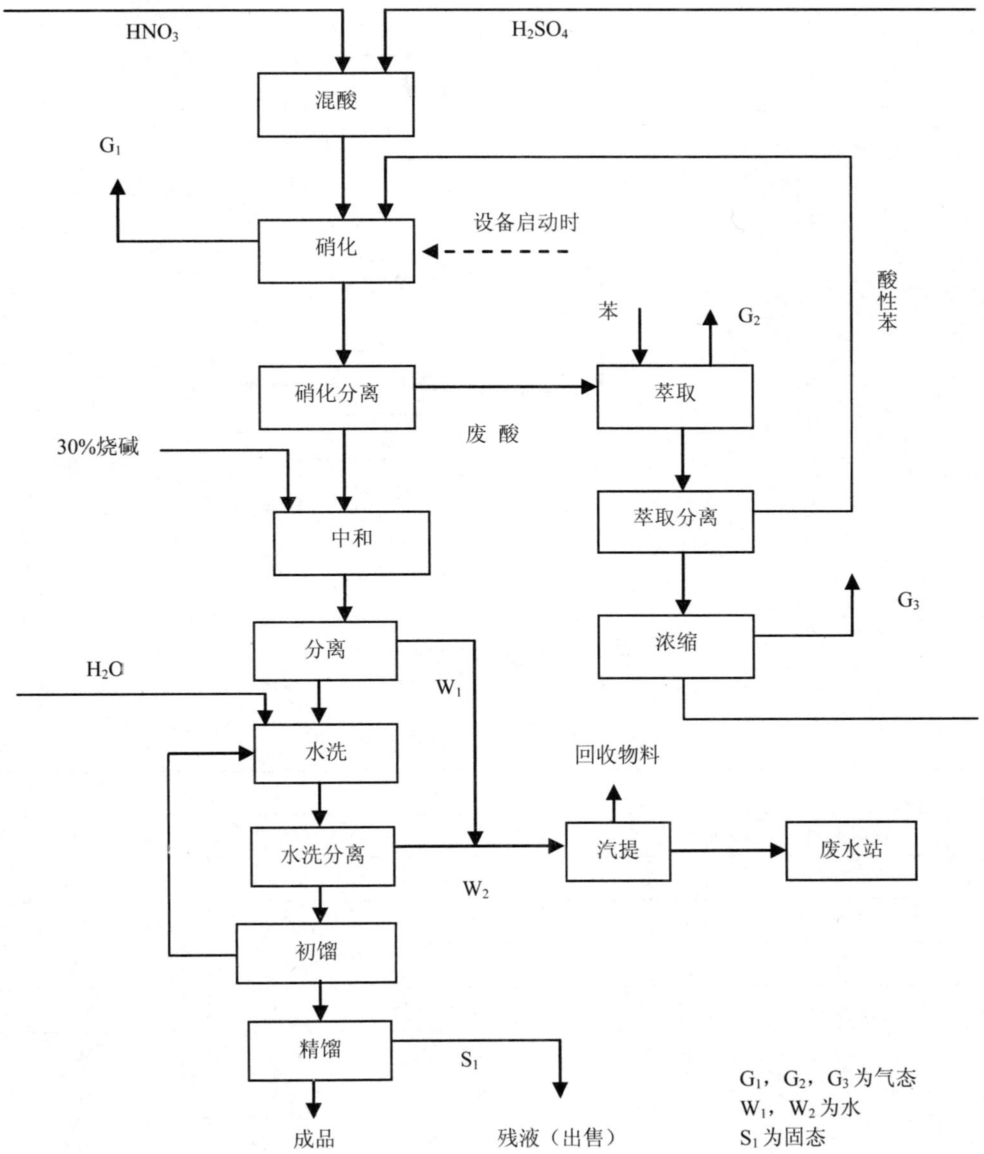

图 5-6　硝基苯生产工艺流程图

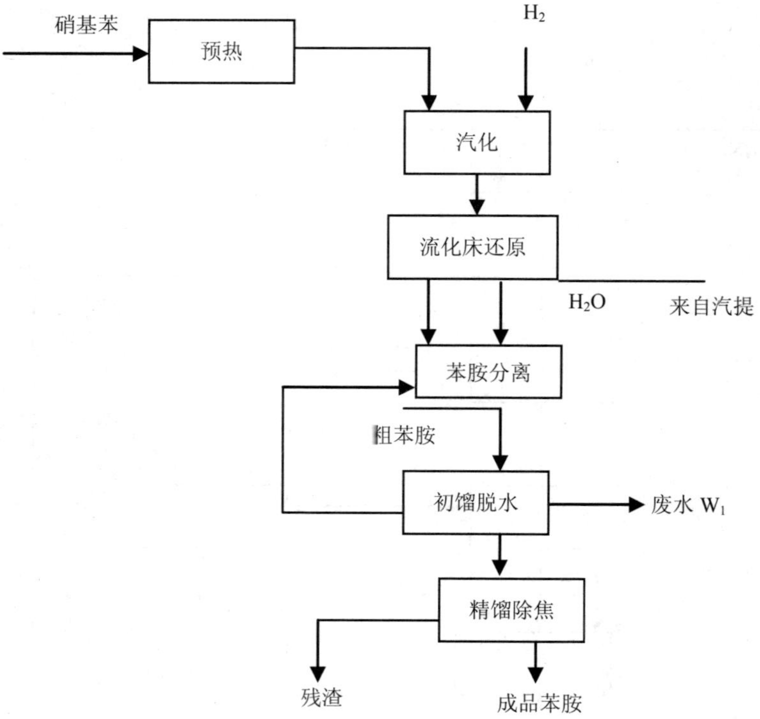

图 5-7 苯胺生产工艺流程图

表 5-11 硝基苯装置物料平衡表 单位：t/a

序号	投 料		产 出			
	原料名称	耗用量	名称		产生量	备注
1	纯苯	117 000	硝基苯		180 000	其中 4 500 t 外售
2	硝酸	99 000	废气	硝化废气	33.6	G_1
3	硫酸	7 200		萃取尾气	13.2	G_2
4	32%烧碱	2 700		不凝性尾气	1.9	G_3
5	水	71 066.8	废水	废酸水	9 000	W_3
6				中和废水	37 652.1	W_1
				水洗废水	67 824	W_2
			厦渣		2 442	S_2
合计	296 966.8		296 966.8			

表 5-12　苯胺装置物料平衡表　　单位：t/a

序号	投　料		产　出		
	原料名称	耗用量	名称	产生量	备注
1	硝基苯	175 500	成品苯胺	130 000	
2	H_2	8 560	分离废水	51 370	W_1
3			废气（循环再利用）	820	循环利用
4			蒸馏残渣	2 690	
合计	184 060		184 060		

氯乙烯单体生产采用部分进口乙烯与氯气直接反应，生成二氯乙烷（EDC）；部分乙烯与氧气、氯化氢气体进行氧氯化反应，生成粗二氯乙烷（EDC，含水）。粗二氯乙烷经脱水、干燥净化后与直接氯化生成的二氯乙烷一道裂解生成氯乙烯，并经分离得到氯乙烯单体（VCM）。氯乙烯单体生产装置物料平衡见表 5-13。

表 5-13　氯乙烯单体生产装置物料平衡表　　单位：t/a

<table>
<tr><td rowspan="2">序号</td><td colspan="2">投　料</td><td colspan="4">产　出</td></tr>
<tr><td>原料名称</td><td>耗用量</td><td colspan="2">名称</td><td>产生量</td><td>备注</td></tr>
<tr><td>1</td><td>乙烯</td><td>92 000</td><td colspan="2">氯乙烯单体 VCM</td><td>200 000</td><td></td></tr>
<tr><td>2</td><td>氯气</td><td>118 000</td><td colspan="2">废气</td><td>1 600</td><td></td></tr>
<tr><td rowspan="2">3</td><td rowspan="2">氧气</td><td rowspan="2">28 000</td><td rowspan="2">废渣</td><td>低沸物</td><td>1 400</td><td rowspan="2">合计 4 400</td></tr>
<tr><td>高沸物</td><td>3 000</td></tr>
<tr><td>4</td><td>氢氧化钠</td><td>1 600</td><td colspan="2">废水</td><td>53 660</td><td></td></tr>
<tr><td>5</td><td>水</td><td>20 000</td><td colspan="2"></td><td></td><td></td></tr>
<tr><td>6</td><td>H_2</td><td>60</td><td colspan="2"></td><td></td><td></td></tr>
<tr><td>合计</td><td colspan="2">259 660</td><td colspan="4">259 660</td></tr>
</table>

2）兴安精细化工有限公司

泰兴市兴安精细化工有限公司位于新浦公司东侧，其主要产品有三氯化磷和三氯氧磷。三氯化磷生产工艺流程见图 5-8，即熔融后的黄磷在氯化釜内（一定温度和压力下）与氯气反应直接生成三氯化磷，经精馏（去除少量游离磷）、冷凝后即可收集成品，三氯化磷装置物料平衡见表 5-14。

3）三蝶化工有限公司

江苏三蝶化工有限公司成立于 2005 年，其主要产品为环氧氯丙烷。其生产工艺流程见图 5-9，采用丙烯高温氯化法生产 3-氯丙烯，以 3-氯丙烯为主要原料，采用饱和氯水生成二氯丙醇，二氯丙醇经皂化生产环氧氯丙烷，生产装置物料平衡见表 5-15。

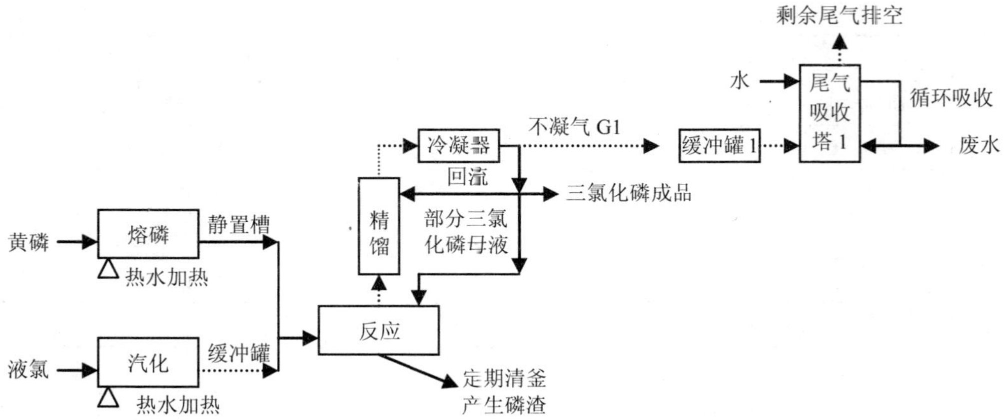

图 5-8 三氯化磷生产工艺流程图

表 5-14 三氯化磷装置物料平衡表 单位：t/a

序号	入方		出方			
	物料名称	投入量	产品	废气	废水	固废
1	黄磷	18 160	80 000	243.5	进压磷废水 1.5	140
2	液氯	62 240			16 505	
3	新鲜水	16 520				
合计	96 920		96 920			

表 5-15 环氧氯丙烷生产装置物料平衡表 单位：10^4t/a

序号	投料		产出	
	原料名称	耗用量	名称	产生量
1	丙烯	3.65	环氧氯丙烷	5.0
2	氯气	10.5	环化下水	269.5
3	NaOH	0.35	粗馏尾气	0.005
4	石灰乳	32.5	精馏尾气	0.01
5	水	242.5	低沸物	1.045
6	蒸汽	21	高沸物	0.99
7			油雾	0.015
8			DD-混剂	1.24
9			洗涤废水	32.695
合计		310.50		310.50

4）泰兴斯比凯可特种化学品有限公司

泰兴斯比凯可特种化学品有限公司成立于 2004 年 10 月，其主要产品有羧甲基纤维素（CMC），其生产工艺采用半干法，以干木浆或精制棉短绒浆（有效组分为 α-纤维素）为主要原料经粉碎研磨、碱化、醚化、均质中和、洗涤过滤、汽提脱除溶剂、造粒、干燥、再研磨过筛等工序获得粉末状成品。生产工艺流程见图 5-10，生产装置物料平衡见表 5-16。

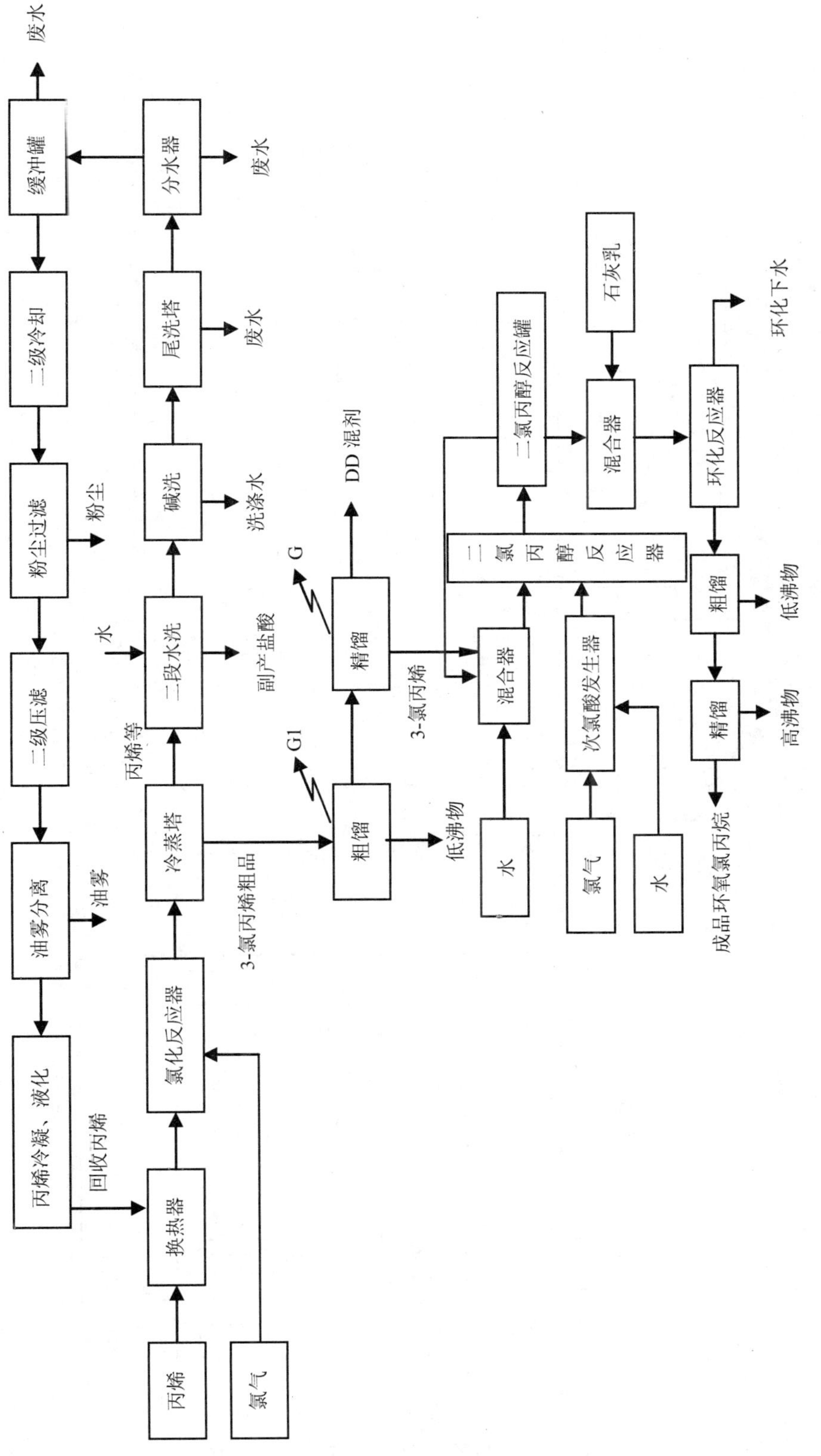

图 5-9　环氧氯丙烷生产工艺流程图

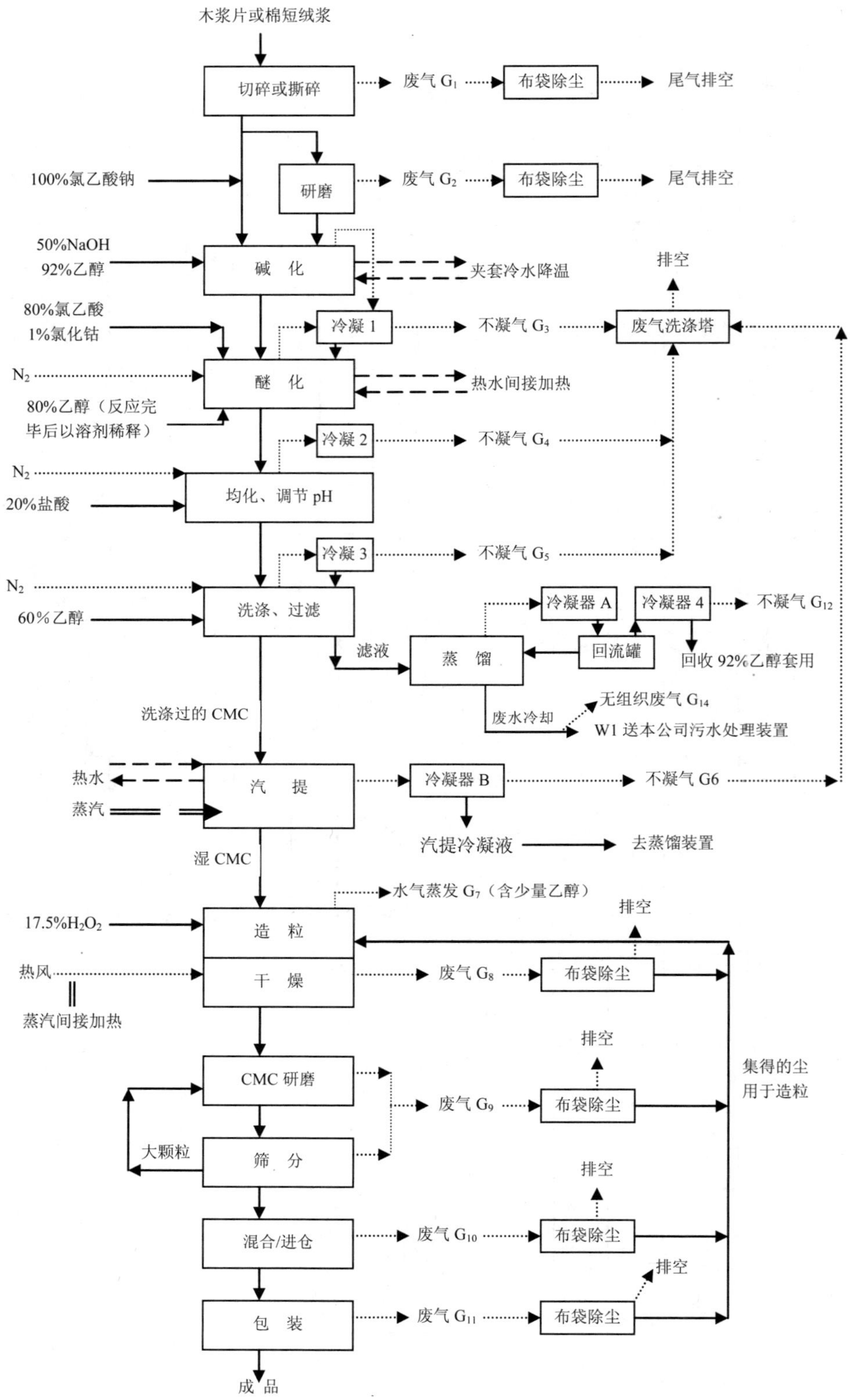

图 5-10 羧甲基纤维素生产工艺流程图

表 5-16 羧甲基纤维素生产装置物料平衡表

序号	入方		出方			
	物料名称	投入量	产品	废气	废水	固废
1	木浆	6 172	94%CMC 15 000 t/a	G1，1.0	W1 106 662	—
2	棉短绒浆	4 115.5		G2，1.5	—	
3	50%NaOH	12 650	—	G3+G4+G5+G6 经洗涤塔处理后排空量 128		
4	80%氯乙酸	8 475				
5	100%氯乙酸钠	150		G7，27 630.6		
6	1%氯化钴	6		G8，1.5		
7	20%盐酸	2 300		G9，3.75		
8	92%乙醇	900		G10，0.75		
9	17.5%双氧水	360		G11，0.4		
10	直接蒸汽	74 880		G12，247		
11	新鲜水	39 722		G14－1，54		
合计		149 730.5	149 730.5			

5）爱森（中国）絮凝剂有限公司

丙烯酰胺单体是生产聚合物（聚丙烯酰胺干粉、聚丙烯酰胺乳液等产品）的主要原料之一，采用法国 SNF 公司专利技术（氰化酶系列固定菌种的微生物催化法）生产。目前爱森公司采用该工艺直接生产 50%丙烯酰胺单体溶液，装置设计生产能力为 8×10^4 t/a，主要用于本公司生产聚丙烯酰胺系列絮凝剂产品。

全厂原料投入和产出见表 5-17。

表 5-17 全厂投入产出平衡表 单位：t/a

类别	名称	消耗量	产出	产生量
原料	丙烯腈	29 900	50%丙烯酰胺单体溶液	80 000
	丙烯酸	19 670	阴离子聚丙烯酰胺干粉	50 000
	48%氢氧化钠	16 644	阳离子聚丙烯酰胺干粉	10 000
	50%AM 单体	68 695	阴离子聚丙烯酰胺乳液	15 000
	80%季铵盐	7 490	阳离子聚丙烯酰胺乳液	15 000
	润滑油	10 149.77	非离子聚丙烯酰胺乳液	5 000
	Span20	340	废催化剂	70.39
辅料	生物催化剂	96	废油	0.46
	偶氮二异丁腈	179	废絮凝剂	341.95
	莫尔盐	0.40	污泥	13.55
	次磷酸钠	1.58	废水	143 946.1
水	新鲜水	166 310.5	废气污染物	103.85
合计		319 476.3		319 476.3

6）凯力克金属有限公司

江苏凯力克金属有限公司主要有 3 000 t/a 钴系列产品和 600 t/a 镍系列产品。其生产工艺流程见图 5-11，通过进口南非钴精矿进行分选，对其中的钴、镍等组分进行分离，得到草酸钴、碳酸钴和镍盐等产品，生产物料平衡见表 5-18。

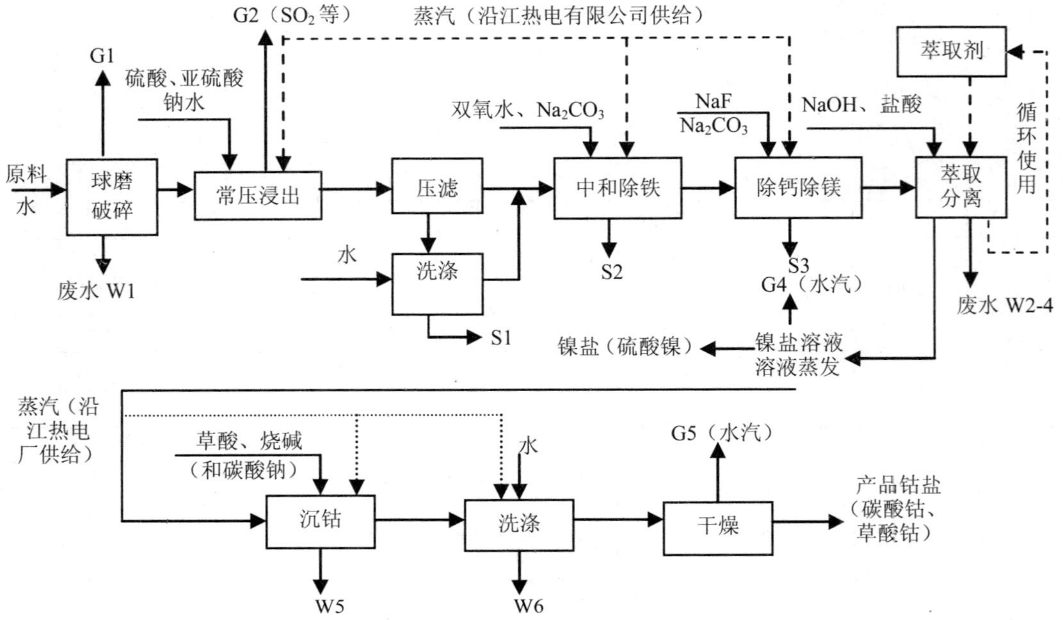

图 5-11 生产工艺流程及排污环节图

表 5-18 生产物料平衡表 单位：t/a

序号	投料		产出			
	原料名称	耗用量	名称		产生量	备注
1	钴精矿	11 980	草酸钴		1 920	产品
2	硫酸	3 700	碳酸钴		1 080	产品
3	亚硫酸钠	1 978	20%镍盐		600	产品
4	双氧水	1 556	废水	萃取废水	14 000	W1-W3
5	碳酸钠	2 162		沉钴离心分离废水	62 979	W4
6	盐酸	6 300		洗涤废水	169 500	W5
7	氢氧化钠	2 000	废气	粉尘	12	G1
8	氟化钠	383		SO_2等尾气	2 130	G2
9	草酸	3 000		水汽损耗等	27 655	
10	碳酸钠（沉钴用）	1 700	废渣	酸浸过滤废渣	10 183	S1
11	水	170 500		中和除铁废渣	2 500	S2
12	蒸汽	90 000		钙镁渣	2 700	S3
13	萃取剂 P204	15.5	萃取剂 P204		15.5	回用
14	萃取剂 P507	15.5	萃取剂 P507		15.5	
15	磺化煤油	155	磺化煤油		155	
合计	295 445		295 445			

7）明发国际油脂化工（泰兴）有限公司

明发国际油脂化工（泰兴）有限公司主要从事油脂深加工，其主要产品有食用油、特种油脂、工业油脂和肥皂，其生产装置物料平衡分别见表 5-19～表 5-21。

表 5-19　油脂精炼装置物料平衡表　　单位：t/a

序号	入方		出方			
	物料名称	投入量	产品	废气	废水	固废
1	脱胶毛油	208 035	精炼油成品 201 167.5	水气 402	21 942.5	9 885.85
2	85%磷酸	83.75		气 101.505		
3	30%烧碱	1 239.5				
4	热水	12 060				
5	活性白土	2 011.005				
6	直接蒸汽	10 050				
7	柠檬酸	20.1				
合计	233 499.355		233 499.355			

表 5-20　油脂氢化装置物料平衡表　　单位：t/a

序号	入方		出方			
	物料名称	投入量	产品	废气	废水	固废
1	精炼油	33 500	氢化油成品 33 453.1	16.75	1 624.75	353.425
2	镍催化剂	5.025				
3	氢气	67				
4	活性白土	201				
5	直接蒸汽	1675				
合计	35 448.025		35 448.025			

表 5-21　肥皂生产装置（含甘油回收）物料平衡表　　单位：t/a

序号	入方		出方			
	物料名称	投入量	产品	废气	废水	固废
1	皂角	9 447	肥皂 8 217.55 甘油 301.5	水气 6 432	—	884.4
2	23.5%烧碱	2 445.5		气 3.35		
3	20%NaCl	3 517.5				
4	添加剂	80.4				
5	硫酸铝	46.9				
6	20%烧碱	268				
7	活性炭	33.5				
合计	15 838.8		15 838.8			

8）锦鸡染料有限公司

锦鸡染料有限公司主要生产 6 个系列的活性染料产品，各产品主要工艺过程相似，经合成（缩合、重氮化、偶合反应等）、喷干（根据生产需求有时先行膜分离）或盐析、烘干后得到六种类型的活性染料原粉，再根据客户需求，经混拼（或拼色）、配以不同量的元明粉进行标准化加工，得到不同色系不同强度的各种产品。

主要原材料消耗见表 5-22。

表 5-22 主要原辅材料消耗量

单位：t/a

产品	序号	原料名称及规格纯度	消耗量	产品	序号	原料名称及规格纯度	消耗量
活性染料 M-3RE 7 900 t/a	1	3,6,8-三磺酸-萘胺	1 850.7	活性染料 KN-GR 1 400 t/a	1	90%J 酸	338.54
	2	30%盐酸	1 175.55		2	30%氢氧化钠	171.23
	3	亚硝酸钠	333.4		3	对位酯	357.57
	4	间脲	729.6		4	30%盐酸	310.2
	5	三聚氯氰	891.3		5	亚硝酸钠	88.27
	6	对位酯	1 437.7		6	三聚氯氰	235.26
	7	碳酸氢钠	1 123.2		7	碳酸氢钠	214.5
	8	元明粉	2 268.7		8	元明粉	402.8
活性染料 KN-B 9 600 t/a	1	对位酯	3 364.1	活性染料 KN-G 1 200 t/a	1	β型酞菁蓝	205.77
	2	30%盐酸	2 912.1		2	氯磺酸	943.9
	3	亚硝酸钠	826		3	氯化亚砜	155.77
	4	85%H 酸	2 245.3		4	对位酯	207.4
	5	30%氢氧化钠	1 596.6		5	碳酸氢钠	99.1
	6	碳酸氢钠	1 988.2		6	磷酸二氢钠	122.0
	7	元明粉	2 224.1		7	元明粉	323.3
活性染料 M-3BE 4 500 t/a	1	85%H 酸	833.93	活性染料 M-3GE 800 t/a	1	对氨基苯磺酸钠	87.95
	2	30%氢氧化钠	586.8		2	30%盐酸	211.3
	3	三聚氯氰	409		3	亚硝酸钠	60.4
	4	对位酯	673.5		4	85%H 酸	169
	5	1,5 酸	720		5	30%氢氧化钠	116.7
	6	30%盐酸	532.3		6	乙酸钠	36.85
	7	亚硝酸钠	154.6		7	氯化钠	150.9
	8	碳酸氢钠	558.6		8	间双	87.15
	9	元明粉	1 418.8		9	三聚氯氰	76.58
					10	对位酯	125.75
					11	碳酸氢钠	70.4
					12	元明粉	187.2

9）万得化工（泰兴）有限公司

万得化工（泰兴）有限公司主要生产 B 型活性染料，其品种主要有：活性红 B-2BF、活性红 B-3BF、活性红 B-6BF、活性金黄 B-4RFN、活性蓝 B-2GLN、活性橙 B-2RLN、活性橙 B-GF、活性黑 KN-B 等产品，其工艺流程基本相同，包括重氮、偶合和缩合反应，盐析和压滤等工序。

主要原材料消耗见表 5-23。

表 5-23　主要原辅材料消耗量

品名	原料	单耗/（t/t 产品）	年用量/（t/a）	品名	原料	单耗/（t/t 产品）	年用量/（t/a）
活性红 B-2BF 3 000 t/a	三聚氯氰	0.130	390	活性红 B-3BF 500 t/a	三聚氯氰	0.140	70
	H 酸	0.280	840		H 酸	0.280	140
	10%纯碱	1.35	4 050		10%纯碱	1.16	580
	30%盐酸	0.176	528		30%盐酸	0.200	100
	30%亚钠	0.166	498		30%亚钠	0.180	90
	2-氨基-1，5-双磺酸	0.263 6	790.8		苯胺	0.082	41
	对位酯	0.209 4	628.2		对位酯	0.220	110
	元明粉	0.142 6	427.8		元明粉	0.317 6	158.8
	水	11.0	33 000		水	13.5	6 750
	冰	4.0	12 000		冰	6.0	3 000
活性金黄 B-4RFN 4 000 t/a	三聚氯氰	0.130	520	活性蓝 B-2GLN 1 000 t/a	对氨基苯磺酸	0.125 5	125.5
	间脲	0.106 4	425.6		30%盐酸	0.355	355
	10%纯碱	1.820	7280		亚钠	0.115	115
	30%盐酸	0.353 4	1 413.6		H 酸	0.258 5	258.5
	亚钠	0.158 6	634.4		10%纯碱	1.540	1540
	K 酸	0.377 4	1 509.6		三聚氯氰	0.130	130
	对位酯	0.218 4	873.6		间双氨基苯磺酸	0.143	143
	元明粉	0.202 2	808.8		对位酯	0.190	190
	水	15.5	62 000		元明粉	0.260 7	260.7
	冰	4.0	16 000		NaCl	1.75	1 750
					水	13.0	13 000
					冰	8.0	8 000
活性橙 B-2RLN 500 t/a	J 酸	0.146	73	活性红 B-6BF 1 000 t/a	三聚氯氰	0.140	140
	三聚氯氰	0.118	59		H 酸	0.280	280
	10%纯碱	0.960	480		10%纯碱	1.4	1 400
	对位酯	0.185	92.5		30%盐酸	0.22	220
	1,5-双磺酸	0.189	94.5		30%亚钠	0.20	200
	亚钠	0.050	25		土氏酸	0.20	200
	30%盐酸	0.150	75		对位酯	0.21	210
	元明粉	0.399 42	199.71		元明粉	0.357 6	357.6
	水	16.5	8 250		NaCl	0.90	900
	冰	8.0	4 000		水	12.0	12 000
					冰	7.0	7 000

品名	原料	单耗/（t/t 产品）	年用量/（t/a）	品名	原料	单耗/（t/t 产品）	年用量/（t/a）
活性橙 B-GF 1 000 t/a	J 酸	0.248	248	活性黑 KN-B 4 000 t/a	对位酯	0.390	1 560
	三聚氯氰	0.199	199		30%亚钠	0.320	1 280
	10%纯碱	1.3	1 300		30%盐酸	0.350	1 400
	对位酯	0.347	347		10%纯碱	1.00	4 000
	30%盐酸	0.299	299		元明粉	0.319 7	1 278.8
	30%亚钠	0.251	251		H 酸	0.245	980
	元明粉	0.235 8	235.8		水	11.0	44 000
	水	12.0	12 000		冰	5.0	20 000
	冰	5.0	5 000				

10）江苏瑞星化工有限公司

江苏瑞星化工有限公司是由江苏中丹化工集团公司与泰国 SERISTAT Co. 合伙建立的，主要产品有间苯二酚产品，生产规模为 1 200 t/a，该产品生产主要通过磺化（一磺化、二磺化）、中和、碱熔、酸化及萃取等工序，其工艺流程见图 5-12，主要原材料年用量见表 5-24。

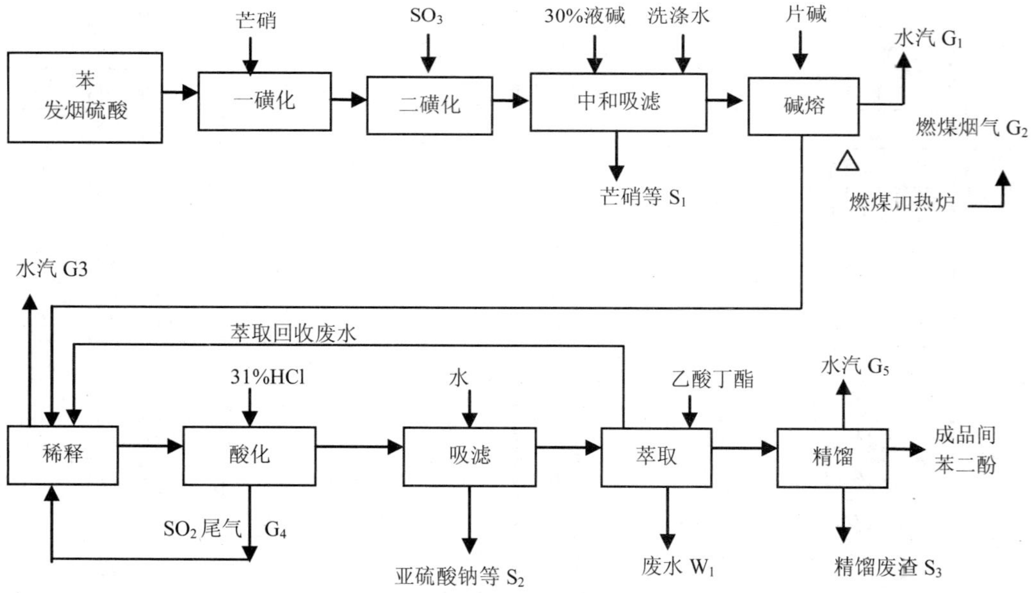

图 5-12 间苯二酚工艺流程图

表 5-24 主要原材料年用量

类别	名称	规格	消耗定额/（t/t）	年用量/（t/a）
原料	苯	95%	0.958	1 149.6
	发烟硫酸	65%	1.375	1 650
	SO_3		1.083	1 299.6
	盐酸	31%	7.91	9 492
	烧碱	30%	4.17	5 004
	片碱		2.7	3 240
辅料	芒硝		0.05	60
	乙酸丁酯		0.133	159.6
燃料	烟煤	5 000 大卡	4.17	5 000
新鲜水	自来水	0.25 MPa		9 132
蒸汽	蒸汽	0.8 MPa		11 004

11）江苏常隆农化有限公司

江苏常隆农化有限公司主要产品有农药、光气化学品和化工中间体，各生产装置之间关系见图 5-13。

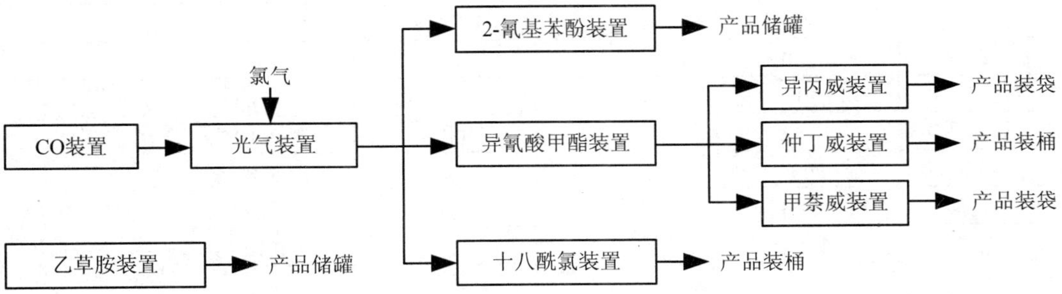

图 5-13 各生产装置之间的关系图

光气生产工艺见图 5-14，前工序来的 CO 与 Cl_2 分别经流量计后进入混合罐，混合气体经分配流量计至光气合成器，在活性炭催化剂下，反应生产光气，光气生产装置物料平衡见表 5-25。

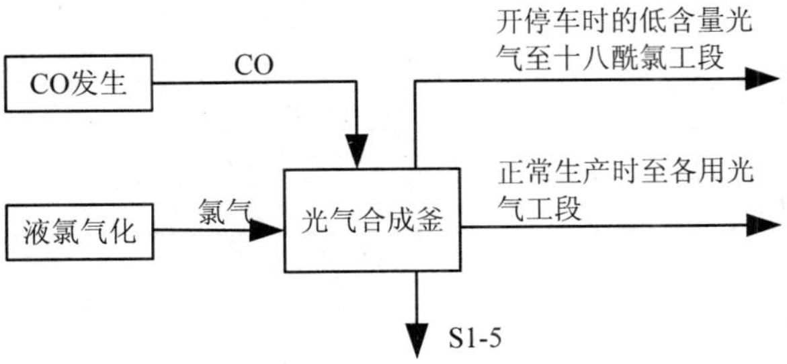

图 5-14 光气生产装置工艺流程图

表 5-25　光气生产装置物料平衡表

单位：t/a

序号	入装置			出装置	
	物料名称	数量			
1	一氧化碳	CO	1 343.5	光气	COC_2：4 351.2 HCl：26.1 CO：112.9 其他：24.3
		H_2	0.7		
		其他气体	21.15		
2	液氯	3 146（折纯） 其他 3.15			
合计		4 514.5		4 514.5	

江苏常隆农化有限公司生产采用醚化、酰化、缩合等工艺过程生产乙草胺，其物料平衡见表 5-26。

表 5-26　乙草胺物料平衡表

单位：t/a

入装置		出装置			
物料名称	用量	去向	产出方物料名称	数量	合计
MEA	5 435	产品 乙草胺	乙草胺	10 000	10 753
多聚甲醛	1 249.1		二甲苯	70.7	
氯乙酰氯	4 500		副反应产物	682.3	
乙醇	1 917	副产品稀碱	氢氧化钠	2 456.33	17 639.9
烧碱	5 748		氯化钠	2 460.25	
二甲苯	200		水	12 558.25	
30%盐酸	8 000		乙醇	63.2	
水	11 230		乙草胺	0.17	
			其他	56.4	
			原料杂质	45	
		副产品稀酸	盐酸	7 200	7 200
		废气	HCl	639.1	639.1
			二甲苯	129.3	129.3
		废水	甲醛	0.2	1 918.1
			乙醇	0.5	
			甲醇	0.2	
			水	1 827.2	
			HCl	65	
			原料杂质	25	
合计	38 279.1	合计	38 279.1		

12）泰兴金缘精细化工有限公司

泰兴金缘精细化工有限公司主要产品有高纯度次磷酸钠、副产 85%工业磷酸和磷酸钙，次磷酸钠生产过程为石灰经水化后生成的氢氧化钙与融熔后的黄磷、32%烧碱进行反应，导出气体（PH_3、H_2，待处理，制副产品），料液经过滤、洗涤、压滤去除沉淀物亚磷酸钙，得粗品次磷酸钠，滤液再经碳化脱钙、调整、分离杂质后，进行真空蒸发浓缩，然后降温结晶即可获得产品。其物料平衡见表 5-27。

表 5-27 高纯度次磷酸钠装置物料平衡表 单位：t/a

序号	入方		出方			
	物料名称	投入量	产品	废气	废水	固废
1	黄磷	2 660	产品次磷酸钠 5 000	G1 670	洗涤废水均循环利用	S1 4 200
2	石灰	2 300		G2 18		S2 2 100
3	32%烧碱	6 255		G3 9		S3 310
4	CO_2	498		水气损失 9 231		
5	50%次磷酸	300				
6	碳酸钡	75				
7	碳酸钠	200				
8	水	9 300				
合计	21 588		21 588			

（2）园区物能代谢分析

1）物质代谢分析

① 烧碱代谢

离子膜烧碱是新浦化学（泰兴）有限公司主要产品之一，其中 32%烧碱和 48%烧碱的生产规模分别为 1 262 500 t/a 和 200 000 t/a。根据园区企业情况，烧碱可以作为园区内部分企业的生产原料，用于生产羧甲基纤维素、聚丙烯酰胺系列产品、次磷酸钠、乙草胺、间苯二酚等产品。烧碱的代谢过程如图 5-15 所示。

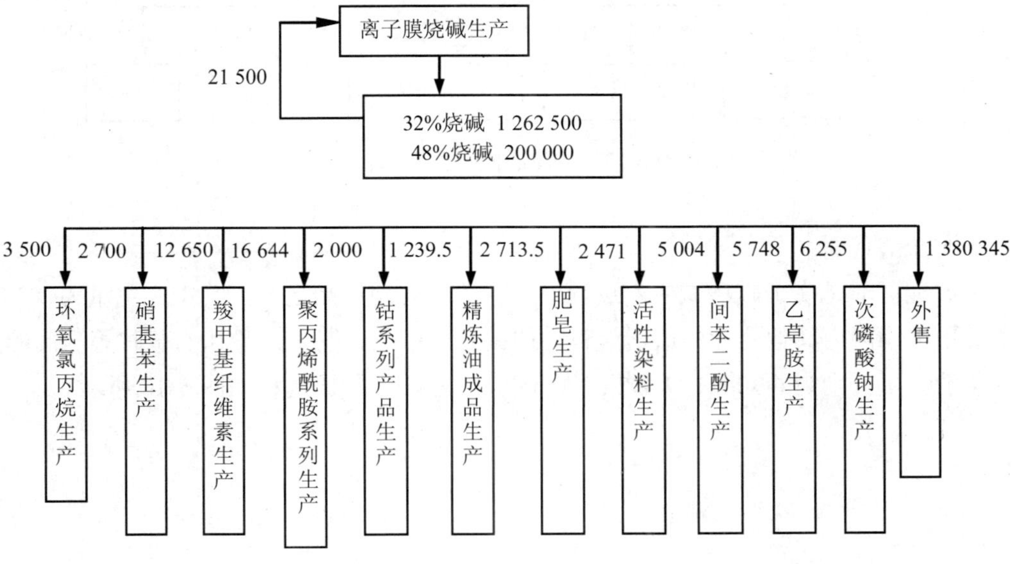

图 5-15 烧碱的代谢分析（单位：t/a）

② H_2 代谢分析

氢气是离子膜烧碱生产过程中产生的主要副产品之一，其年产生量为 11 184 t，其中每年约 8 687.7 t 氢气主要用于园区内企业生产苯胺、氢化油成品、氯乙烯单体等产品的原料，其代谢过程如图 5-16 所示。

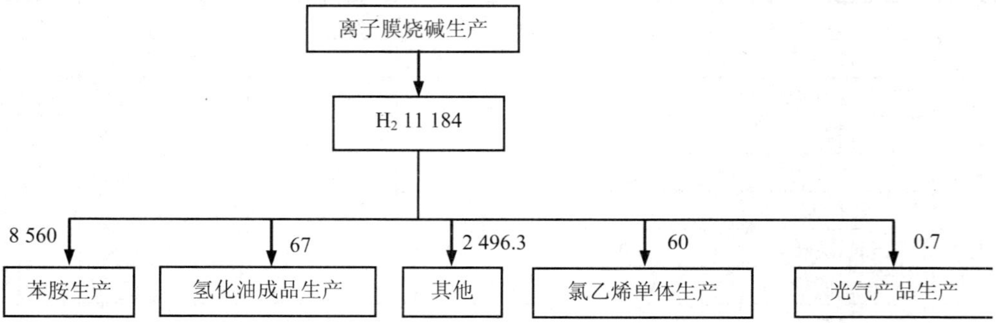

图 5-16 氢气代谢过程图（单位：t/a）

③ 液氯代谢

液氯是离子膜烧碱生产过程中产生的主要副产品之一，其年产生量为 396 096.5 t，主要用于园区内企业的原辅材料，其中 118 000 t、105 000 t 和 62 240 t 分别用于氯乙烯单体、环氧氯丙烷和三氯化磷产品的生产，液氯的代谢过程如图 5-17 所示。

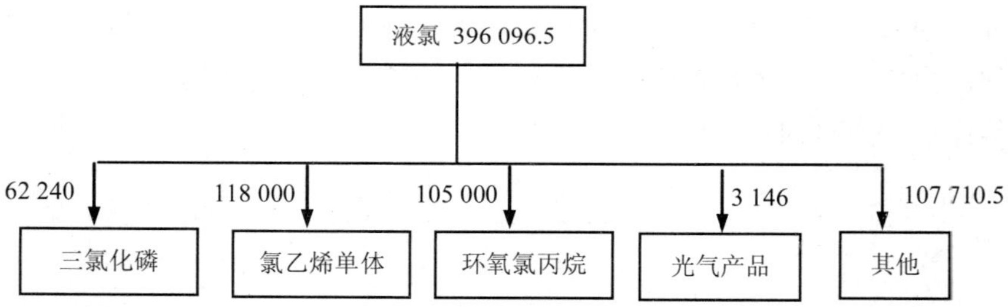

图 5-17 液氯的代谢过程（单位：t/a）

④盐酸代谢

高纯盐酸是离子膜烧碱生产过程中产生的主要副产品之一，其年产生量为 87 000 t，主要用于园区内其他企业的原辅材料，如钴系列产品、间苯二酚和乙草胺等产品的原料，其年消耗量分别为 6 300 t、9 492 t 和 8 000 t，盐酸的代谢过程如图 5-18 所示。

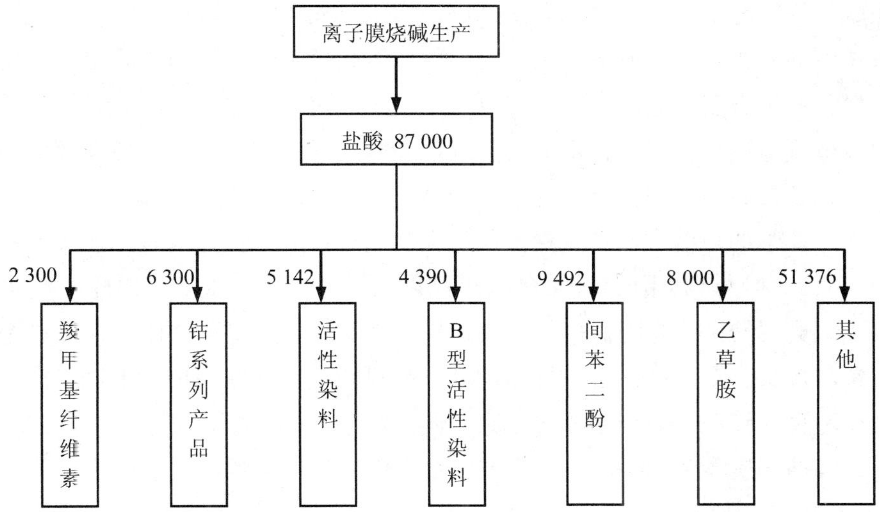

图 5-18　盐酸的代谢过程（单位：t/a）

2）能量流动分析

泰兴经济开发区目前实行集中供热，由欧格登沿江热电有限公司和新浦化学（泰兴）有限公司热电站两家供热，主要供应 0.8～1.0 MPa 规格蒸汽。欧格登热电公司现有 4 台 35 t/h 链条炉和 2 台 45 t/h 链条炉配 2 台 12 MW 抽冷凝式汽轮机组，供汽能力为 230 t/h，目前实际供汽量为 60～120 t/h，主要为开发区南片企业供热，其蒸汽管网已覆盖如泰运河以南除新浦公司南厂、金江化学公司以外的建成区。

新浦化学（泰兴）有限公司热电站现设有 2 台 220 t/h 循环流化床配 1 台 60 MW 双抽冷凝式汽轮机组，总供热能力达到 440 t/h，位于如泰运河以北，主要为本公司及北区企业供热，蒸汽管网将根据北区企业建设需要延伸。目前，新浦热电站实际供热量为 220 t/h，其中本公司用热 150 t/h，北区已建企业用热 40 t/h。

金江化学有限公司自备热电站配 30 t/h、35 t/h 抛煤炉各 1 台，主要用于解决本厂沼气出路问题，所产蒸汽供应本厂生产，其蒸汽未纳入园区供热规划。

5.5.2.2　系统集成

生态工业园与其他工业体系的本质不同，就在于它是遵循生态规律，通过对区域内各类企业的合理布局，使系统在资源能源利用上形成共生关系，以工业生态链（网）的形式进行生产，实现低成本、少污染和高效益。而达到这个目的的关键就是能否做到对系统的科学集成，生态工业园的集成通常都包括物质、能量和信息三者的集成。

（1）物质集成

1）工业系统物质再循环的方式与途径

实现资源的有效利用和废弃物的资源化，包括对可再生资源的高效利用，其主要方法是物质集成。从生态工业园规划设计角度讲，物质集成主要是依据园区总体规划，科学确定产业成员间的共生（上下游）关系，运用物质集成技术，调整物质流动的路线、流量和组成，构建工业生态链，满足供需方的要求。对一些通用资源，如水、油和溶剂等则设计回收利用或梯级串联利用的路径，最大限度地降低对资源的消耗。对某些贵重物质，必要时可设计进行升级利用（如提高浓度或提纯精炼）以便于形成循环。

从生态工业学的角度讲，在企业操作层面的物质循环常被分为以下五种实现方式。

再使用（或称原点利用）：即某种原料能以其原有的形式就能以同样或类似的产品使用一次以上。典型的例子是啤酒瓶的回收使用，这类物质质量下降微小、节省能源、回收流程短、费用较低。对产品而言，拆卸后部分材料能被重新使用也属于这一类。

材料循环再生：是一种受到剧烈磨损或损坏不能再使用的物质的循环再生方法。例如，金属材料、玻璃、热塑树脂等，它们经过熔融再成型或热可塑树脂溶剂溶解再析出、再成型。与再使用方法相比，其再生质量比新材料有所下降。回收分解是材料循环再生的关键。

化学再循环：是指采用化学手段使失去利用价值的物质再生为生产材料的再循环方式，即废弃物经过化学分解回收可利用的原料，例如聚苯乙烯、聚丙烯酸酯制品的热解，聚酯、尼龙水解回收单体。与材料再循环方式相比，这种再循环方式途径多，但实现的成本和能耗会有提升，技术限制因素也较多。

废弃物再利用：是对回收产品或废弃物品经过一定的加工处理以取代某种工业原料的再利用方式。这种方式通常是降低再利用物的利用价值而实现的，例如，利用废橡胶铺设道路；合金冶炼中的硅钙代替石灰用于建筑等。

回收热能循环：多是利用有机废弃物热解或焚烧，回收燃料油变换成燃气、蒸汽或电能的一种再利用方式，常用于数量大又难以分离的混合废弃物。从热力学分析，以上各种再循环方式都是不可逆过程，是一个熵增大的过程，通常离排放源越远的循环系统消耗的能量就越多，所以，尽量选择生产低熵值再生原料和循环过程短的再循环方式。

2）物质集成的三个层次

物质集成可从三个层次来实现。一是企业内部，通过清洁生产，达到物质和能量的梯次利用；二是园区工业生态系统的成员之间，通过物质、能量和信息交换所构成的生态链，实现物质和能量的充分利用；三是园区外，依据系统对物质需求和市场供应信息，利用构建的虚拟生态园区，拓展物质集成的空间。

企业内部的集成：企业内部的物质集成，其实质就是依据工业生态学的思想理论，通过绿色设计和绿色制造技术，使产品的整个生命周期中，具有可拆卸设计、可回收性、易维护性和可重复利用性等环境属性，从而减少对原材料资源和能源的需求以及对生态与环境的保护。很明显，企业需要加强环境管理，需要进行产品的生命周期评价和清洁生产审计，在企业内部尽量减少消耗，最大限度地提高物质和能量的利用率。具体做法是：首先，将流失的物料回收后作为原料返回到原工序中；其次，将生产过程中产生的废料经适当处理后作为原料或原料替代品返回到原生产过程中；最后，将生产过程中产生的废料经处理后作为原辅料用于本厂的其他过程中。

园区内企业之间的物质集成：严格地说，这个层面才是真正意义上的物质集成。企业间所构成的工业生态链，其基础就是系统内企业之间废物的交换和能量的梯次利用，它也是生态工业园整体性的体现。

虚拟园区内的物质集成：信息化技术的不断完善，是生态工业园得以发展的重要条件。园区内部企业之间构成生态产业链要发挥高的效益，除通过园区招商时有意识引入"补链"企业外，另一个有效措施就是与园外的相关企业构成虚拟生态工业链，在更大的空间尺度上进行物质集成。

3）废水集成

废水集成是物质集成的一种特殊形式，也是物质循环的一部分。废水集成包括减少用水量和废水产生量两个方面。与其他工业系统一样，实现园区的废水集成主要措施有以下五点：一是提高工业用水的循环利用率；二是改革生产工艺，减少工业用水量；三是逐级用水，实现一水多用；四是中水回用；五是强化处理，建立分散式与集中式处理系统相结合、工业与生活污水相配合的废水处理系统。对于企业不能回用或循环的污水实施集中处理，集中处理后回用于绿化等。如图 5-19 所示。

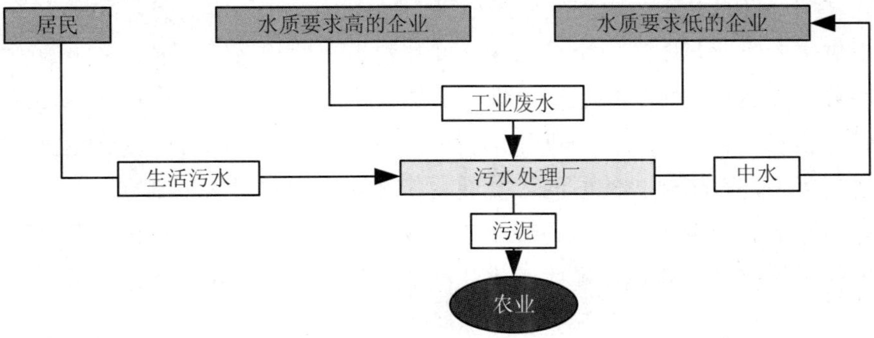

图 5-19　园区水集成网络图

（2）能量集成

能量集成就是在对整个系统的能量供求关系进行分析的基础上，通过进行能量的有效匹配，达到节约能源、合理利用能量的目标。系统的能量集成包括：减少能量消耗、能量综合利用以及开发可再生能源和清洁能源。

1）减少能量消耗

减少能源消耗的技术很多，潜力也很大。在企业内部，主要是推行节能和合理用能的技术，包括燃烧、传热的合理化，诸如设定合理的传热温差、采用新型换热器；减少散热、防止泄漏热损失等。余热回收利用是节约能源的一个重要方面。由于科学技术的发展和能源价格的上涨，过去认为在技术上无法回收或经济上不值得回收的部分能量（如余热）现在也重新予以回收利用，根据余热的种类、排出情况、介质温度、数量和利用的可能性，进行企业内部综合热效率及经济可行性分析，使企业在较少能源消耗和提高对能源的利用上都取得明显效果。

2）能量的综合利用

能量综合利用系统是近年来发展起来的新的用能概念，它从数量和质量两方面认识能量。能不仅有数量上的差别，而且有质量上的差别，即能质的高低。高品质的能不仅能够做功，还能用于各种高温工艺过程或有效转化为其他形式的能，使用的范围非常广泛，也很方便。而低质的能，如低温热水和冷水，虽然含能甚多，但常因找不到合适的用途而成为无用的废热。能量综合利用系统是按照能质而充分利用能源，使做功与供热两种用能形式相互配合，采用系统工程的观点实现能量的最大化利用。

能源的梯级利用就是能量综合利用系统的一种形式，包括按质用能和逐级多次利用两个方面。这种能量利用方式除在发电和供热企业应用广泛外，现已扩展到制冷、深冷、化工、冶金等各种工业过程。根据各用能企业能级需求的高低构成能量的梯级利用关系，实现对能源的充分利用，正是生态工业园的优势所在。

3）集中供热

园区的供热主要是为了供应工业用户和少量生活用户需要的蒸汽，所以适于采用集中供热的形式（图 5-20）。为适应园区循序渐进、分步开发的具体情况，采用了多热源分区域联网集中供热的方式，以适应负荷的变化并和建设速度相适应。这种多热源分区域联网供热方式能够提高运行的可靠性、安全性，更加灵活地进行调节，稳定性也较好。当达到一定规模时再建立热电并供的集中供热系统。在条件成熟时，可考虑发展热电冷联产，扩大供热用途及范围，在用热少的时间，发展溴化锂制冷，利用热源制冷。

另一方面则节省空调用电，达到节能节电双重效果，提高供热系统的经济效益。园区内的集中供热系统将采用企业化模式运作，创造条件促进其自我滚动发展。

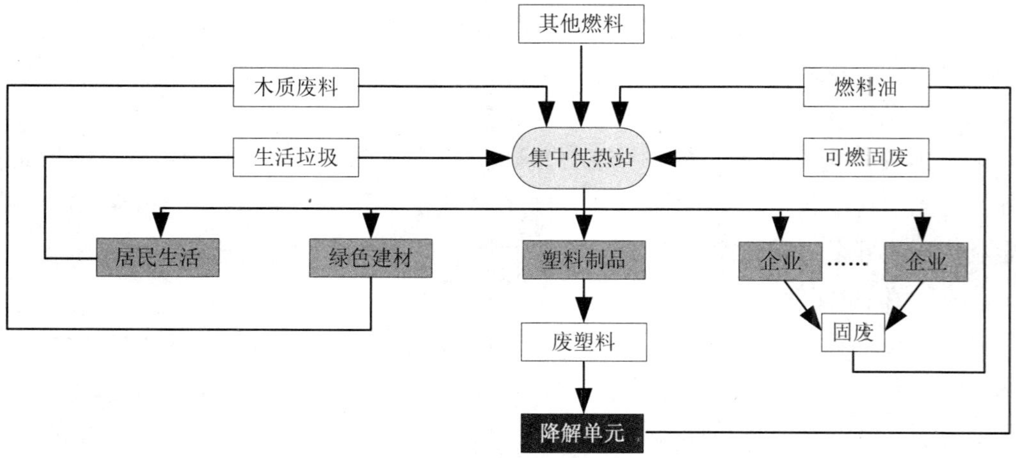

图 5-20　园区供热网络图

4）系统用能结构优化综合

系统用能又称为过程综合用能，就是全面考察整个系统的用能情况，并使之优化。在系统中，能量的利用是通过三个环节实现的，即能量的转换、传递和使用，所以，由能量的转换设备、传递设备和使用设备组成用能的基本系统。要提高系统的经济性，就必须做好设备之间相互配合，使之达到整个系统的有效用能。

夹点技术是以热力学为基础，结合系统工程，从宏观的角度分析过程系统中能流沿温度的分布，从而发现系统用能的瓶颈所在，并给出解决瓶颈的方案。这种方法最初应用于换热网络综合，因其具有直观、简捷等优点而得到广泛应用。在热夹点的基础上，又陆续提出过程夹点和全局夹点的概念，将之逐渐推广到整个过程的能量分析与优化。经过十几年的发展，夹点技术已经成为过程用能分析和设计得很实用的方法，在降低能耗、减少投资、保护环境等方面取得显著成效。

在生产过程中，一些流股需要加热，而另一些流股需要冷却，如何将这些流股匹配起来，充分利用热流股去加热冷流股，提高过程的热回收效率，以尽可能降低公用工程的加热和冷却负荷。这中间存在如何确定物流间匹配换热的结构及相应的换热负荷分配问题。换热网络综合就是要确定具有最小的设备投资和操作费用，并满足将每一个过程流股由初始温度达到指定的目标温度，同时还具有灵活性、操作性和可控性等特点。换热网络是过程工业能量系统中最重要的组成部分之一，其优化综合对于降低整个过程的能耗、减少投资和操作费用有着重要的意义。

为克服单元优化的缺陷，人们更关注全过程系统能量综合，提出了“过程用能一致性原则”，把反应、分离、换热、热机、热泵等过程的用能特性予以提取分类，作为换热网络中的冷流股或热流股，通过把单元所需的功、热以及单元中能流的变化转化为相当的冷、热流股，就可以把整个装置中能量的需求及供给情况，从用能本质的角度上一致起来，转化为相当于换热网络中冷、热流股的匹配，以提高整个系统的集成性，使能量在过程中的流动更加清晰，能合理分配各单元的有效能损失，降低系统的冷、热公用工程的消耗。进而将全过程系统的能量综合问题转化成有约束或无约束虚拟换热网络的综合问题。对大规模虚拟换热网络求解，能取得显著的节能效果。

（3）信息集成

信息集成就是利用先进的信息技术，对生态工业园内的各种信息进行系统整理，建立完善的信息数据库、计算机网络和电子商务系统，并进行有效的集成，为园区运行、管理和企业经营的决策以及发展完善提供信息支撑。园区内的信息流和物质流、能量流一样，是生态工业系统的三大要素之一。

1）信息的多样性

园区信息量大、种类多，速度要求快，必须利用先进的网络技术，建立灵敏的信息网络。园区的信息集成，包含的信息主要类型有：

供需信息：包括各企业的原料需求、副产物和废弃物清单、再生资源的品质和数量以及企业的输入输出情况。

市场信息：市场对产品的需求，运输途径和规格等；

生产信息：企业生产设备（装置）的技术资料、重要的物质、工艺参数及物料的传递情况，物质流动和能量的代谢过程；

管理信息：园区和企业两个层次上的物料、财务、销售和环境管理信息，以及根据园区和企业需求情况进行调整和调度等决策信息；

技术信息：园区企业在生产、技术改造和企业间物质、能量利用中所需要的技术和服务信息，传统产业升级改造所需要的技术指导等信息；

法律法规：即企业所必须遵守的有关法律法规，园区管理的规章制度等；

专家信息：专家或专家系统对园区建设、行业发展和工业生态系统的完善提供的咨询意见、建议等。

2）信息交流过程

园区信息交流过程，由信息的加工与传递、信息的反馈和自调节系统以及信息技术服务系统等子系统完成。

信息的加工与传递系统：包括数据采集、数据处理、数据标准化、分类统计、信息整理与技术分析和信息的发布等环节，是信息在各信息用户之间传递的基础。

信息的反馈和自调节系统：工业系统不具备自然生态系统的反馈和自组织机制，是一个刚性较强的系统。为保证生态工业系统的运行和稳定，避免给企业带来不必要的损失，建设好信息的反馈和调节系统是极其重要的，而且信息系统的基础设施要高标准，企业的信息化建设必须规范、真实和快速。

信息的技术服务系统：在黄兴生态工业园，信息的技术服务系统主要有环保科研服务企业、专家系统和教育培训系统。环保科研服务企业，将其以信息为载体的技术产品，作为一种特殊的信息进入园区信息系统中心，直接对成员企业的生产进行有关环保方面的技术指导；专家系统侧重于根据各种信息数据库，对园区的建设、成员的选择和工业生态系统运行状况以及结构演进及时做出分析，提供决策参考意见；教育培训系统则着重于人员素质的提高，使其掌握生态工业和循环经济的有关知识与技能。

3）信息系统构成

园区的信息系统建设包括：

信息库：EIP 的信息库包括数据库、方法库、模型库和信息库管理系统四个组成部分。数据库作为一个有机关联的数据集合，可灵活高效地处理、存储和维护大量的数据，是不可缺少的信息基础设施。具体又分为管理信息数据库、物流信息数据库、相关专家知识数据库等。方法库主要是一个信息处理分析软件系统，EIP 对象模型中的所有对象服务均转换为相应的系统程序整理后进入方法库；模型库将 EIP 面向对象分析的结果以库文件的形式固化下来。模型库与数据库、方法库之间相互联系，根据应用的需要，模型可以从数据库中检索模型运行的参数，从方法库中获取支持模型运行的子程序；信息库管理系统主要功能是完成对 EIP 数据库、应用程序和模型的建立、存储、查询、修改、删除等操作，实现数据、方法和模型的选择、拼接和组合。监控并协调数据库、方法库和模型库的互联和互相调用。

网络建设：计算机网络是信息系统建设的硬件基础。园区将建立内部局域网和外部互联网。内部局域网络采用邮电通信光纤数字通道为主链路，覆盖整个生态工业园和远程成员企业；外部互联网络由环保产业网、废弃物交换网、远程教育网等局域网构成，通过国际互联网提供浏览服务和电子商务活动，作为园区的对外窗口。除此外，还将建设再生资源信息网，与物资系统信息网络的建设相衔接，把再生资源信息网纳入生产资料信息网建设的总体规划中，为企业提供强有力的技术支持，在建设虚拟生态工业园等各方面发挥重要作用，促进整个园区高效协调运转。

信息平台：生态工业园信息交换平台的建设对于系统能否和谐稳定运行极为重要。在依法保守商业秘密的前提下，企业必须尽可能提供原料和废物的详细信息。信息平台建设包括信息的收集、处理、共享机制和利用方式。

5.5.3　园区环保基础设施的完善与生态景观建设

5.5.3.1　废气循环利用体系

氯乙烯尾气主要成分为氯乙烯（占 8%～12%）、乙炔（占 5%～8%）、氢气（占 40%～50%），其余为氮气等气体。建立变压吸附回收氯乙烯尾气装置，放空尾气中氯乙烯含量降为 30 mg/m^3 以下，乙炔含量降为 150 mg/m^3 以下，回收的氯乙烯、乙炔和氢气返回生产系统加以利用。

烧碱和聚氯乙烯生产中，一般烧碱与聚氯乙烯生产量之比为 4.5∶5.0，生产过程中副产一定量的液氯。根据地域特点及西气东输，采用天然气、水蒸气转化制氢技术，制取的氢气与由氯乙烯尾气回收的氢气一并加入氯化氢合成系统，确保氯气充分转化为氯化氢用于生产聚氯乙烯，避免了液氯产品潜在的环保和安全风险。

天然气制氢装置尾气中二氧化碳体积分数高达 40%（其余主要为氮气和水蒸气），利用塔式反应流程和公司自产 30%稀碱与经处理后的尾气中的二氧化碳反应，生产 20%浓度的碳酸钠溶液用于烧碱生产过程中的一次盐水处理工序，实现资源的综合利用和高效转化。尾气降温和净化技术满足纯碱产品的原料要求。合理控制反应配比和工艺，使碳酸钠中的碳酸氢钠含量小于 0.2%，满足一次盐水使用的要求。利用天然气尾气生产纯碱在国内已有应用。采用塔式反应器和循环反应工艺降低了装置的运行成本。

对于氯乙烯合成过程中的过量氯化氢，采用吸收—解吸组合技术，解吸出的氯化氢回用于合成系统。聚合工段的压缩冷凝和废水汽提工艺，避免了氯资源的流失。通过建立这种完善的氯资源综合利用网络，烧碱与聚氯乙烯生产量之比达到 4.5∶6.0，氯资源使用效率提高了 20%。综合循环利用图见图 5-21。

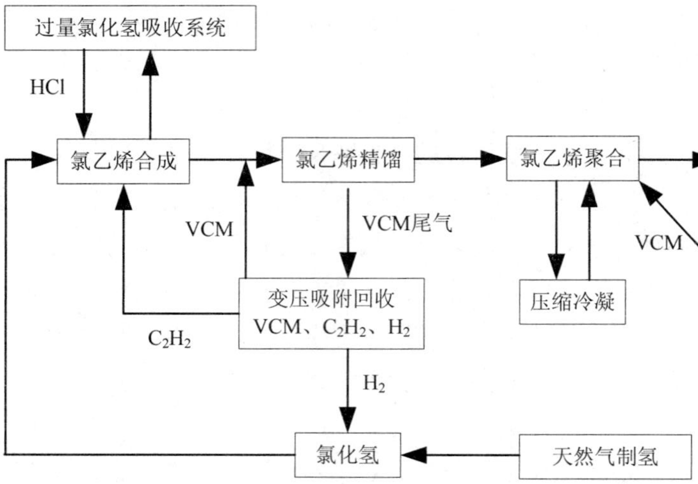

图 5-21 氯资源综合循环利用图

5.5.3.2 节水及中水回用规划方案

（1）清洁下水回用方案

根据国经贸资源[2000]1015 号印发《关于加强工业节水工作的意见》的通知，水的重复利用率要求 2010 年达 65%。因此，应鼓励园区内企业采用先进生产工艺、清洁下水回用，提高水的重复利用率。具体措施有：

1）各企业的清洁下水应采取重复使用或一水多用。如用于地面道路保洁、厕所冲洗、绿化、电厂煤堆场喷淋、储罐降温喷淋以及对水质要求不高的其他生产用水等；

2）循环冷却水的浓缩倍数可以将常用的 0.5～1 倍提高到 3～3.5 倍，可以减少 30%～50%的冷却补充水量，冷却水的循环使用率可由原来的 90%提高到 96%以上，减少新鲜用水量和污水排放量；

3）蒸汽冷凝水应全部回收，或用于本企业，或送回热电厂，回收利用率应达 100%。

通过上述措施，可使园区清洁下水的综合重复利用率达到 85%～90%。

（2）中水回用方案

园区绿化用地为 438.1 hm^2，全年除去降水日外约需浇水 263×10^4 m^3/a，另加上部分基建用水、车辆洗车用水（按 135×10^4 m^3/a），估算全区用水量约 398×10^4 m^3/a，占污水处理厂尾水总量的 15.6%左右。由此不仅每年可节约水量 398×10^4 m^3，而且可减少 COD 排放量约 398 t/a。

（3）其他节水措施

1）鼓励园区内企业采用先进生产工艺，禁止引进高水耗项目，减少工业废水排放量；

2）在给排水设计中应用节水技术。如减少卫生间坐便器的冲洗水量、沐浴器采用充气水嘴等，并在管网布设中考虑可回用水的处理和回收管道。

5.5.3.3　集中供热

（1）集中供热设施及管网集中情况

泰兴精细化工园目前实行集中供热，由欧格登沿江热电有限公司和新浦化学（泰兴）有限公司热电站两家供热，主要供应 0.8～1.0MPa 规格蒸汽。

欧格登热电公司现有 4 台 35 t/h 链条炉和 2 台 45 t/h 链条炉配 2 台 12 MW 抽冷凝式汽轮机组，供汽能力为 230 t/h，目前实际供汽量在 80～120 t/h，主要为泰兴精细化工园南片企业供热，其蒸汽管网已覆盖如泰运河以南除新浦公司南厂、金江化学公司以外的建成区。

新浦化学（泰兴）有限公司热电站现设有 2 台 220 t/h 循环流化床配 1 台 60 MW 双抽冷凝式汽轮机组，总供热能力达到 440 t/h，位于如泰运河以北，主要为本公司及北区企业供热，蒸汽管网将根据北区企业建设需要延伸。目前，新浦热电站实际供热量为 220 t/h，其中本公司用热 150 t/h，北区已建企业用热 40 t/h。

金江化学有限公司自备热电站配 30 t/h、35 t/h 抛煤炉各 1 台，主要用于解决本厂沼气出路问题，所产蒸汽供应本厂生产，其蒸汽未纳入园区供热规划。

欧格登热电公司与新浦公司热电站分别位于如泰运河以南和以北工业区，所在位置距离泰兴精细化工园规划的工业区最远边界约 4 km，均在供热半径范围内。规划供热管网采用枝状网布置可覆盖全区。

（2）集中供热率分析

据统计，目前入区企业因工艺需要而建的导热油炉、高压蒸汽锅炉、热风炉计 36 台（具体情况见表 5-28），这些锅炉、炉窑单台供热量在 50×10^4 ～280×10^4 kcal/h（1 kcal=4.186 8 kJ），主要燃料有煤、再生机制木炭、油、天然气和副产沼气等，尚未全部淘汰燃煤，燃料结构不尽合理。而园区现有蒸汽规格能满足工艺需要的项目均实现了集中供热，达到 100%。

根据分散小锅炉的供热量（指产汽锅炉）和集中供热量，目前园区集中供热率达到 91.6%。

（3）存在的主要问题

1）供汽规格比较单一，目前仅供应 1.0MPa 蒸汽，高压蒸汽供应能力不足，爱森絮凝剂公司、明发国际油脂有限公司等企业为满足工艺需求，均建设了高压蒸汽锅炉，虽然采用液化石油气、柴油等清洁燃料，但形成了分散布点的状态。

2）欧格登热电有限公司建厂较早，未配套铺设蒸汽凝水回收利用管网，部分蒸汽冷凝水未得到充分利用，增加了用水、排水量和制水能耗。

3）目前欧格登热电有限公司燃煤热电锅炉烟气污染物虽然达标，但脱硫效率低。

4）入区企业因工艺需要自建的炉窑中有 25%目前仍在燃煤，并且多采用湿法加碱除尘脱硫技术处理烟气，有待改进和淘汰。

表 5-28 泰兴精细化工园现有工业炉窑和锅炉配置、燃料结构及改造计划

企业名称	炉窑及规格	燃料种类	年用量	改进措施	备注
泰兴市锦鸡染料有限公司	10 台 JDK 型热风炉，其中 50×10^4～60×10^4kcal/h 3 台、120×10^4kcal/h 3 台、180×10^4kcal/h 2 台、280×10^4kcal/h 2 台	原使用煤	约 12 400 t/a	1#～4#炉处理能力较小，用再生机制木炭作燃料，年耗用量约 13 700 t	机制木炭截成 4 cm×6 cm 以满足原燃煤炉型进料要求
泰兴市锦云染料有限公司	2 台导热油炉（YCW1900MA、YCW700MA）	原使用煤	约 2 500 t/a	改用再生机制木炭，约 2 850 t/a	一用一备
江苏磐希化工有限公司	100×10^4～120×10^4kcal/h 导热油炉 2 台	燃油	约 1 500 t/a	—	满足工艺加热需求，符合现供热规划
泰兴市远东化工有限公司	60 万大卡导热油炉 1 台	燃煤	约 400 t/a	改进了烟气除尘脱硫装置，改用燃油导热油炉	满足工艺加热需求
泰兴市先先化工有限公司	60 万大卡导热油炉 1 台	燃油	约 360 t/a	—	满足工艺加热需求，符合现供热规划
泰兴市锦泰化工厂	60 万大卡导热油炉 1 台	燃煤	约 450 t/a	改用燃油导热油炉	满足工艺加热需求
泰州百力化学有限公司	120 万大卡热风炉 1 台	燃煤	约 850 t/a	改用再生机制木炭，约 950 t	满足工艺加热需求
泰兴市富安化工有限公司	60 万大卡导热油炉 1 台	燃煤	约 400 t/a	改用燃油导热油炉	
泰兴市沃特尔化工有限公司	60 万大卡导热油炉 1 台	燃煤	约 475 t/a	改用燃油或燃天然气导热油炉	满足工艺加热需求
江苏瑞星化工有限公司	碳化炉 1 台	油助燃	约 90 t/a	—	—
	导热油炉 1 台	燃煤	约 500 t/a	改用燃油或燃天然气导热油炉	满足工艺加热需求
万得化工（泰兴）有限公司	2 台 120×10^4kcal/h 热风炉	燃煤	3 200 t/a	烟气采用文丘里+碱水膜除尘脱硫装置处理，改用燃油或燃气热风炉	
泰兴市旭鹏化工有限公司	2 台 120×10^4kcal/h 热风炉	原燃煤	2 400 t/a	以稻壳、木屑作燃料，改用燃油或燃气热风炉	
泰兴市五联化工有限公司	1 台 80×10^4kcal/h 热风炉	原燃煤	900 t/a	现改用再生机制木炭作燃料，约 1 000 t/a	

企业名称	炉窑及规格	燃料种类	年用量	改进措施	备注
泰州延康精细化工有限公司	1 台 60×10^4kcal/h 热风炉	轻质柴油	300 t/a	—	
泰兴市新欣化工有限公司	1 台 60×10^4kcal/h 导热油炉	燃煤	450 t/a	改用燃油或燃气导热油炉	
泰兴市福昌固废处理有限公司	1 台固废焚烧炉	柴油助燃	60 t/a	尾气处理措施比较完备	实际使用量低于 60 t/a
江苏瑞和化肥有限公司	1 台 60×10^4kcal/h 热风炉	燃煤	540 t/a	改用燃油或燃气热风炉	该公司现有一台余热锅炉利用硫酸装置废热
明发国际油脂（泰兴）有限公司	1 台 100×10^4kcal/h/h 高压蒸汽锅炉	燃油	800 t/a	以轻质柴油作燃料	为工艺提供高温过热蒸汽
爱森（中国）絮凝剂有限公司	1 台 4 t/h 高压蒸汽锅炉	天然气	共约 1 000×10^4m^3	已使用清洁燃料	提供高压、洁净蒸汽，满足工艺需求，使用清洁燃料，符合泰兴精细化工园供热规划
	1 台空气加热炉	天然气			提供热风，满足工艺需求
泰兴金江化学工业有限公司	15 t/h、35 t/h 自备供热锅炉各 1 台	沼气	1 700×10^4m^3/a	充分利用副产沼气为本公司供热	辅助燃煤，获得环保行政部门许可

（4）改造计划

1）鼓励有“余热利用”的项目进区，限制高能耗的项目进区。目前已批在建项目中泰兴锦汇化工有限公司 25 万 t/a 接触法硫酸项目、泰兴协联众达化学有限公司 10 万 t/a 苯酐项目均有余热可以利用，本公司使用过量的蒸汽将通过协作方式售给欧格登热电有限公司，实现统一、集中供热。

2）按中国精细化工（泰兴）开发园区环境规划及江苏省苏政发[2007]63 号文件要求，进一步优化燃料结构，加快淘汰燃煤、燃重油锅炉、炉窑，燃料的含硫率必须控制在 0.3%以下。

目前，泰兴精细化工园部分企业改用再生机制木炭作为炉窑燃料，机制木炭主要是利用农村中废弃的木块、木屑、稻壳、玉米芯、花生壳，以及各种农作物秸秆，经过筛选、干燥、成型、干馏或炭化、冷却等过程制得。机制木炭具有燃烧均匀、耐燃烧、无烟、无毒、无味、残渣少、强度高、导热性好、灰分少、含硫低（技术质监部门资料，含硫 0.2%～0.4%，平均不超过 0.3%）等优点，在国际、国内市场上被认为是一种可再生、环保型能源燃料。2007 年 11 月泰州市经贸委出具意见“再生机制木炭系生物质能源，具有热值高、含硫率低、灰渣少等特点，推广应用符合国家可再生能源的有关规定”。因此，环评认为在继续落实脱硫减排措施的基础上，机制木炭在现阶段替代燃煤具有现实意义。但若企业有条件或炉型不适合使用机制木炭，企业应尽可能使用轻柴油或液化气、天然气等清洁燃料。

3）对欧格登热电有限公司现有燃煤热电锅炉除尘脱硫设施进行优化改造，按照江苏省脱硫减排计划和具体要求，进一步减少二氧化硫、烟尘排放量。

4）目前由欧格登公司补建凝水收集管网施工难度及投入较大，泰兴精细化工园及环保部门鼓励各用汽企业自行收集利用蒸汽凝水，降低水耗。

5.5.3.4　固废集中存储与处理处置

（1）固废集中储存与处置现状

泰兴精细化工园现有企业工业固废产生及处理处置情况见表 5-29。目前区内各企业产生的固废主要在厂内临时储存，达到一定量后定期外送协作单位利用或委托有资质的专业机构处理处置。

表 5-29　主要工业企业固废产生及处置情况

企业名称	固废（液）类别	产生量	处置方式	备注
新浦化学（泰兴）有限公司	硝基苯、苯胺、氯苯精（蒸）馏残渣	5 730 t/a	分别由协作企业收购，回收处理	有转移联单，接收单位经环保审批，有资质
	VCM 精馏残渣高沸分、低沸分	3 000+1 400=4 400 t/a	本公司焚烧炉处理	经过环评和环保审批
	煤灰渣	9.6×10^4t	制砖	综合利用
	盐泥	15 520 t	制砖或铺路	综合利用
泰兴金江化学工业有限公司	干污泥	9 000 t	干污泥、酒糟干制饲料或送给农民作农肥；煤灰渣制砖	基本上全部利用。有极少量堆存
	酒糟干物质	2×10^4t		
	煤灰渣	3 518.7 t		
欧格登沿江热电有限公司	煤灰渣	5.4×10^4t	售给砖瓦厂制砖	全部综合利用
爱森（中国）絮凝剂有限公司	废催化剂、废油、废絮凝剂等（危废）	395.15 t	委托有危废处理资质的泰兴福昌固废处理有限公司焚烧处置	相关手续齐备，符合技术要求
泰兴市远东化工有限公司	精馏残渣、污泥	1 816 t	远东公司浓度约 70%的废硫酸外售给协作单位再利用，其他委托福昌公司焚烧处理	相关手续齐备，符合技术要求
泰兴市玺鑫化工有限公司	污泥、废活性炭等（危废）	180 t		
江苏瑞和化肥有限公司	硫铁矿渣	10×10^4t/a	硫铁矿渣、磷石膏外售给水泥厂作添加剂、缓凝剂；煤渣灰渣售给砖厂利用	全部综合利用
	磷石膏	22×10^4t/a		
	煤渣灰渣	1 850 t/a		

企业名称	固废（液）类别	产生量	处置方式	备注
阿克苏氯乙酸（泰兴）公司	污泥	180 t/a	委托福昌公司处理	符合固废污染防治技术要求
双键化工（泰兴）有限公司	污泥	120 t/a	委托福昌公司处理	
	煤渣	240 t/a	售给砖厂制砖	综合利用
泰兴市旭鹏化工有限公司	污泥	50 t/a	福昌公司处理	符合固废污染防治技术要求
	炉渣	800 t/a	售给砖厂制砖	
扬农药化集团泰兴有限公司	铁泥、污水预处理产生的铁碳渣（危险废物）	10 973 t	售给炼铁企业综合利用	有固废转移联单，堆放有接收处理资质，符合固废污染防治技术要求
泰兴扬子医药化工有限公司	铁泥、污水预处理产生的铁碳渣（危险废物）	9 140.4 t		
泰兴市锦富化学有限公司	含铬污泥	24 t	由各公司自行按规范要求收集、暂存，定期送有危废处理资质的福昌固废处理有限公司处置含铬污泥由福昌公司代为处置（与焚烧残渣一起委托）	符合固废污染防治技术要求
	精馏残渣（危废）	30 t		
泰兴康鹏专用化学品有公司	精（蒸）馏残渣（危废）	150 t		
泰兴市沃特尔化工厂	精（蒸）馏残渣（危废）	850 t		
泰兴市延康精细化工厂	精（蒸）馏残渣（危废）	15 t		
泰兴市江神化工有限公司	精馏残液（危废）	200 t		
泰兴市宏阳化工有限公司	精馏残渣（危废）	127.6 t		
泰兴市锦鸡化工有限公司	污泥、工艺滤渣（危废）	242 t		
	煤灰渣	1 800 t		
双键化工（泰兴）有限公司	精馏釜残、工艺滤渣	48 t		
泰州市百力化工有艰公司	精馏釜残、工艺滤渣	52 t		
江苏瑞星化工有限公司	高浓度工艺废液，精馏残渣	1 200 t 480 t	自备碳化炉焚烧处理	经过论证审批，符合技术要求
江苏凯力克金属有限公司	酸浸过滤废渣	10 183 t	堆场防渗漏处理，委托协作单位按照国家危险废物填埋控制标准安全填埋处理	符合固废污染防治技术要求
	中和除铁废渣	2 500 t		
	钙镁渣	2 700 t		
泰兴市凯日化工有限公司	精馏残余物、工艺滤渣	68 t	委托有资质的福昌公司处置	符合固废污染防治技术要求
开发区污滨江水处理厂	污泥、废活性炭	16 t/d（含水 70%～75%）		
泰兴市福昌固废处理有限公司	焚烧残渣（不可利用危废）	55 t/a	定期外送张家港市格锐工业固废处置有限公司水泥固化填埋处理	符合固废污染防治技术要求

泰兴市福昌固废处理有限公司位于泰兴精细化工园内，具有危险废物焚烧处理资质，可接纳处置的危废种类包括 HW01 至 HW04、HW06、HW08、HW09、HW11、HW12、HW17、HW32 至 HW42 等 16 种，主要采用两段焚烧工艺处理危废，其工艺原理是通过高温氧化使固废中的有毒有害物质分解转换成经净化后的无害气体、灰烬以及热能释放，从而使有害固废的处理实现无害化、减量化、资源化。其服务范围主要为泰兴经济开发区及周边地区。

该公司申报处理能力为 2×10^4 t/a，目前受区域固废总量限制，仅投入、运行了一期工程（7 000 t/a 固废焚烧处理装置）。

危险废物焚烧处理的流程主要由固废收集、贮存和前处理系统、固废焚烧及热能回收系统、尾气处理系统、计算机自动控制系统和预警、应急处理设施几部分组成。由于目前泰兴精细化工园各企业固废存在种类多、单量少的特点，福昌公司在收集固废后登记备案，按组分性质分类贮于贮仓中，待组分达到一定量再进行焚烧。

该公司固废贮仓位于厂区西侧，其地质条件符合“危险废物集中贮存设施选址”原则，贮仓设计严格遵循规范，地面与裙脚采用坚固、防渗的材料，所选用的建筑材料与危险废物相容；装载液体、半固态危险废物容器的地方，设有耐腐蚀的硬化地面，表面无裂隙，并采取基础防渗措施；贮仓设有泄漏液体收集装置和气体导出口，贮仓一般情况处于关闭、保持微负压状态，仓内废气收集后采用水洗、活性炭吸附处理，实现达标排放；对危险废物利用建筑物遮挡以防风、防雨、防晒。

所有接收的固废均登记注册，记录上注明废物产生者、废物名称、来源（指工艺来源）、数量、主要组成、特性和包装容器的类别、入库日期、存放库位、废物出库日期、处理日期等，厂方以公司自制的明显标记加以识别，并将性质不相容的废物分开存放，之间设有隔离间断设施。

焚烧处理的两段温度分别为一燃 600～1 000℃，二燃 900～1 200℃，焚烧装置配套烟气急冷+水膜除尘+碱液洗涤净化和布袋除尘装置，处理后烟气于 50 m 高度排放。根据验收监测资料，试运行期间该公司焚烧烟气处理装置尾气排放口主要污染物烟尘、二氧化硫、氮氧化物、HCl、HF、二噁英类排放浓度及烟气黑度符合《危险废物焚烧污染控制标准》（GB 18484—2001）表 1、表 4 标准要求；无组织排放监控点各主要废气污染物颗粒物、苯系物、苯胺浓度符合《大气污染物综合排放标准》（GB 16297—1996）表 2 标准要求。

因此，目前泰兴精细化工园固废集中存储、处置情况良好。

（2）存在的主要问题及改进措施和建议

根据调查及统计情况分析，目前泰兴精细化工园各企业的危废集中处置率相对于总产生量而言略低，主要因为部分有利用价值的固废（液）已由企业自行通过社会化协作实现综合利用，这部分废物目前缺少有效的跟踪管理措施。环保职能部门应按照固废转移联单要求加强监督管理，建立健全台账，避免转嫁或产生二次污染。

泰兴市福昌固废处理有限公司还应加强运行管理，确保焚烧设施安全正常运行，排放烟气长期稳定达标，同时加强园区静脉产业的发展，加强固体废弃物的综合利用。

5.5.3.5 风险管理

（1）区域重点风险源及危险物质、设施

根据泰兴精细化工园现有企业布局和实际生产所使用、产出的物料、中间产物以及主要的工艺设施和单元，对照《建设项目环境风险评价技术导则》要求，排查出区域的重点风险源和重点风险物质见表 5-30。

表 5-30　区域重点风险源及危险物质、设施排查及风险防范、应急措施评价

序号	企业名称	风险物质		风险设施	危险特性	风险防范措施及应急措施	措施评价
		易燃物质	有毒物质	生产装置及公用、辅助、贮运、环保设施			
1	新浦化学（泰兴）有限公司	氯、氯化氢、氢气、烧碱、苯、苯胺、硝基苯、硝基氯苯、氯化苯、乙烯、二氯乙烷、氯甲烷、氯乙烯、LNG		电解、氯氢处理、氯化氢合成、氯气液化装置以及氯气、盐酸、氢气输送管道、储存设施；混酸硝化装置、加氢还原装置、氯化装置、精馏装置、冷凝系统、及配套的储罐储槽、输料管线；氯化、氧氯化装置，裂解精制单元以及配套的储罐储槽、输料管线；液体化学品码头、危化品码头等；事故氯处理装置、污水处理设施、固废暂存设施及拟建的焚烧炉等	火灾、爆炸、泄漏、腐蚀	采用 DCS 连锁控制，风险防范措施具体、齐备、可操作并已落实到位，应急措施可行，可有效减缓事故影响	可靠
2	阿克苏诺贝尔氯乙酸（泰兴）有限公司	氯气、乙酸、盐酸、氢气、MCA		氯化装置、加氢还原装置、精馏单元、降膜吸收装置及配套的储罐储槽、输料管线，废气集中处理设施、污水处理设施	火灾、爆炸、泄漏、腐蚀	采用 DCS 连锁控制，风险防范措施具体、落实；应急措施可行	可靠
3	阿克苏诺贝尔硫胶化学（泰兴）有限公司	硫磺、烧碱、硫氢化钠、乙酸、三氯丙烷、保险粉、双氧水		硫磺熔融、反应装置及配套的储罐储槽、输料管线等，废气集中处理设施、污水处理设施	火灾、泄漏、腐蚀		可靠
4	江苏瑞和化肥有限公司	硫酸、液氨、磷酸、盐酸等		焙烧炉、转吸装置、降膜吸收装置及配套的余热锅炉、储罐储槽、输料管线，废气、废水处理设施	火灾、爆炸、泄漏、腐蚀	风险防范措施落实应急措施可行	可靠
5	双键化工（泰兴）有限公司	三氯化磷、异丁烯、甲苯、盐酸、硝基苯胺、亚硝酸钠、液碱、苯甲酰氯、甲基叔丁基苯酚		反应装置、干燥设备、精（蒸）馏装置以及配套的储罐储槽、输料管线，废气、废水处理设施	火灾、爆炸、泄漏、腐蚀	采用 DCS 连锁控制，风险防范措施具体、落实；应急措施可行	可靠
6	泰兴市兴安精细化工有限公司	黄磷、氯气、三氯化磷、三氯氧磷		氯化装置、氧化装置、液氯汽化器、熔磷槽、精馏装置及配套储罐储槽、输料压料管道设备，废气、废水处理设施	火灾、爆炸、泄漏、腐蚀	采用 DCS 连锁控制，风险防范措施具体、落实；应急措施可行	可靠

序号	企业名称	风险物质		风险设施	危险特性	风险防范措施及应急措施	措施评价
		易燃物质	有毒物质	生产装置及公用、辅助、贮运、环保设施			
7	明发国际油脂（泰兴）有限公司	动植物油脂、氢气		精炼装置、氢化装置、储油罐、输油设备等	火灾、泄漏、腐蚀	风险防范措施落实应急措施可行	可靠
8	江苏凯力克金属有限公司	硫酸、双氧水、液氨		酸浸、反应设备；储罐储槽，物料输送管线，废气、废水处理设施	火灾、泄漏、腐蚀	风险防范措施落实应急措施可行	可靠
9	爱森（中国）絮凝剂有限公司	丙烯腈、丙烯酸、丙烯酰胺、液碱		单体转化、聚合、配料设备，储罐储槽、输料管线、废气收集洗涤装置、除尘设施、污水预处理设施	火灾、爆炸、泄漏、腐蚀	采用DCS连锁控制，风险防范措施具体、落实；预案齐备、应急措施可行	可靠
10	泰兴金江化学工业有限公司	酒精、沼气		发酵装置、储罐、污水处理装置	火灾、爆炸、泄漏	风险防范措施具体、落实；预案齐备、应急措施可行	可靠
11	泰兴隆盛化工有限公司	氯气、烧碱		反应设备、氯气输送装置	爆炸、泄漏	风险防范措施具体、落实；预案齐备、应急措施可行	可靠
12	江苏瑞星化工有限公司	苯、发烟硫酸、盐酸、乙酸正丁酯		反应、萃取、精馏装置及储罐储槽、输料管线、碱熔炉、碳化炉、废气废水处理设施	火灾、爆炸、泄漏、腐蚀	风险防范措施具体、落实；预案齐备、应急措施可行	可靠
13	泰兴市凯日化工有限公司	乙腈、正己烷、甲醇、液氨、乙腈、异戊二烯、三氯化磷		反应、精馏装置及储罐储槽、输料管线、废气废水处理设施	火灾、爆炸、泄漏、腐蚀	风险防范措施具体、落实；预案齐备、应急措施可行	可靠
14	泰兴市申龙化工有限公司	黄磷、氯气、三氯化磷、盐酸、磷酸		反应设备、分离设备及储罐储槽、输料管线	火灾、爆炸、泄漏、腐蚀	风险防范措施具体、落实；预案齐备、应急措施可行	可靠
15	泰兴市兴宇化工有限公司	氯气		反应设备、液氯钢瓶库房	爆炸、泄漏	风险防范措施具体、落实；预案齐备、应急措施可行	可靠
16	泰兴市宏阳化工有限公司	苯甲醛、叔丁醇、氯化亚砜、乙酸		反应设备、精馏装置及储罐储槽、输料管线；污水处理设施	火灾、爆炸、泄漏、腐蚀	风险防范措施具体、落实；预案齐备、应急措施可行	可靠

序号	企业名称	风险物质		风险设施	危险特性	风险防范措施及应急措施	措施评价
		易燃物质	有毒物质	生产装置及公用、辅助、贮运、环保设施			
17	泰兴市锦富化工有限公司	盐酸、DMF、甲酸、硫酸、液碱、邻氨基苯甲酸、重铬酸钠		反应设备、分离精制设备、储罐储槽、输料管线；污水处理设施	火灾、爆炸、泄漏、腐蚀	风险防范措施具体、落实；预案齐备、应急措施可行	可靠
18	泰兴市广域化学有限公司	四氢呋喃、乙醇、甲苯、3,4-二氟溴苯		反应设备、蒸馏装置及储罐储槽、输料管线	火灾、爆炸、泄漏	风险防范措施具体、落实；预案齐备、应急措施可行	可靠
19	泰兴市先先化工有限公司	间甲酚、盐酸、甲醇、甲苯、二苯硫醚、氯化苯、98%硫酸、三氯甲烷、二苯胺		反应设备、闪蒸及蒸馏装置及储罐储槽、输料管线；污水处理装置	火灾、泄漏、腐蚀	风险防范措施具体、落实；预案齐备、应急措施可行	可靠
20	泰兴市康鹏专用化学品有限公司	二氟溴苯、二氟苯腈、二氟硝基苯、溴素、二氯乙烷、3,4-二氟硝基苯		反应设备、精（蒸）馏装置及储罐储槽、输料管线；污水处理装置	火灾、爆炸、泄漏、腐蚀	风险防范措施具体、落实；预案齐备、应急措施可行	可靠
21	泰兴市玺鑫化工有限公司	对硝基苯胺、2,4-二硝基氯化苯、苯胺、氨水、盐酸、液碱、硫化氢		反应设备及储罐储槽、输料管线；污水处理装置	火灾、腐蚀、中毒	风险防范措施具体、落实；预案齐备、应急措施可行	可靠
22	泰兴市金缘化工有限公司	黄磷、磷化氢、氢气		反应设备、磷化氢气体输送管线和燃烧水合装置及储罐储槽等	火灾、爆炸、泄漏、腐蚀	风险防范措施具体、落实；预案齐备、应急措施可行	可靠
23	江苏磐希化工有限公司（原为泰兴市沃特尔化工厂）	间（邻、对）二甲苯、甲醇、氯化亚砜、甲基苯甲酰氯、乙醇、硫酸、二乙胺		氧化装置、酰氯化装置、精馏装置及储罐储槽、输料管线；污水处理装置	火灾、爆炸、泄漏、腐蚀	风险防范措施具体、落实；预案齐备、应急措施可行	可靠
24	泰兴市远东化工有限公司	邻二甲苯、4-硝基邻二甲苯		反应装置、储罐储槽、输料管线；污水处理装置	火灾、爆炸	风险防范措施具体、落实；预案齐备、应急措施可行	可靠
25	江苏扬农化工集团泰兴药化有限公司	对氨基苯酚、对硝基苯酚、对硝基氯化苯		反应装置、储罐储槽、输料管线；污水处理装置，危废储存处置	火灾、泄漏	风险防范措施具体、落实；预案齐备、应急措施可行	可靠
26	泰兴市扬子医药化工有限公司	对氨基苯酚、对硝基苯酚、对硝基氯化苯		反应装置、储罐储槽、输料管线；污水处理装置；危废储存处置	火灾、泄漏	风险防范措施具体、落实；预案齐备、应急措施可行	可靠

序号	企业名称	风险物质		风险设施	危险特性	风险防范措施及应急措施	措施评价
		易燃物质	有毒物质	生产装置及公用、辅助、贮运、环保设施			
27	泰兴江神化工有限公司	邻（对间）硝基甲苯、溴素、苯甲醛、一甲胺、叔丁醇、偏二氯乙烯、间甲酚、醋酐、2,4-二甲基硝甲苯、氯气		反应装置、精馏装置、降膜吸收装置及储罐储槽、输料管线；废气、污水处理装置，危废	火灾、爆炸、泄漏、腐蚀	风险防范措施具体、落实；预案齐备、应急措施可行	可靠
28	泰兴福昌固废处理有限公司	各类危险废物		焚烧装置、烟气处理装置	火灾、泄漏	风险防范措施具体、落实；预案齐备、应急措施可行	可靠
29	江苏三木物流有限公司	丙烯、氯气、3-氯丙烯		反应装置、精馏装置及储罐储槽、输料管线；尾气处理系统、污水处理装置	火灾、爆炸、泄漏、	风险防范措施具体、落实；预案齐备、应急措施可行	可靠
30	江苏三蝶化工有限公司	3-氯丙烯、氯气、环氧氯丙烷		反应装置、精馏装置及储罐储槽、输料管线；尾气处理系统、污水处理装置	火灾、爆炸、泄漏	风险防范措施具体、落实；预案齐备、应急措施可行	可靠
31	泰兴市富安化工有限公司	硫磺、苯、二苯胺、环己烷及反应产生的硫化氢		反应装置、危险品仓库、尾气处理系统	火灾、爆炸、泄漏	风险防范措施具体、落实；预案齐备、应急措施可行	可靠
32	泰兴市百色化工有限公司	2,4-二氨基甲苯、2,4-二硝基氯苯、对氨基苯酚、硫化钠、硫磺		反应装置、危险品仓库、尾气处理系统，污水处理系统	灾、爆炸、泄漏	风险防范措施具体、落实；预案齐备、应急措施可行	可靠
33	泰州百力化工有限公司	二苯醚、溴、二苯乙烷、对（间）二甲苯、氯气、氨、二氯乙烷、*N,N*-二甲基甲酰胺、三氯氧磷、甲苯、甲醇、钠		反应装置、精（蒸）馏装置、喷干设备及储罐储槽、输料管线；尾气处理系统、污水处理装置	火灾、腐蚀、中毒	风险防范措施具体、落实；各企业均制定有“突发性环境污染事件应急处理预案”，应急措施实施可有效减缓事故影响	可靠
34	泰兴市红星化工有限公司	氯气		氯气钢瓶及输送管线、反应装置	泄漏、腐蚀		可靠
35	泰兴市新欣化工有限公司	苯、氯气、三氯氧磷、甲苯、甲醇		反应装置	火灾、爆炸、泄漏、腐蚀		可靠
36	泰兴市科教精细化工厂	邻（对）硝基氯化苯、邻（对）氯苯胺		反应装置、物料储槽、污水处理装置	火灾、泄漏		可靠
37	泰兴市科达气体有限公司	氢气		制氢装置及钢瓶	火灾、爆炸		可靠

序号	企业名称	风险物质		风险设施	危险特性	风险防范措施及应急措施	措施评价
		易燃物质	有毒物质	生产装置及公用、辅助、贮运、环保设施			
38	泰兴市新兴塑料化工厂	混合二氯苯		反应装置及储存设备	火灾、泄漏		可靠
39	泰兴招商局石化有限公司	液化石油气		储存、充装设备	火灾、爆炸		可靠
40	南京开广化工有限公司泰兴分公司	甲醛、乙酸、三氯化磷		反应装置及储运设备、输料管线	火灾、爆炸、泄漏、腐蚀		可靠
41	泰兴太平洋液化气有限公司	液化石油气		储存、充装设备	火灾、爆炸	风险防范措施具体、落实；各企业均制定有“突发性环境污染事件应急处理预案”，应急措施实施可有效减缓事故影响	可靠
42	泰兴市沪泰化工有限公司	苯醌、蒽醌、三氯乙烷、二甲基甲酰胺		反应装置及储运设备、输料管线，污水处理装置	火灾、爆炸、泄漏		可靠
43	泰兴市梅兰化工有限公司	偏氯乙烯、氢氟酸、氢氟酸		反应装置、精（蒸）馏装置、储罐储槽及输料管线	火灾、爆炸、泄漏		可靠
44	泰兴精华园生化有限公司	液氯、甲苯		反应装置、精（蒸）馏装置，	火灾、爆炸、泄漏		可靠
45	泰兴恒盛五金化工有限公司	氯化氢		精制提纯装置、冷凝、吸收系统	泄漏、腐蚀		
46	泰兴市延康医药化工厂	乙酸乙酯、甲苯、氯化氢、甲醇、乙腈		反应装置、精（蒸）馏装置、储罐储槽及输料管线	火灾、爆炸、泄漏、腐蚀		可靠
47	江苏中丹技术有限公司	氯化亚砜、三氟乙酸乙酯、乙酸乙酯、乙醇钠、邻二氯苯、环戊基溴、丙酮		反应装置、精（蒸）馏装置、储罐储槽及输料管线；废气及污水处理装置	火灾、爆炸、泄漏、腐蚀		可靠

（2）区域重点风险源环境风险防范措施与应急措施的可靠性评价

1）工业企业重点风险源及防范、应急措施落实情况

经排查，泰兴精细化工园现入区企业重点风险源有 47 家，这些企业在项目申报阶段均经过环境影响评价和环保审批、安全预评价及安监主管部门审批，在正式投入运行前，通过环保、安全“三同时”验收，在建设和实际运行中针对各自项目特点基本落实了各项安全防范措施。

泰兴精细化工园各企业根据国家环保总局《关于加强环境影响评价管理防范环境风险的通知》（环发[2005]152 号）、《关于检查化工、石化等新改扩建项目环境风险评价的通知》（环办[2006]4 号）和江苏省环保厅《关于转发国家环保总局〈关于加强环境影响评价管理防范环境风险的通知〉的通知》（苏环管[2005]338 号）等文件精神，分别进行了环境风险自我排查，列出了本公司的主要危险单元、风险物质，明确了敏感保护目标位置、相对距离和对应的事故防范措施，以及一旦发生大、小泄漏事故或火灾爆炸事故时应采取的应急

处理方式和减缓事故影响程度、范围的措施，制订了详细的应急预案，经评估这些预案总体上可行，具有较强的可操作性，实施后可有效防范环境风险、减缓事故影响。

各企业主要从以下几个方面落实环境风险防范措施：

①选址、总图布置和建筑安全防范措施。各项目位于规划工业区内，选址远离居民点，符合安全和卫生防护距离要求；厂内生产厂房、库房、罐区等均按 GBJ 16 规定的建筑物危险等级、建筑结构和安全距离进行设计和布局；建筑物防火等级严格按《建筑设计防火规范（2001 版）》实施；根据《建筑物防雷设计规范》（GB 50057—1994）要求采取防雷安全措施等。

②危险化学品贮运安全防范措施；按物料火灾、危险特性分类设置储存仓库，库房保持良好通风条件，电气设施符合防爆要求；委托有危化品运输资质的单位承担进出运输任务，安全装卸；采用浮顶罐、氮封等措施减少储存过程废气排放；对储罐采取喷淋降温、外涂隔热层或反射层等保护措施；危险化学品进出料设专人管理、登记，防止流失。

③生产及工艺技术设计安全防范措施；采用先进成熟的生产工艺，优选设备，工艺管道和设备从选材、设计、安装、制造严格按照安全规定要求进行，设备、管道动静密封点采取有效的密封措施，防止物料跑冒滴漏。

对反应釜、冷凝器、输送管线等危险性较大的设施进行探伤、定期保养维护，并根据需要配备安全阀、可燃气态检测报警器、安全泄放器等。

④电气、电讯安全防范措施。电气采取防雷接地、漏电保护接地、防静电接地等安全措施，车间电气线路采用过负荷及短路保护，设置应急照明及诱导照明疏散指示灯；选用防爆等级的隔爆型仪表，仪表接地采用联合接地方式，接地电阻小于 4Ω；仪表及控制系统电源由电力专业提供 220VAC 交流不间断电源，保证用电安全；在各办公室、车间、工段均设通讯联络系统，以便联络，保证信息得到及时输送、沟通，保持通讯联络网络畅通。

⑤消防及火灾报警系统等。生产区、罐区均按消防安全规定明确禁火级别，凡禁火区均设明显标志牌，并加强监管；按照《建筑灭火器配制设计规范》（GBJ 140—90）和《火灾自动报警系统设计规范》（GBJ 166—88）设置消防系统，配备必要的消防应急器材；建立严格的安全生产制度，动火检修必须经申请和临时用电必须经审批，杜绝违规操作。火灾报警装置、各类监测器、防爆膜、安全阀、视镜等定期检验，防止失效；并做好各类监测目标、泄漏点、检测点的记录和分析，对不安全因素进行及时处理和整改；报警系统通过区域网络联动泰兴精细化工园消防支队、泰兴市消防大队、110 以及周边骨干企业消防队伍，以应对紧急情况。

应急预案内容则包括：①应急计划区。列出本项目危险源清单、性质及危害性，明确保护目标；②应急组织：包括公司指挥部、所在地区的专业救援队伍等。写明通讯通知联系方式、救援电话等，使组织应急系统畅通；③配备现场应急设施及材料。落实到位，并通过日常培训、考核、演练等方式，使每个人掌握使用方法；④应急防护、减缓措施；⑤清除泄漏方法和器材。在储罐区设围堰，在车间及设施周边设排水沟，将泄漏废液导入事故应急池；或利用制动阀等紧急关闭或切断事故源；⑥应急预案还包括撤离组织计划、医疗救护与公众健康、应急状态终止和恢复措施、人员培训和演练、公众教育和信息、记录和报告制度等。

目前泰兴精细化工园各企业均针对具体实际制定了应急预案。

以新浦化学（泰兴）有限公司为例，其离子膜烧碱装置运行过程采取风险防范措施主要有：

a. 对氢气、氯气、液氯、氯化氢等装置的管道、阀门、法兰等接口处定期或不定期地巡回检查，以及时发现事故泄漏苗头，立即组织维修、抢修，防患于未然；电解系统氯气总管设置压力密封槽（正压安全水封），以便在非常状态下，氯气直接排入事故氯处理装置。

b. 对液氯工段中的液氯分离器、液氯汽化罐定期检查，特别强化了对罐内三氯化氮液体的监测，要定期用定量的溶剂清洗罐体及管道、阀门上附着的三氯化氮液体，防止积存过多，引起爆炸；在液氯罐装前，检测液氯瓶瓶体、阀门有无破损，同时检查液氯瓶内有无黄磷等危险内容物，确定无瓶体无破损、瓶内无危险内容物后，方开始液氯罐装。

公司将所有这些列入操作规程，保证在岗员工应知应会。

c. 根据氯气和氯化氢泄漏事故的影响范围预测结果，在配套落实安全生产防护措施时，按最大安全半径和最短人群疏散时间进行设计、布局。

d. 建立和完善 DCS 控制系统，通过过程检测控制站对制烧碱现场各类变送气和马达运转及停止状态信息等进行数据采集、数据处理及过程控制。一旦控制参数越限时，DCS 系统发出声光报警，提醒操作人员注意。对于重要工艺参数设立连锁停车装置，当连锁发生时，除 DCS 系统内部发出声光报警外，控制室设置 DCS 外部声光报警连锁台柜，同时发出声光报警。当某一停车连锁参数超越安全极限值时，DCS 将无条件执行装置安全连锁停车命令。

e. 在界区可能泄漏氯气的操作岗位，设置有毒介质检测仪和氯气监测报警器，空气中氯气含量超过 1×10^{-6} 即报警，以便迅速处理，防止大规模泄漏事故发生。增设喷碱装置和事故池；在系统出现氯气泄漏时，先用人工包扎堵漏，如控制不住采用稀碱喷淋，降低事故的危害性；在出现大面积氯气泄漏时，在喷碱的同时，组织水枪外围喷淋，稀释氯气，减少扩散，同时组织疏散，减少伤害。

f. 为防止电气误操作，高压开关和隔离开关及接地刀闸之间装设闭锁装置。

g. 为防止氯气过剩和跑氯，其工艺生产装置从氯产品生产能力上确保所产的氯气全部消耗掉；所有的废氯气由次氯酸钠生产装置生产出含有效氯大于10%的次氯酸钠产品。

h. 隔离操作：生产现场附近的隔离操作控制室，通风良好，室内保持微正压。

i. 备用电源：设双回路电源或备有柴油发电机组。

j. 撤离信息装置：该公司厂区内已设置 2 个风向标，一旦发生泄漏事故，引导群众向安全方向撤离，减少损害。

氯碱装置的事故应急措施主要有：

a. 氯气、氢气、氯化氢管道破裂或阀门泄漏应首先切断物料来源，尽快用带压堵漏的方法迅速堵住泄漏点，及时消除污染。

b. 对泄漏的有毒有害气体用喷雾状水稀释溶解，然后强力通风，将稀释水流入净化系统，在有可能的条件下，将泄漏源置入石灰乳中。

c. 发生电解槽爆炸等恶性事故时，应迅速将氯气转到事故氯气处理系统内，减少事故外排量。

d. 若酸液、碱液大量泄漏，则进入围堤收容、收集、回收。

由于管理得力、防范措施到位，新浦公司运行 10 年来未发生过泄漏事故。

2）化工码头泄漏风险事故防范及应急措施可靠性分析

化工码头事故源主要有两种：一是船舶搁浅和碰撞产生的事故溢液，二是装卸船过程中发生的冒舱或管道破裂或断裂时产生的事故性溢液。

码头管理部门主要采取以下措施防范码头运输风险：①加强职工安全环保教育，增强操作工人的责任心，大力提高操作人员的素质和水平，确保接卸安全，防止和减少因人为因素造成的事故。②采取必要的防火防爆措施，配备足够的消防设施。③对管道、软管、贮罐、阀门进行定期检查，保证所有管道系统按标准进行良好设计、制作及安装。④安装高灵敏的报警系统，通过中央控制室监视物料的装卸情况，对管道系统配备紧急快速切断装置，减少溢液的发生。⑤码头平台上设置集水坑以有效拦截阀门、金属软管等处事故泄漏的化学品入江。⑥船舶装卸作业之前布设围油栏，减少溢液事故对围油栏外水域影响，并对溢液进行回收。⑦严禁违章超载运输。

码头应急措施主要内容为：作业前须备好胶皮、毛巾、纱头、黄沙、防污盘、防污槽等物品；发生泄漏应立即通知停泵，并关闭各管道阀门；用事先准备好的防污槽或盘收集泄漏物；用橡胶皮、纱头或毛巾迅速堵漏，并加以固定；用黄沙围堵泄漏在平台上的物料；废沙堆集后送防污池用水清洗、沉淀并中和处理；将管道内的液体排入防污槽内，送生产区利用；船舶泄漏应立即通知操作人员停泵，关闭各管道、阀门，严禁开航；布设围油栏，并对溢液进行回收。

如发生水体泄漏事故，则立即向开发区沿江水厂及周边水厂发出事故信号，水厂应立即停止取水，并在取水口及附近断面进行监控监测，直至污染物含量达标后取水口方可正常工作。

可靠性分析：泰兴精细化工园化工码头管理、监控措施严密，在每次装卸船过程中除启动远程监控系统外，还有专职人员巡回检查，一旦发现跑、冒、滴、漏现象立即通知停止作业，查明原因，采取措施。由于措施得力，落实到位，管理及执行情况良好，运营至今未发生码头泄漏事故。

5.5.3.6　环境风险防范与应急机构和机制建设、运行状况

（1）泰兴精细化工园环境风险管理体系

泰兴精细化工园管委会在机构设置上设有环保分局、安委办，配备专职管理人员，建立了区内所有企业参加的安全、环保管理体系，培训专业技术人员，以承担相应的环保、安全管理职责，并按国家有关文件规定检查、落实园区及区内各企业风险防范措施和设备。

环境风险防范体系着重于日常环境、安全管理，泰兴精细化工园的风险防范除管委会在总体上加以协调、优化布局外，主要还依赖于各企业的自身安全措施，园区协同当地环境监测部门定期实施区域环境监测计划，及时掌握区域环境质量变化状况，加强防范及应急工程建设，以有备无患。已开展的主要工作有：

1）科学、合理布局。有产业关联的企业相对集中，以尽可能缩短管线输送距离，产生联动响应，降低环境风险。如新浦氯气→阿克苏氯乙酸→斯比凯可羧甲基纤维素、新浦氯气→VCM 及苯乙烯、新浦氯气→兴安三氯化磷→三氯氧磷→超辰化工双甘膦、新浦氯气→三木 3-氯丙烯→三蝶环氧氯丙烷等。

将所涉化学物料性质相悖，可能发生较大冲突的项目和企业分开布局，避免和降低事故风险。

2）严格要求各企业内部布局符合消防、安全各项规定，采取建筑安全防范措施，落实环保、安全“三同时”制度，特别加强危险化学品管理。严格按《危险化学品安全管理条例》要求，在运输、储存、使用过程分别采取相应的预防应急措施。制定危化品安全操作规程，定期对作业人员进行安全培训教育，经常对危化品作业场所进行安全检查。从事危化品运输必须具有相应的资质，采用安全包装，严禁超载，规范装卸作业，随车船配备防护设备和消防灭火器材等。

3）园区废水、废气污染事故预防及应急措施

园区环保部门对新浦化工、爱森、锦鸡染料化工公司、扬农药化泰兴有限公司、扬子医药化工有限公司、江苏磐希化工有限公司、金江化学等 9 家主要废水排放源（废水量占泰兴精细化工园现有排放总量的 60%）实施在线联网监控，以便及时发现问题，采取有针对性的控制措施；日常加强巡查、督查，确保各企业环保设施正常稳定运行。废气主要依赖于各企业自行处理达标排放，督查显得尤为重要。

为防范废水污染事故，第一，要求各企业根据自身的废水处理量设置可以满足 2～3 天生产废水量的事故应急池，或者在污水处理工艺上采用双调节池，一旦发生装置故障或污水处理厂设施运行不良不能即时处理废水时，可以先在企业层面进行解决。同时规定各企业须配备完善的雨水收集系统，与事故废水、消防废水收集系统相关联，正常情况下保证初期雨水的收集处理，发生事故时，保证泄漏物料或消防、冲洗废水的迅速收集、截留，并安全地集中到事故池或污水处理装置，进行必要的处理，不致发生事故排放。第二，对园区河道进行整治，改造雨水管网，充分利用区内河拓建废水事故应急池。①将原接于沿

江路南北向区内河流雨水、冷却水管改造接到东西向区内河，重点改造老区、锦鸡公司西侧雨水主管，清理封堵两侧所有乱建的雨水涵管，修通南北向巡查便道；②按照泰兴精细化工园环保管理要求，设置事故应急池以应对突发事故。具体工程为：将区内河东西段进行清淤疏浚、维护石驳、整修控制闸，增设泵站，该泵站一直连到污水处理厂进水口，应急池中有污水时通过泵站打入污水处理厂处理，形成总长 560 m+500 m、宽 10 m，有效容量达 32 000 m^3 的事故应急池，达到目前污水处理厂两天接纳的工业废水总量。

4）在工艺设备、装置方面及电气电讯安全方面的防范措施主要由各企业负责具体实施，区内企业、建筑物按规范的耐火等级设计，禁火区设明显标志牌。区内各重点风险源设独立稳定的高压消防供水系统，各企业根据使用的物料物性配备灭火器材。目前区内一般的化工企业未设消防站，泰兴精细化工园现已配备自己的消防力量，全面负责区内消防工作，但人员、设施还是不能应付突发的大型事故，因此，园区消防部门时刻与泰兴城区消防大队保持联动，必要情况下随时调度、予以支援。

（2）园区应急预案及应急机构机制建设情况

泰兴精细化工园于 2005 年 12 月制订了“突发性环境污染事件应急预案”，主要内容包括总则、突发性环境污染事件应急处理组织机构及职责、突发性环境污染事件的应急处理（迅速报告、应急联络、快速出动、现场控制、现场调查、现场报告、污染警戒、污染跟踪）、应急中止和应急处理设施和设备等几部分。该应急预案主要从区域层面上、站在战略的高度考虑，强调组织实施和各职能部门、各层次间的协调配合。保证在一旦发生事故的情况下，各项应急工作快速、高效、有序启动，减缓事故蔓延范围，最大限度减轻风险事故造成的危害。

为提高政府部门应对重特大事故的综合管理水平和化解风险的能力，有效应对各种突发事件，园区管委会在实际运行中围绕四项重点开展工作——建立指挥中心、加快队伍建设、规范运作程序、建立强有力的技术支持，全面开展泰兴精细化工园级、企业级生产事故应急救援体系以及协调的社会救援（上级救援及周边的互助）机制建设。

因此，目前泰兴精细化工园的环境风险防范体系、应急机制基本健全，从运行情况看可有效防范区域环境风险事故，缓释事故影响，体系运行总体可靠。

（3）区域环境风险事故的发生、处理情况调查分析

泰兴化工园建立以来，曾发生过几起影响程度和范围不等的环境污染事故，包括爆炸、火灾、化学品泄漏，以及区内企业废气、废水污染物超标排放等。近三年来，发生的影响相对较大的化学品有三起，分别为：2005 年 8 月的泰兴市兴宇化工有限公司氯气（钢瓶）泄漏、2006 年 6 月康鹏专用化学品有限公司火灾和 2007 年 3 月泰兴市远东化工有限公司精馏车间发生爆炸。

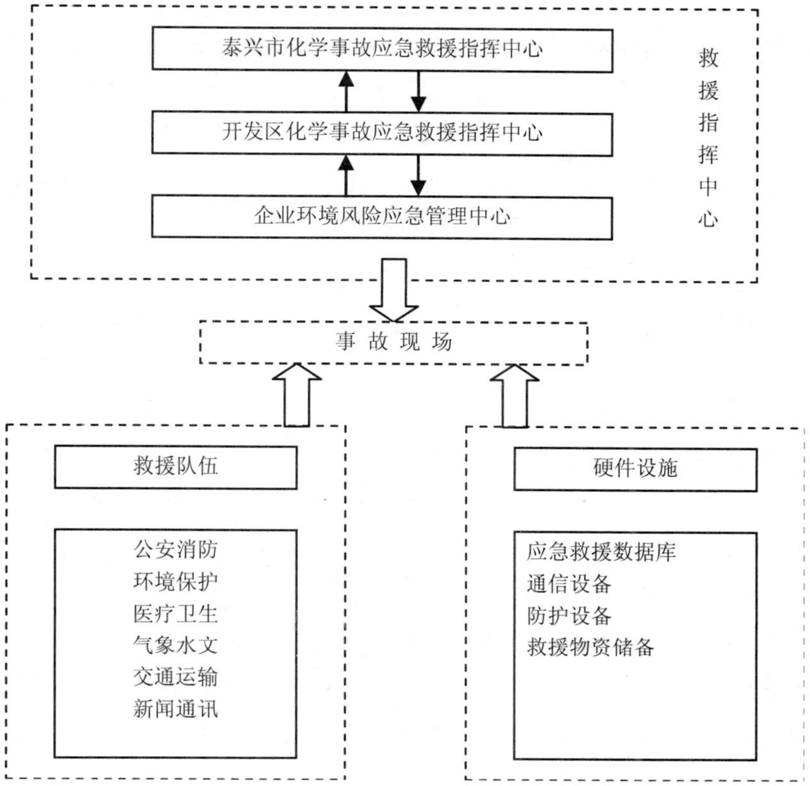

图 5-22　开发区应急体系示意图

发生、处理情况及影响如下：

1）2005 年 8 月 18 日，泰兴市兴宇化工有限公司发生氯气泄漏。当日 15 时 57 分，泰兴市消防大队接到 110 指令，迅速出动 3 辆消防车、14 名官兵赶赴现场扑救，16 时 04 分赶到现场。经现场事故源排查，是氯气储存间内一只充装好的重 1 t 的氯气钢瓶阀门连接管线脱落外泄氯气，消防队堵漏小组人员佩带防护装备、在喷雾水枪的掩护下深入泄漏区域，与增援赶到的新浦化学（泰兴）有限公司的专家分析、商定，决定关闭阀门以彻底堵住泄漏源。消防官兵和技术人员又在喷雾水枪的掩护下将中和处置槽中泄漏钢瓶的阀门关闭，30 分钟后，成功堵漏，事故中止。

此次事故发生泰兴精细化工园建成区内，风力 4～5 级，周围 1 000 m 范围无居民，并由于及时通知了邻近、周边企业，未曾造成人员严重伤害。

2）2006 年 6 月 1 日 20 点 10 分左右，康鹏专用化学品有限公司生产车间因冲料发生火灾。当地消防大队接到报警后立刻出动，经火情侦察发现，起火车间为三氟苯硼酸车间，不时有原料桶发生爆燃。22 时 15 分，经消防官兵全力补救，灭火结束。事故未造成人员伤亡。事后经现场勘察分析，三氟苯硼酸生产车间过火面积约 60 m^2，烧毁车间内两个反应釜。事故对厂界以外的环境未造成明显影响。

3）2007 年 3 月 11 日 17 时 47 分，泰兴市远东化工有限公司精馏车间发生爆炸（主要产品为 3-硝基邻二甲苯），消防大队接到 110 指令后，迅速出动 3 辆消防车赶赴现场，并调动园区专职消防队 1 辆消防车，同时扑救。18 时 50 分将余火彻底扑灭，未造成人员伤亡。爆炸损害面积约 80 m^2。

事故原因分析：除设备不良、损坏致使泄漏外，主要事故成因为操作失误，工艺参数控制不当。

在以上三起事故中，园区及企业与泰兴城区的消防安全和环境保护部门联动迅速，响应较快，处理处置方式适当，应急减缓措施有效，因此，泰兴精细化工园应急体系运行较为可靠。

（4）区域环境风险防范及应急体系存在的问题分析及建议补充措施

1）随着泰兴精细化工园的进一步发展和建设，园区管理部门应处理好后拆迁和建设的关系，确保建设企业的卫生防护距离内不留有居民。如：在建的泰兴锦华石油化工有限公司液化石油气储运充装及石化品仓储中转项目位于现规划区西南角，南临洋思港，卫生防护距离内现有洋思村严岱组居民，该居民点不在规划区的拆迁范围内，但也必须保证在项目投入试运行前拆迁完毕，尽快实施；拟建的江苏常隆化工有限公司系常州农药厂搬迁项目，有光气化装置和系列产品，拟选厂址位于泰兴精细化工园规划区西北边界处，位置北邻北二环西延线，根据光气化装置操作规程，应设卫生防护距离 1 000 m，该拟建装置 1 000 m 范围目前有滨江镇蒋港村约 30 余户居民，也不在泰兴精细化工园规划范围，但园区管委会、滨江镇政府应保证卫生防护距离内的居民及时搬迁、安置，否则项目不得在拟定地址投入试运行。

2）发展规模的适当控制和合理布局

从泰兴精细化工园的产业定位来看，重点发展氯碱系列、苯胺系列和氢系列产品及其相关产业，扩大现有染料、涂料化工生产规模，并有意向 MDI/TDI 等化工方向发展。精细化工尤其是 MDI/TDI 等化工子行业是风险较大的行业，氯碱化工规模较大也存在较大的环境风险，因此，从园区的整体产业安排分析，园区应结合具体企业的选址位置，合理布局，避免过于集中，适当控制发展总规模。

根据现行规划和目前的实际状况，园区内规划有居民点，人口较稠密；泰兴精细化工园西临长江虽然有利于控制废气的事故风险，但长江也是极为重要的水源地，是废水事故的重要敏感目标。因此，建议逐步调整现行规划，搬迁闸南路东侧的中港小区及其他居民，以轻污染或无污染的二类工业区作为缓冲带，过渡到滨江镇新区（朝阳路东侧），之间以绿化防护林带隔离，进而从发展方向和总体布局高度控制环境风险。

3）泰兴精细化工园北区（如泰运河以北）企业至污水处理厂的废水输送距离较远，且跨过如泰运河，这些企业投产后区域废水总量将有较大上升，为避免和减少废水污染事故，应因地制宜，尽快在北区建成事故废水应急收集设施。

加强对企业环境风险防范和应急措施落实情况的监督检查，警钟长鸣，防治麻痹大意；

进一步细化落实各项措施，备足事故应急防护、急救所需的设备，时刻保持警醒，杜绝事故发生。

4）泰兴精细化工园有义务也有责任对区内企业排放的废物给环境造成影响进行监测和评估，目前区域的环境监测力度远远不够，建议设置例行监测点位，增设大气环境自动监测站，特别加强特征因子的监测监控，跟踪和掌握区域的环境质量变化，并组织生态环境监测，对人群健康进行调查，以判断化工企业排污与周围环境质量变化之间的关系，了解潜在化学物质的影响，保护周边群众的身体健康。

5.5.3.7　园区生态景观建设

按照景观生态学的观点，景观中的生态系统可以被规划、设计和管理，但它不是进行持续发展规划的适宜尺度，而合理规划和管理景观，对于生态系统、区域乃至全球的持续发展具有重要意义。因此，景观生态对生态工业园的建设与未来发展具有重要指导作用。

景观生态规划就是应用景观生态学原理及其他相关学科的知识与方法，从景观生态功能的完整性、自然资源的内在特征以及实际的社会经济条件出发，通过对原有景观要素进行优化组合或引入新的成分，调整或构建合理的景观格局，使景观整体功能最优，达到人的经济活动与自然过程的协同进化。

（1）构建目标

生态工业园的景观生态，一要实现对山、林、田、河、湖、城等环境资源的合理开发利用，适当保留河流水系，保护当地的生物多样性，建立起景观生态安全格局，突出中亚热带植被特色，以园区内的自然组分作为生态环境质量的控制组分来建设，维持和恢复生态过程及格局的连续性和完整性；二要以提高生态环境质量为重点，通过绿化设计、水土保持、生态道路建设和生态住宅建设等手段，促进工业园区结构布局、组织功能与自然景观的协调一致，实现园区生态环境的良性循环，形成景观特色鲜明的生态工业园形象。

（2）景观生态单元分类

根据园区范围内各景观类型的生态价值、旅游价值、生态敏感性、视觉敏感性和景观管理对策，将整个区域划分为如下几种类型：

大型自然斑块：包括自然生态林、自然岸线、旅游景观区、绿化景区等组成的绿化隔离带、水源涵养带、水土保持带和空气净化带，是区域内面积最大、具有高度连续性的斑块类型。如黄兴工业园区内静园西北方向 1 号林地、北部配套住宅区内的 2 号林地、南五路附近的 3 号林地等，它们的自然植被保持良好，是本区维持良好生态环境的重要基础，需要保留。

小型植被斑块：主要由城镇公园、街头绿地、庭园绿地、道路绿化带、森林公园、苗圃等组成。

线性植被带：主要位于公路、河流两侧，目前沿公路两侧的行道树建设尚需进一步完善，形成绿色生态网络，减少“岛屿状”生境的孤立状态，增加开敞空间和各生境斑块的连通性，并确保合理的绿带宽度。

湖泊水体：园区规划范围内湖泊水体较多，对调节微气候、维持景观异质性具有重要的生态作用。但本区域概念性规划对于水体生态系统的建设尚显不足，水体周围的绿化工作和植物保护措施欠缺。园区需要保留适当的湖泊水体。

边缘交错区：指不同斑块之间的交错带，如水陆交界带、城乡结合带、田林结合带等，是极易受开发活动影响而产生生态和景观破坏的区域。

裸地：指区域内因开发建设活动造成的裸地和弃置地。

建筑景观：指规划范围内的工业、城镇居民区。

（3）景观生态安全格局

在景观生态学中，景观中所具有的某种潜在的空间格局，被称为景观生态安全格局（Security patterns，SP），它们由景观中的某些关键性的局部、位置和空间联系所构成。这些关键性的局部、位置和空间联系被称为 SP 组分，SP 组分对维护或控制景观水平生态过程起着关键性的作用。园区属于人类影响强烈的景观，因此需要对区域内的廊道进行科学合理的设计。

一级廊道由河流及两岸的植被和园区主、次干道两侧的绿化带构成。因此，应该在长江岸侧设置 40～60 m 宽的河溪自然廊道，同时在区域内及园区周边的干道设置 20～30 m 宽的人工廊道。园区内的二级廊道是由与一级廊道直接相连接的支干道两侧的绿化带构成，建议设置 10～20 m 宽的树篱。廊道的设置主要考虑生物物种的迁移，要尽量选用抗污染、抗病虫害、耐贫瘠的树种，注意速生与慢生、常绿与落叶、阔叶与针叶树种相结合。如有可能，应在河岸保留一定宽度的河滩地，既可作为陆生动物的廊道，同时也是两栖动物的通道和水陆景观间的缓冲带。

（4）景观生态保护与建设

1）工业区绿化建设

工业区绿化除具有一般绿化的作用与功能外，还应具有一些特殊功能。工业企业在生产过程中，往往是各种有害气体和噪声的来源。因此，工业企业园区的合理绿化规划与设计，可以起到减轻有害气体的危害、阻隔与吸收噪声、杀菌等作用。根系发达的植物对稳定和加固土壤起到良好作用。因此对工业企业园区的绿化应有基本原则和明确要求。

① 满足生产与环境保护的要求

工厂绿化应根据工厂性质、规模、生产和使用特点、环境条件等对绿化的不同功能要求进行设计。要分析矛盾的主次和绿地的主要作用（防尘、阻隔噪声或美化），不能因为绿化而任意延长流程和交通运输线路，影响生产的合理性；也不能忽视绿化对衬托建筑艺术、美化环境的作用。工厂绿化不同于城市花园、公园的设计，它以满足生产工艺流程的要求、防火、防爆、隔噪、通风、采光、减尘防尘、吸收有害气体、改善生态环境为首要目的兼顾美观要求为设计依据。

② 重视绿化树种的选择

绿化能否达到预期的效果，在很大程度上取决于树种的选择是否科学合理。设计中应根据绿地的功能、栽植的目的、树木的生态习性和栽植地点的环境条件综合考虑，做到因地制宜，适地适树。

③ 处理好绿化布置与管线的关系

工业企业用地的地上、地下管网较多，特别在道路上更为密集，这都给绿化设计带来许多制约因素。在无法避开的管线处设计时，必须考虑各类植物与各种管线的最小净间距（表 5-31），应不妨碍生产的正常进行并选择耐修剪植物。

表 5-31　树木与建筑物、构筑物、地下管线的最小间距

序号	建筑物、构筑物及地下管线的名称	间距/m	
		至乔木中心	至灌木中心
1	建筑物外墙（有窗）	3.0	1.5
2	建筑物外墙（无窗）	2.0	1.5
3	围墙	2.0	1.0
4	标准轨距铁路中心线	5.0	3.5
5	道路路面边缘	0.5	0.5
6	人行道边缘	0.5	0.5
7	土排水明沟边缘	0.3	0.3
8	给水管管壁	1.5/1.0	0.5
9	排水管管壁	1.5/1.0	0.5
10	热力管（沟）壁	1.5/1.0	1.5/1.0
11	煤气管管壁	1.2/1.0	1.0
12	乙炔管、氧气管、压缩空气管管壁	1.5/1.0	1.0
13	电力电缆外缘	1.5/1.0	0.5
14	照明电缆外缘	1.0	0.5

注：1. 表列管壁系指外缘；2. 明沟为辅砌时，其间距应从沟外壁算起；3. 树木与管线间距，如受条件限制，不能满足分子的数据要求时，可采用分母的数据。

④ 厂区的适宜绿地面积

厂区内绿地面积的大小，直接影响绿化的功能。通常，一片设计合理的绿地，面积越大，其减尘、减噪、吸收有害气体及二氧化碳的作用就越大；反之，作用就越小。因此，在可能的条件下，争取多一些的绿地面积，对防止污染、改善工厂的工作环境是必要的。由于工厂的性质、规模、所在地的自然条件以及对绿化的要求不同，绿地面积差异悬殊。一般来说，重工业类企业厂区绿地面积占厂区总面积的 20%，化学工业类企业绿地面积应占 20%～25%，轻工业、纺织工业类 40%～50%，精密仪器工业类 50%，其他工业类 25% 为宜。

⑤ 合理布局形成绿化系统

工厂绿化既要充分利用厂内空间，建在坡地的工业企业尤其应利用好陡坡、冲沟、地质不良和不可建的地块充分进行绿化。同时，要注意点（如为厂前区和小游园）、线（如厂内道路、河渠两侧的带状绿地及防护林带）、面（如工厂中生产车间、仓库、堆放场等生产性建筑、场地四周）的有机联系，形成绿化系统，更好地发挥绿地的生态与环境效益。

（5）绿色通道建设

园区规划建设中，利用现代园林技术和生态学方法，对人行空间进行全面设计，使整个交通系统的空间成为宜人的花园式、园林化的绿色通道。

1）道路绿化的种植设计

绿色通道建设，主要是道路两侧的绿化建设。进行道路绿化既要满足绿化功能的需要，更要突出景观协调和生态效益，按照“四季长绿、三季有花、错落有致、色彩丰富、明快大气势”的设计原则，达到稳定边坡，遮光防眩、诱导视线、环境优美的目的，为驾乘人员提供优雅、舒适、安全的外部环境。

分隔带绿化设计：在车行道上设立分车带的目的是将人流与车流、机动车辆与非机动车辆分开，保证车辆能高速、安全行驶。高速公路的分车带的宽度 5～20 m，至少也要 4～5 m，但最低宽度也不能小于 1.5 m。分车带以种植草皮为主。在一般干道的分车带上，可种植 70 cm 以下的绿篱、灌木、花卉、草皮等。为了便于行人过街，分车带应适当分段，尽可能与人行横道、停车站、大型商店和人流集散比较集中的公共建筑的出入口相结合。

交叉路口的绿化种植设计：为保证行车安全，进入道路的交叉口处必须在路转角空出一定的距离，使司机有“安全视距”。在“视距三角形”内不能有建筑物、构筑物、树木等遮挡司机视线的地面物，绿化植物的高度也不得超过 0.65～0.70 m。

行道树种植规划：在园区道路绿化设计中，行道树采用“树池式”为好，正方形以 1.5 m×1.5 m 较合适，长方形以 1.2 m×2 m 为宜，圆形树池其直径不小于 1.5 m。为了防止行人践踏，可适当增加池缘高度。行道树的生长环境条件差，受干扰和限制的因素多。因此，其一是要选择能适应当地生长环境，移植易成活，生长迅速而健壮的树种（多用乡土树种）；其二是树龄长、材质好，对土壤、水分、肥料要求不高，耐修剪、抗病虫害强的树种；其三是树干挺拔、树形端正、体形优美、树冠冠幅大、枝叶茂密、遮荫效果好的树种；其四是发芽、展叶早、落叶晚且落叶期集中的树种；其五是具备深根性、无刺、花果无毒、无臭味、落果少、无飞毛、少根孽等。同时具有这些理想性状的树种几乎是不存在的，但可选择组合，使之达到最佳效果。

边坡的绿化设计：边坡有土质边坡和石质边坡两种。土质边坡一般坡度为 1∶1，一定量的土壤和相应的工程措施稳固坡面。适宜种些耐旱、抗瘠、根系发达、覆盖度好、有一定的景观效果的草类种为宜。岩石边坡一般设计坡度在 1∶0.75 以上，有的可达 1∶0.3。坡面陡、雨水径流速度快，岩层几乎无土，可采取生态护坡技术来稳定边坡和绿化边坡。

2）生态道路建设

按照国际上生态城市的建设要求，地面应尽量减少混凝土覆盖面积，采用自然排水系统，以利于雨水的渗透，理想指标是 80%的裸露地具有透水功能。欧美最新的“生态防洪”对策也规定，建筑及社区地面必须保证有蓄留雨水的能力，以吸收部分洪水。建设生态道路是其重要措施之一。

城市生态道路，包括石板路、弹硌路以及植草砖路等具有这方面作用。在汛期，这类路面可减少地表径流对城市排水管道的压力，起到“软防洪”的作用；高温季节，能缓解热岛效应。因此，在步行街、人行道、停车场、公共绿地的步行道以及住宅小区内，应提倡多铺一些这样的生态道路。国外一些名城如巴黎、伦敦等，除了车流量高的交通干道需要耐磨、降噪、经得起压的高强度路面外，步行街、人行道、停车场等处多是这种“生态道路”。园区内的步行街、人行道、停车场等处，铺设石板路、弹硌路、植草砖路等均可设计为“生态道路”，既体现与国际要求的一致性，创造优良的生态环境，同时也符合江南乡风格，凸显生态工业园的特色。

5.6 小结

本章以泰兴精细化工园为例，通过对典型园区的调查，分析了生态化存在的主要问题，并从核心企业、企业之间及园区的层面进行综合分析，提出典型改造方案，并通过建立泰兴化工园系统动力学模型，分析了产业共生体获得的产业共生效益，核心企业主产品价格波动对产业链下游企业的影响，副产品价格波动对产业共生激励的影响，政府补贴的影响以及未来引入补链企业后的产业共生潜力，从而得出政府应引入下游补链企业的建议。

第6章 基于系统动力学模型园区管理研究——南通市经济技术开发区

6.1 南通经济技术开发区概况

6.1.1 自然环境

6.1.1.1 地形地貌

本区地质构造属中国东部新华夏系第一沉降带，地貌为长江三角洲平原，是近两千年来新沉积地区。沉积层序复杂，厚度较大，其岩性为亚砂土、亚黏土、粉砂和淤泥质土等交替出现，沉积韵律相当明显，开发区一带第四纪沉积物总厚度一般为 280 m。地势由西北向东南略微倾斜，平均标高（废黄河高程）2.7 m 左右，二道堤以南 2.5 m 左右。本区地震频度低，强度弱，地震烈度在 6 度以下，为浅源构造地震，震源深度多在 10～20 km，基本发生在花岗岩质层中，属弱震区。

6.1.1.2 气候

本区域气候温和，四季分明，雨水充沛，海洋性气候明显，属北亚热带季风气候区。全年最多风向偏东风，年平均风速 3.1 m/s，年平均气温为 15.1℃，年平均日照 2 148 h，年平均降水量 1 034.5 mm，年降水日数 126 d，无霜期为 226 d，平均相对湿度 79%，大气稳定度为中性层结为主。

6.1.1.3 区域水系水文情况

本区域内河流众多，主要内河南北向的有裤子港河、营船港河、富民港河和新开港河，东西向的有通启运河、天星横河和营渡河等。

本区地下水位较高，历年平均为−1.3 m，最高为−0.8 m，最低为−3.3 m。

长江南通段流经评价区南缘，水量丰富，年径流量 9 793 亿 m^3，平均流量 3.1 万 m^3/s。

该江段处于潮流界内，受径流和潮汐双向影响，水流呈不规则半日周期潮往复运动。根据狼山港水文实测资料，涨潮和落潮的表面平均流速分别为 1.03 m/s 和 0.88 m/s，落潮最大流速达 2.23 m/s，涨潮历时约 4 h，落潮历时约 8 h。长江水流速快，流量大，不但提供了人民生活、农田灌溉和工业用水所需的丰富水源，同时对沿江排放的工业废水和生活污水有较大的稀释和自净能力。

6.1.2　社会环境

南通经济技术开发区于 1984 年 12 月 19 日经国务院批准设立，是中国首批 14 个国家级经济技术开发区之一，国家批准的规划建设面积为 24.29 km^2，全区行政区划面积 146.98 km^2，下辖“三镇四场一街道”即新开镇、小海镇、竹行镇、南通农场、东方红农场、良种场、种畜场和中心街道办事处，总人口近 13 万。建区以来，开发区始终坚持国家级开发区的办区方针，发挥自身优势，在推进工业化、对外开放和体制创新等方面，发挥了一定的窗口、辐射、示范和带动作用。

近 5 年来，开发区 GDP 年均增速达到 27.72%。2007 年全区实现 GDP 108 亿元，比 2006 年增长 20%，增速在全市名列第一，人均 GDP 在苏中率先突破 1 万美元。实现财政收入 27.98 亿元，同比增长 42.51%，实现工业总产值 502 亿元，呈现出在 2002 年 90.42 亿元基础上连续两年翻番的强劲态势。

近年来，开发区大力推行科学招商、理性招商、选择性招商，引进项目的层次明显提高、产业结构不断优化。截至 2007 年底，全区共有世界 500 强公司来区设立的外商投资企业 45 家。外资投入的产业层次明显提升，电子机械类项目占协议外资总额的比重从 2002 年的 1.4%上升到 2007 年的 9.8%，生物医药类项目的占比从 2002 年的 3.2%上升到 2007 年的 10.7%，服务业项目占比从 2003 年的 0.2%上升到 2007 年的 3.5%。

在经济总量持续翻番的情况下，开发区不断加大环境保护和生态建设力度，尤其是近 5 年来，在环保上的投入近 11 亿元。严格实施污染物总量控制，主要污染物 COD 和 SO_2 总量削减任务按进度完成；严格建设项目管理，提高环境准入门槛，否决可能影响环境的项目 20 多个，淘汰高能耗、高污染的化工、印染项目 2 个。

南通经济技术开发区还积极引导企业加强产业链衔接和资源再生利用、循环利用。目前，在开发区层面，已经先后形成了江天化学—瑞利化学—先正达（南通丽阳、三菱丽阳、宝泰菱）—南通关西化学（申华化学、东丽合纤、帝人公司）—观音山电厂，东丽合纤—东丽酒伊织布—东丽酒伊印染等多条互为上下游的产业链关系。

6.1.3　生态环境

6.1.3.1　自然资源

该区气候温暖湿润，土层厚，土质好，属常绿阔叶、阔叶混交林带。该区种植业以粮油、蔬菜瓜果、绿肥为主；树木多种水杉、榆树、槐树，江边多为芦苇，全区绿化覆盖率达 26.5%。

本区域水域面积较大，河网密布，有丰富的淡水养殖资源，盛产鱼、虾、螃蟹等水产。

紧邻开发区的狼山旅游度假区内的狼山、军山、剑山、马鞍山、黄泥山沿江屹立，有历史人文景观百余处。其中狼山是国内著名的佛教活动地，有众多的近代名人园林与建筑等丰富的旅游资源；区内的景观主要是北邻港口工业三区的老洪港风景区。

本区域长江岸线建港条件优越，已建成和在建万吨级码头、港口多个，整个沿江港口优势为开发区长远发展提供了良好的基础。

6.1.3.2 陆域生态

长江滩涂植物群落主要有海三棱藨草群落、水葱群落、糙叶苔藓群落、芦苇群落、茭笋群落、白茅群落和大米草群落，滩涂上主要生长有芦苇等植物。陆域由于人类长期经济活动，原生植被已不复存在，代之以次生林植被、人工林和农田植被。植被总的特征是落叶阔叶林乔木树种占绝对优势，在亚乔木层和灌木层中有一定数量的常绿树种。落叶阔叶林乔木树种主要有意杨、刺槐、桑树、榆树、柳树、广玉兰、水杉、池杉、雪松、黑松、马尾松等。除适宜种植的稻、麦、棉花、油菜等农田作物外，仅有少量木本野生植物和零星分布的草本野生植物。常见的紫花地丁、菟丝子、车前子、蒲公英、艾蒿、马鞭草等。一般分布在田埂、路边、林边隙地、溪、河边等地。无保护类植物种类存在。

由于该区域对土地利用程度很高，自然生态环境已遭到一定程度的破坏，野生动物失去了较适宜的栖息繁衍的场所，附近大型野生动物已经消失。常见的野生动物主要有昆虫类、鼠类、蛇类（菜花蛇）、蟾蜍、蛙和喜鹊、麻雀、杜鹃等鸟类，土壤中有蚯蚓等。

6.1.3.3 水生生态

长江南通段是长江重要水产品捕捞江段之一，鱼产丰富，并产鲥鱼、刀鱼、银鱼、凤尾鱼等名贵天然淡水鱼种，但由于常年不合理捕捞，鲥鱼等名贵品种近年来几近绝迹。

多年来长江南通段水质监测结果表明，各项指标基本达到国家地面水环境质量Ⅱ级或Ⅲ级标准，其中氰化物、苯系物等有毒物均未检出。说明长江南通段水质尚好，对鱼类生长及繁殖尚无明显影响。

6.1.4 相关规划要点

6.1.4.1 《南通市城市总体规划》相关要点

沿江工业规划：立足沿江现有的淡水资源、岸线资源、土地资源、产业资源和科教资源，加快引进石化、船舶、造纸、冶金等制造业项目，合理布局，创造新的产业优势。建设电力能源、食品加工、船舶制造、精细化工、现代纺织五大基地，重点发展“八大产业”：

电力能源工业、船舶修造、石油化工和精细化工（含生物制药）、冶金工业、新材料和造纸产业、食品饲料加工业、现代纺织服务业、电子信息及高新技术制造业。

沿江产业空间布局规划：南通经济技术开发区以港口、石化、仓储、精细化工、电子等高新技术为主体，重点开发建设出口加工区、长江国际纤维工业园区、电子及模具工业园区、长江国际化学材料工业园区。

6.1.4.2　《南通经济技术开发区片区分区规划》相关要点

（1）规划期及规划范围

规划期限：近期 2004—2010 年，远景为 50 年后战略展望。

规划范围：南通开发区行政区划范围，毗邻市区，东至新江海河，南至长江，北至啬园路，西至裤子港河，面积约 146.98 km^2。

（2）用地布局

该规划按照产业类型将本次评价范围内的用地分为 6 个工业园区：传统特色、出口加工、纺织纤维、化学工业、船舶配套、表面处理等工业园区。产业布局规划见表 6-1。

表 6-1　南通开发区各工业区块用地性质及产业方向

名称	用地性质	产业方向
传统特色工业区	一类、二类	—
出口加工区	一类	—
船舶配套工业园	一类、二类	重型机械、配件制造
表面处理中心	二类、三类	电镀等表面处理产业
纺织纤维工业园	二类	棉纺织、化纤聚酯抽丝、织造、染整、色织、针织等一体化的纤维产业群
化学工业园一、二、三	二类、三类	化工、精细化工、造纸、工程新材料

6.1.4.3　基础设施规划

（1）给水工程规划

近期拟扩建洪港水厂、狼山水厂以达到其设计规模，洪港水厂 40×10^4 t/d、狼山水厂 80×10^4 t/d；远期洪港水厂扩建至 60×10^4 t/d，同时另选址建狼山水厂分厂，规模 80×10^4t/d，扩建的狼山水厂规模 140×10^4 t/d。

（2）排水工程规划

开发区污水处理厂服务范围：裤子港以东，老洪港风景区以北，东方大道以西区域。随着污水处理厂工艺不断成熟发展，在现有用地基础上开发区污水处理厂可扩建至 15×10^4 t/d，拟采用 SBR 处理工艺方案。污水处理达标后，尾水排放至长江。

开发区第二污水处理厂服务范围：老洪港风景区以南的其他区域。规划污水处理厂规

模 20×10^4 t/d，污水处理深度三级，主要处理工艺为酸化水解，三槽式氧化沟，混凝沉淀，处理污水达标后，尾水排放至长江。

（3）供热工程规划

目前，开发区已有 2 座热电厂——美亚热电厂和江山农化热电厂。美亚热电厂主要解决原开发区范围的供热问题，江山农化热电厂主要解决港口工业三区的供热问题。

6.1.5 主要基础设施现状

区内水厂、污水处理厂、供电、供热等基础设施均建设到位，建设情况详见表 6-2。由表 6-2 可见，南通开发区的基础设施建设比较完善。

表 6-2 基础设施建设情况一览表

设施名称	市政公用工程	位置	现有规模	服务范围	性质	规划规模
给水	洪港水厂	原开发区南侧	10×10^4 t/d	南通经济技术开发区	已建	近期（2004—2010 年）40×10^4 t/d，远期（2010 年后）60×10^4 t/d
	市狼山水厂	区外西侧	30×10^4 t/d	主城区，兼供本区	已建	近期（2004—2010 年）80×10^4 t/d，远期（2010 年后）140×10^4 t/d
污水处理	开发区污水处理厂	原开发区西侧	一期+二期共 5.5×10^4 t/d	已覆盖开发区	已建，一期采用传统活性污泥法工艺；二期采用 SBR 工艺	
	开发区第二污水处理厂	港口工业三区西侧	一期 2.5×10^4 t/d	港口工业三区，污水管网在建	已建，一期采用水解+三槽式氧化沟工艺	近期 10×10^4t/d
热电	美亚热电厂	原开发区西侧	3×75 t/h 锅炉 +2×15MW 机组，2×130 t/h 锅炉 +1×15MW 机组 +1×6MW 机组	已覆盖原开发区范围	已建	
	尼达威斯供热公司	原开发区西侧	2×35 t/h 锅炉	正大饲料、嘉吉粮油	已建（嘉吉自备）	
	港口工业三区江山农化热电厂	港口工业三区西侧	3×75 t/h 锅炉 +1×15MW 机组	港口工业三区，供热管网在建	已建	规划近期 2×150 t/h 锅炉+2×15MW 机组
供电	开发区变电站（6 座）	区内	1×220 kV 5×110 kV	开发区	已建	
焚烧炉	清源工业废物综合处置厂	港口工业三区东侧	1×10^4 t/a	开发区	已建	

6.1.6　化工园产业发展现状

化工园主要企业行业类别分类见表 6-3。由表可见，化工园内的行业类别细分，有橡胶制造、化学农药制造、化学制剂和助剂及原料制造、涂料制造、专项化学用品制造、塑料及合成树脂等材料制造、仓储类和基础设施类（污水处理厂和热电厂），还有一家电子企业。

表 6-3　化工园主要企业行业类别概况表

序号	企业名称	行业类别
1	丰华化学有限公司	合成橡胶制造
2	台橡	橡胶制造
3	南通瑞利化学有限公司	化学农药制造
4	南通凯华化工有限公司	化学农药制造
5	先正达（南通）农作物保护有限公司	化学农药制造
6	南通丸宏作物保护有限公司	化学农药制造
7	江山农化	化学农药制造
8	江天化学品有限公司	化学制剂和助剂制造
9	南通科兴化工有限公司	化学制剂和助剂制造
10	荒川化学（南通）有限公司	化学制剂和助剂制造
11	南通丽阳化学有限公司	涂料制造
12	南通三菱丽阳化学有限公司	涂料制造
13	旭化成精细化工有限公司	专项化学用品制造
14	三洋化成（南通）有限公司	专项化学用品制造
15	三大雅精细化工（南通）有限公司	专项化学用品制造
16	南通汇羽丰新材料有限公司	塑料及合成树脂制造
17	天和树脂	不饱和聚酯树脂
18	南通星辰合成材料有限公司	工程塑料、彩色显影剂、环氧树脂等化工产品
19	旭有机材树脂有限公司	氯乙烯塑料的管材、阀门以及工业用酚醛树脂
20	关西化学	非金属废料和碎屑加工
21	汇宇新材料	亚克力实体
22	南通库博新材料有限公司	镍钴冶炼
23	宝泰菱工程塑料有限公司	有机化学原料制造
24	南通迪爱生色料有限公司	油墨及类似产品制造
25	南通奥凯生物技术有限公司	生物生化制品
26	麦哲理石化	润滑油
27	欧劳福林（南通）精细化工	香精香料
28	南通碧路生物能源蛋白饲料有限公司	石油添加剂、蛋白饲料

序号	企业名称	行业类别
29	南通全用电子有限公司	电子元件及组件
30	千红石化（港储）	仓储
31	嘉民公司（港储）	仓储
32	江海油库（粮仓）	仓储
33	中化南通汇丰石化	仓储
34	美亚热电有限公司	热力生产和供应
35	江山农化热电厂	热力生产和供应
36	开发区污水处理厂	污水处理
37	开发区第二污水处理厂	污水处理

6.2 生态产业链构建及优化

6.2.1 化学园产业链结构分析

南通经济开发区化学园有 28 家化工企业，目前农药企业有江山农化草甘膦，先正达的百草枯，瑞利的吡啶，凯华的双甘膦，橡胶企业有台北橡胶（股份）投资的橡胶生产企业 2 家（台橡的顺丁橡胶，申华的丁苯橡胶，丁腈橡胶），精细化工企业生产表面活性剂，树脂（三洋化成，三大雅，天和树脂）。化学园现有产业链如图 6-1 所示。

由图 6-1 可知，目前，在精细化工园层面，已经先后形成了江天化学—瑞利化学—先正达（南通丽阳、三菱丽阳、宝泰菱）—南通关西化学（申华化学）—观音山电厂几条产业链，取得了一定的效果；实现了部分企业废弃物的综合利用。但区内企业众多，化工行业共 28 家企业，图中有关联企业只有 8 家，且多链并行，行业产业链仍可进一步开拓；已形成的产业链只在产品、原辅材料等环节形成，废弃物循环利用产业链尚未形成。

关键种企业为江山农化，主导产业链为江山农化—江山化学—先正达农作物保护，主导产业链短，需进一步延伸。

南通经济开发区化学园的大规模企业未对其他企业形成巨大引力并吸引其上下游企业，聚变作用不明显。因此需要大力发掘潜在的聚变活性因子。目前南通化学园企业的主要行业分类为农药、橡胶及精细化工业，各行企业数及企业产品如表 6-4 所示，因此需要大力发展农药、橡胶及精细化工业，培育农药、橡胶、精细化工行业的聚变活性因子，吸引链外企业入驻，以发挥更大的核聚辐射作用。

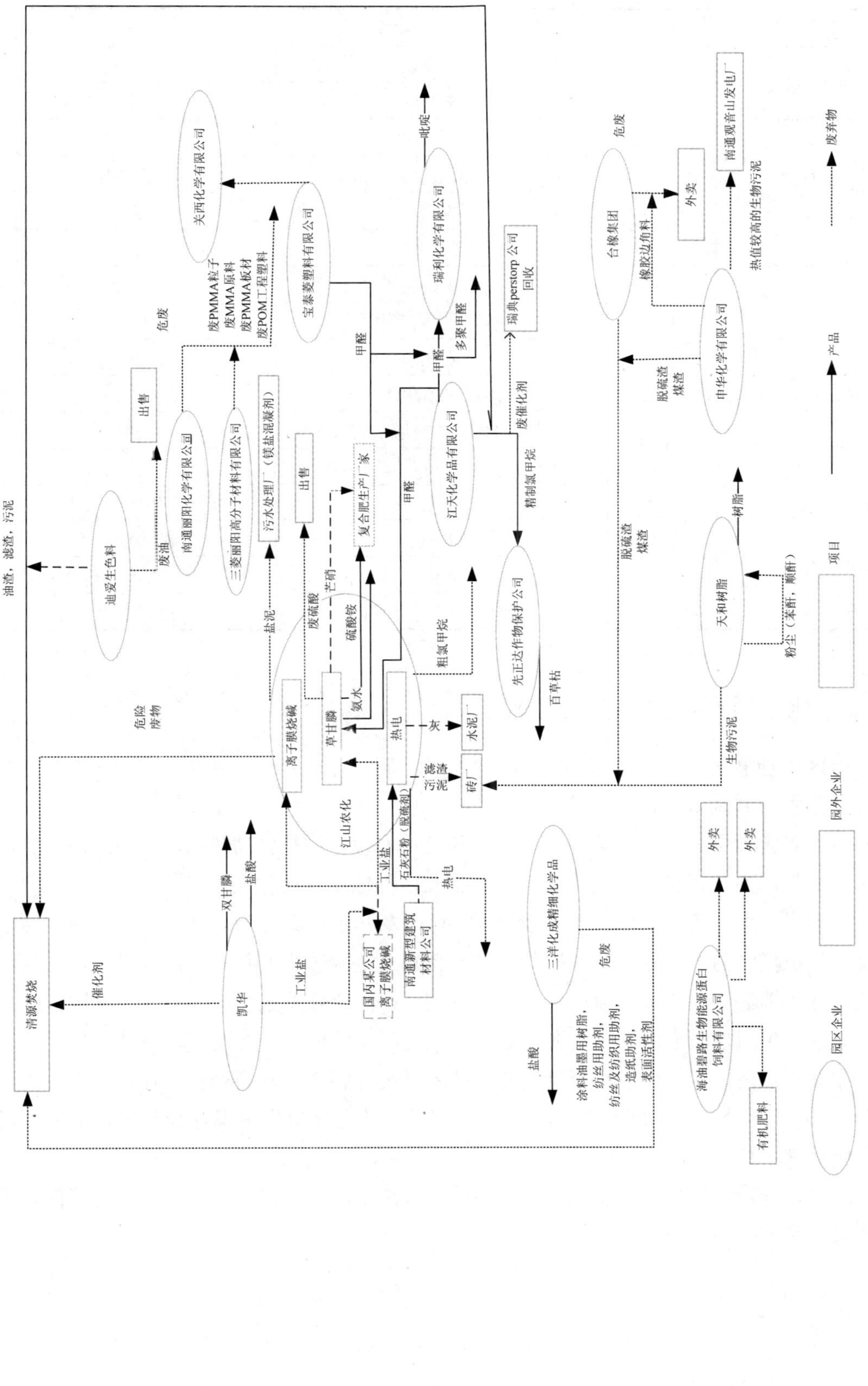

图6-1　南通开发区化学园游产业链现状图

表 6-4 南通经济开发区化学园主要企业行业分类

行业类别	企业数	企业名称	主要产品
橡胶制造	2	台橡集团	橡胶
		申华化学有限公司	橡胶
化学农药制造	4	江山农化	草甘膦
		先正达	百草枯
		瑞利	吡啶
		凯华	双甘膦
精细化工	10	天和树脂	树脂
		南通丽阳化学有限公司	PMMA 树脂
		关西化学	PMMA
		南通三菱丽阳	PMMA 板材
		三大雅精细化工（南通）有限公司	树脂
		南通汇羽丰新材料有限公司	树脂
		三洋化成	颜料，纺织化纤用油剂
		荒川化学	纸力增强剂
		科兴化工	纺织助剂
		南通迪爱生色料有限公司	颜料和油墨

6.2.2 化学园产业生物群落分析

园区生物群落分类图见图 6-2，可知大部分企业为消费者，生产者和分解者企业数量少，且基本为园区基础设施。

生产者企业中只有美亚热电有限公司和江山农化，均是提高热电，故园区缺少提供基本化学原料的生产者企业，需要引入上游企业，降低原料运输成本。

分解者企业只有关西化学再生废 PMMA，以及基础设施污水处理厂和园外的清源危废处理厂。虽然区内各企业已建设固体废物（特别是危险废物）收集、贮存设施，危险废物委托南通市清源工业废物综合处置厂安全处置。但南通开发区尚未建立完善的固体废弃物管理系统，生活垃圾未能实行资源化处理。且化学工业园危险废物多，单纯地依靠危废处理中心并不经济，应多引进废弃物资源化技术及废弃物再生回用企业。各企业产生的固废（液）首先经本公司充分回收利用，其次考虑通过社会化协作实现综合利用，最后才考虑送危废处理单位处置。

此外，开发区服务、信息支持力度不够，特别是信息平台不完善，需要完善信息平台的建设，帮助企业实现物料交换。

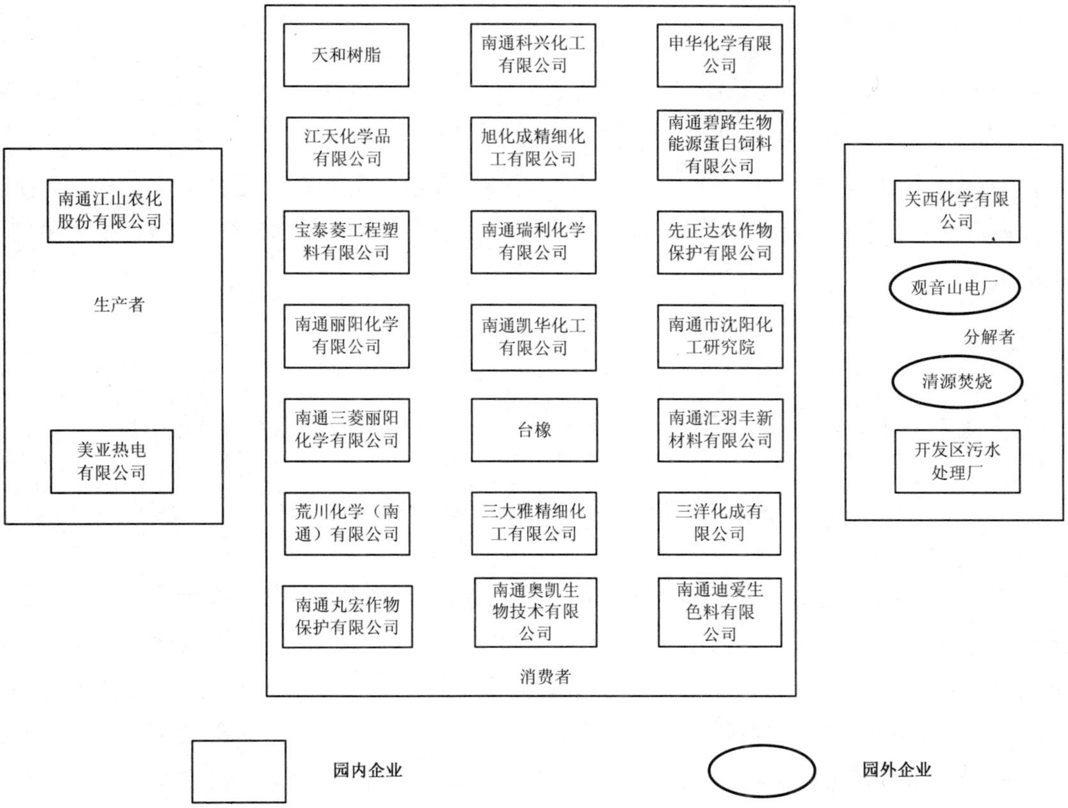

图 6-2　南通经济开发区化学园企业生物群落分类图

6.2.3　化学园产业链生态化方案

南通经济开发区化学园目前规模尚小，应充分发展甲醛、吡啶、氯碱、丁苯橡胶、POM、PVDC、PMMA、有机颜料等行业，形成优势产品群；推进先正达、申华、丸宏、瑞利、迪爱生、三菱丽阳、宝泰菱、三洋化成、三大雅等企业技术改造；加快发展吡啶类农药、纺织化学品、造纸化学品、食品添加剂，形成精细化学产业链。

根据对园区产业链现状分析得出，目前南通经济开发区化学园产业相关企业少，行业分类多，主导产业链短，一方面需要拓展主导产业链，另一方面需要寻找潜在的其他产业链。根据对潜在聚变活性因子的分析，提出南通经济开发区化学园产业链构建方案，即着力围绕潜在三大行业，分别打造农业产业链、橡胶产业链及氯碱-精细化工品产业链。

6.2.3.1 农药产业链

化学园中农药企业现状图如图 6-3 所示，南通经济开发区化学园农药企业原有先正达的百草枯，瑞利的吡啶，凯华的双甘膦三家农药企业，建议在现有产业链基础上，以江山农化草甘膦项目为核心，一方面继续向下游发展，发展多种农药，提高总体竞争力，另一方面向草甘膦上游产业链亚氨基二乙腈-亚氨基二乙酸（IDA）—双甘膦拓展，节约原料和运输成本。

南通江天化学有限公司（甲醇制甲醛）
宝泰菱塑料有限公司（甲醇制甲醛）
→
南通瑞利化学有限公司（甲醛生产吡啶）
南通江山农药股份有限公司（甲醛生产草甘膦）
→
先正达作物保护有限公司（吡啶生产百草枯）

图 6-3 南通经济开发区化学园农药产业链现状

南通江山农药化工股份有限公司是原化工部和江苏省的重点骨干企业之一，是江苏省支柱产业重点企业（集团），江苏省成长型企业和中国最大的农药生产企业之一。江山股份现有项目位于南通市姚港化工区。该化工区是目前位于城市中心区域的一个老化工区，其工业污染和环境风险相对较大。南通市政府已决定将该化工区整体搬迁至南通经济开发区化学园。江山农化将带动南通经济开发区化学园新的经济增长点，化学园应依托江山农化的农药生产优势，壮大现有农药产业，形成优势农药产业群。

一方面根据江苏省《农药行业规划》，鼓励发展：啶虫脒、嘧菌酯、虫螨腈、噻虫胺、吡氟酰草胺、烯酰吗啉、咯菌腈、茚虫威、醚菌酯、烟嘧磺隆、吡呀酮、磺草酮、吡螨胺等国外专利即将到期、不会发生知识产权纠纷的仿制类农药产品；国家“十一五”科技支撑计划项目农药创制工程候选创制品种的研发课题组提供的 9 个具有自主知识产权、可替代高毒品种的创制候选农药新品种：杀虫剂硫氟肟醚、甲磺虫腙、哌虫啶，杀菌剂毒氟磷、丁香菌酯、唑菌酯、吡氟菌酯、丁吡吗啉，除草剂喹草烯等具有优良的杀虫、杀菌或除草活性。

另一方面对于农药企业来说，连续化的操作是降低生产成本的主要途径，向草甘膦上游产业链拓展，可以节约原料和运输成本。草甘膦合成路线主要有烷基酯法和 IDA 法，IDA 法比较多，江山农化目前使用 IDA 法，利用亚氨基二乙腈生产亚氨基二乙酸再转化为双甘膦，向上游产业链亚氨基二乙腈（江山）-亚氨基二乙酸（IDA）—双甘膦拓展，是提高产品竞争力节约成本的有效途径。

拟建的农药产业链如图 6-4 所示。

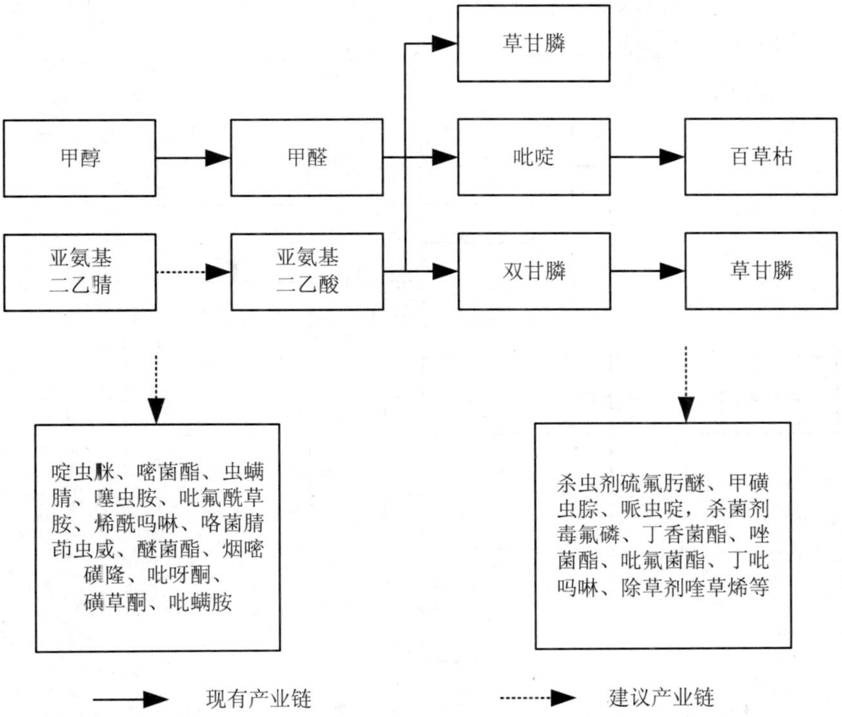

图 6-4 南通经济开发区化学园拟建农药产业链

6.2.3.2 橡胶产业链

近年来中国汽车工业的飞速发展，带动轮胎产业的蓬勃发展，合成橡胶呈现供不应求的趋势。国内汽车工业、公路建设以及运输业的发展意味着国内轮胎和其他橡胶制品的需求依然旺盛。南通经济开发区化学园现有台橡集团和申华化学有限公司，朗盛—台橡（南通）化学工业有限公司由全球领先的德国特殊化学品集团朗盛公司和台橡公司共同出资建立，提供主要应用于汽车和建筑行业的高品质丁腈橡胶。申华化学工业有限公司由台湾合成橡胶股份有限公司、日本丸红株式会社及南通石化总公司共同投资组建，生产 10 万 t/a 丁苯橡胶，丁苯橡胶是所有合成橡胶中用途最广、需求量最大的橡胶。其主要用途是制造汽机车、自行车轮胎、鞋类、胶管、水竹、运动器材、输送带及工业制品等。

围绕两大企业，着力延伸橡胶产业链。着力发展丁苯橡胶、顺丁橡胶、丁腈橡胶和乙丙橡胶的扩能降耗技术和新牌号的开发；开发异戊橡胶、丁基橡胶和苯乙烯-异戊二烯-苯乙烯嵌段共聚物等的成套新技术，以满足碳五综合利用、降低乙烯产业链成本的要求。

同时南通经济开发区船舶机械园拥有中船机械，虹波重工等 10 多家机械公司，橡胶产业链继续向下游拓展，生产轮胎、机械零部件等各种橡胶制品，可以与南通经济开发区机械行业联动。

此外，橡胶生产需要橡胶助剂，轮胎生产需要补强材料炭黑，适当引进橡胶助剂生产企业，可以节约原料和运输成本。

拟建橡胶产业链如图 6-5 所示。

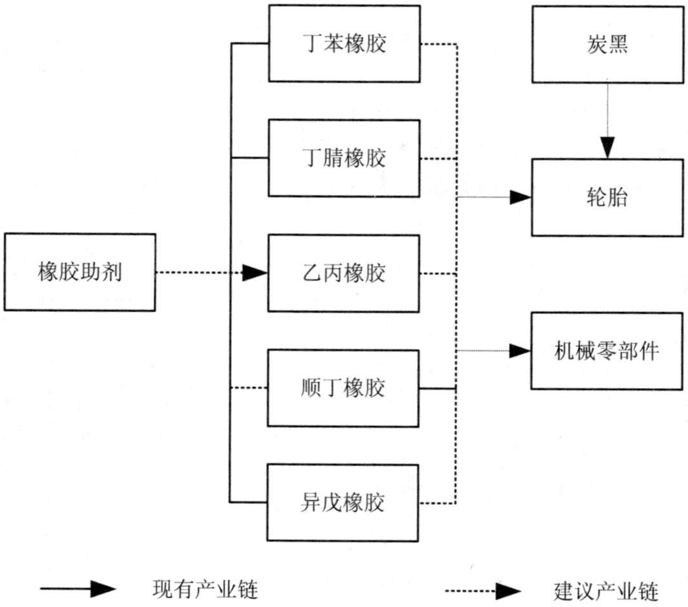

图 6-5 拟建的橡胶产业链

6.2.3.3 氯碱-精细化工链

南通经济开发区化学园现有江山农化建有 10×10^4 t/a 的离子膜烧碱项目，生产的烧碱、氯气、盐酸、氢气等基础原料可以用于发展精细化工。目前园区有包括三洋化成、天和树等 10 家精细化工公司，主要生产颜料及助剂。鼓励现有企业和江山农化签订基础原料使用协议，降低成本。

拟建产业链如图 6-6 所示。

6.2.3.4 废物链

精细化工生产中会产生各种副产品、固体废物、废液等，应当引进技术和项目，将其充分地进行综合利用，分离提取有用物质，提高整个园区的资源利用率。一般工业固废应按类型进行处理。对于可以回收的工业固废，按照循环经济思想的立足回收，再次进入本厂的产业链中，综合利用，实现资源化。

各类炉渣、回收的粉尘应全部回用，达到零排放。热电厂产生的煤渣，供铺路和建筑材料的制造。目前已有企业将废渣外售给砖瓦用于建材制造，考虑到废渣产生量大，外售增加运费成本，建议引入再生废渣的建筑材料公司。

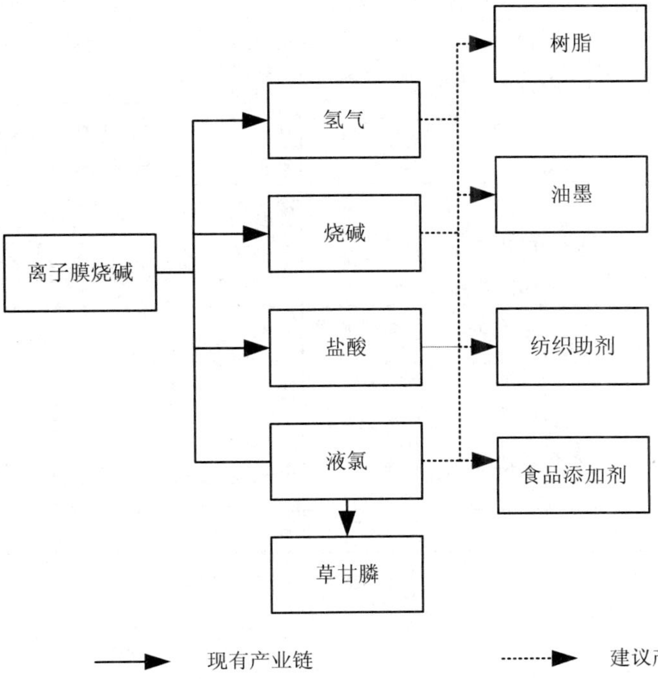

图 6-6　氯碱产业链

橡胶行业达到规模生产后，考虑引入废胶再生企业，废胶可加工得到胶粉，或热分解回收炭黑、烃类油、萜烯以及燃气（如甲烷）等化工原料和燃料，也是理想的铺路材料中的改性成分，可改善纯沥青夏天烈日下熔化及冬天低温下开裂等致命缺点。

6.2.3.5　拟引入产业链项目汇总表

拟引入产业链项目汇总表见表 6-5。

表 6-5　南通拟引入产业链项目汇总表

	产业链名称	现有项目名称	拟引入项目名称
农药产业链	亚氨基二乙腈-亚氨基二乙酸（IDA）-双甘膦-草甘膦-多种农药	江山农化草甘膦项目	亚氨基二乙腈
			啶虫脒、嘧菌酯、虫螨腈、噻虫胺、吡氟酰草胺、烯酰吗啉、咯菌腈、茚虫威、醚菌酯、烟嘧磺隆、吡呀酮、磺草酮、吡螨胺等国外专利即将到期、不会发生知识产权纠纷的仿制类农药产品
			杀虫剂硫氟肟醚、甲磺虫腙、哌虫啶，杀菌剂毒氟磷、丁香菌酯、唑菌酯、吡氟菌酯、丁吡吗啉、除草剂喹草烯等具有优良杀虫、杀菌或除草活性

	产业链名称	现有项目名称	拟引入项目名称
橡胶产业链	丁基橡胶、丁腈橡胶-多种橡胶	台橡丁腈橡胶 申华丁基橡胶	可降解塑料、泡沫塑料以及皮革、轮胎、涂料等行业用新材料
			异戊橡胶、丁基橡胶和苯乙烯-异戊二烯-苯乙烯嵌段共聚物等的成套新技术
	助剂-橡胶-轮胎-机械、汽车	台橡丁腈橡胶 申华丁基橡胶 园区机械企业	橡胶助剂，补强材料炭黑
			轮胎、机械零部件等各种橡胶制品
氯碱精细化工产业链	氯碱—油墨，食品添加剂，树脂，纺织助剂	江山农化的离子膜烧碱装置 10家精细化工厂	鼓励现有企业和江山农化签订基础原料（盐酸，氢气，液氯，烧碱）使用协议
废物链	煤渣、炉渣、一般固废渣-路基、砖瓦	外售给砖瓦厂	再生废渣的建筑材料公司
	橡胶—废胶—再生回收		再生废胶公司

6.2.4 稳定性分析

企业数，产业链数以及副产品量代表园区产业共生的基本属性，其中企业之间因产品、副产品上2个企业或废物的交换，形成产业链。南通农药化学园企业数、产业链数、副产品交换量，关联度四组数据如表6-6所示。

表6-6 南通农药化学园数据

年份	企业数 X_1/个	产业链数 X_2/条	交换量 X_3/（t/a）	关联度
1996	7	0	0	0
1998	9	1	11 000	0.027 8
1999	10	3	30 685	0.066 7
2002	13	4	30 737.21	0.051 3
2004	21	6	32 182.21	0.028 6
2006	28	7	52 153.21	0.018 5

卡伦堡工业园是经典工业园，将南通经济开发区化学园1996—2006年四组数据分别与卡伦堡工业园相比较，可以看出南通经济开发区化学园与卡伦堡工业园的差距，四组数据比较如图6-7所示。

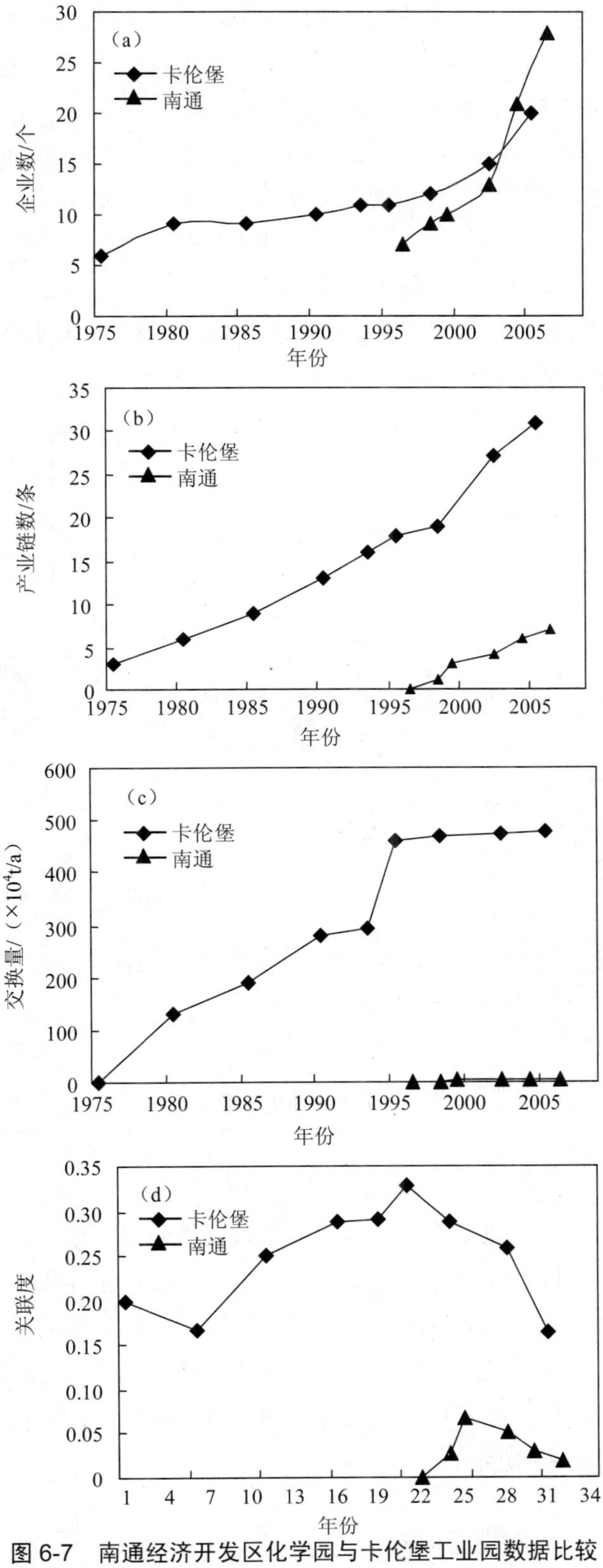

图 6-7　南通经济开发区化学园与卡伦堡工业园数据比较

由图 6-7 可以看出，卡伦堡工业园规模比较小，企业数少，南通经济开发区化学园与其规模相近；图 6-7（b）至图 6-7（d）说明，卡伦堡形成的产业链数和产品废物交换量远大于南通经济开发区化学园，就关联度总体趋势看，卡伦堡也远大于南通经济开发区化学园。两个工业园的关联度变化不大，不如交换量变化趋势明显，而由于产业链数目的增长速度低于企业数目的增长速度，均出现关联度下降的情况，物质交换量却随年份增加。

选取园区共生体成员个数即企业数目，产业链个数，企业间物质交换量作为工业园这个共生体的特征分量 X_1，X_2，X_3，采用公式（6）归一化后消除量纲，作为 SOM 的输入神经元，南通经济开发区化学园网络层为 3×6，通过 Matlab 编程得到南通经济开发区化学园序参量ξ 的动态演化过程体见图 6-8。

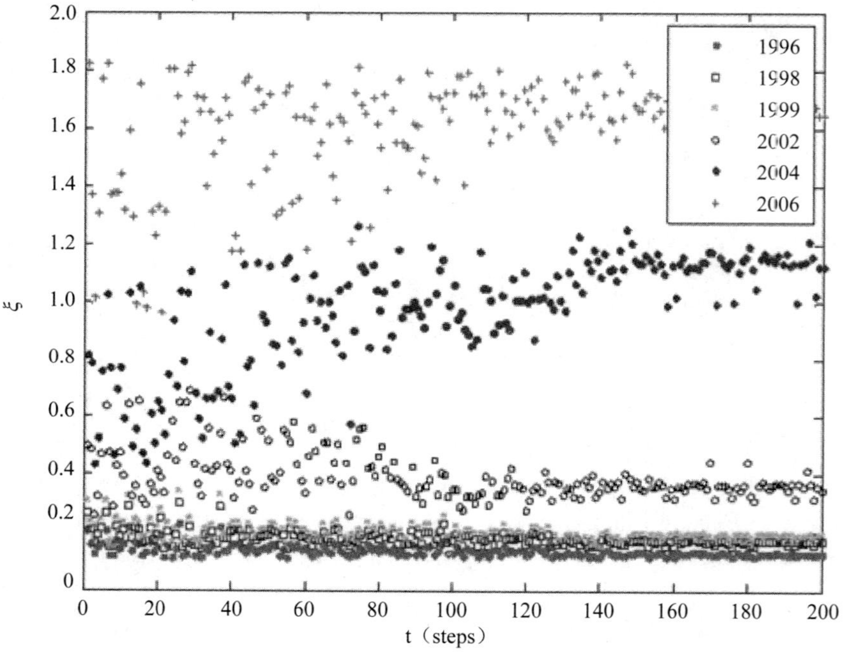

图 6-8　南通精细化学园序参量ξ

图 6-8 中各年份的ξ 均从杂乱散点状态最终达到竞争稳态，稳定值即代表工业园各年份的共生竞争获胜模式。工业园建设之初，共生效果不明显，ξ 值基本呈直线状态，随时间增加，ξ 值呈现逐年上升趋势，且在各个年份由散点状态达到稳定。南通化学园在 130 步后趋向稳定。故南通化学园的发展均符合最大流原理，并自发向稳态靠拢。且ξ 值呈现逐年上升趋势，说明工业园发展呈良好态势，其共生稳态随时间而增强。

将南通经济开发区化学园各年份最终达到的稳定ξ 值与卡伦堡工业园能获得的最新值（2005 年）比较，如表 6-7 所示。

表 6-7 南通经济开发区化学园产业链稳定性

年份	1996	1998	1999	2002	2004	2006
南通ξ值	0.133 3	0.172 3	0.228 4	0.367 7	1.146 4	1.675
产业链稳定性/s	0.046 4	0.060 0	0.079 6	0.128 1	0.399 4	0.583 6

由表 6-7 可知，南通经济开发区化学园产业链稳定性逐年增加，由 1996 年的 0.046 4 增加到 2006 年的 0.583 6。但相比卡伦堡工业园还有很大差距，应拓展产业链，增加副产品交换量，提高产业链稳定性。

6.3 基于系统动力学的生态工业系统模型构建

基于系统动力学的管理决策建模方法的应用领域十分广泛。从工业企业管理决策（包括生产、销售、订单、库存、人力资源、财务等管理）到市场股票与市场增长的不稳定性问题；从民用到军用；从科研、设计工作的管理到城市发展规划的管理决策；从区域经济规划到国民经济的宏观调控；从世界面临人口呈指数增长与资源日趋殆尽的危机到糖尿病检验的病理假设；从犯罪到吸毒问题等。

基于开发区产业系统特征，针对开发区的综合管理需求，结合 SD 在区域研究中的优势，建立南通经济技术开发区生态工业管理系统的动态模型。

6.3.1 开发区生态工业管理模型构建

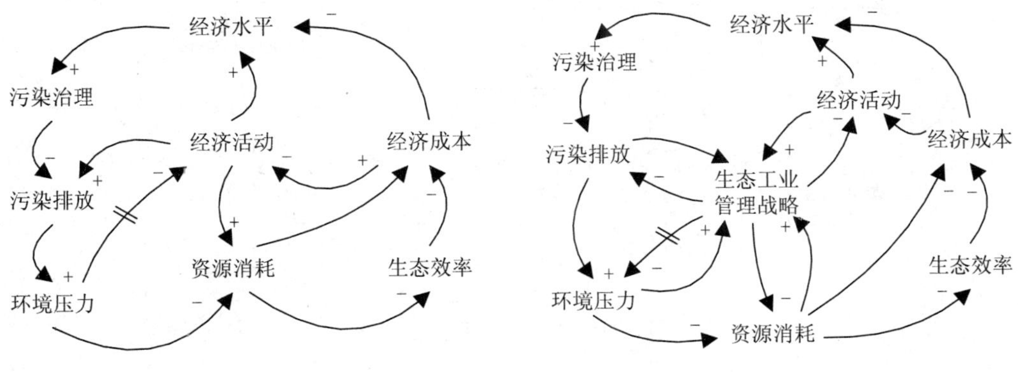

图 6-9 自然水平和 SD 模型水平生态工业系统反馈关系图

6.3.1.1 系统反馈关系

工业经济增长的负面影响是资源短缺和污染物排放不断增加，以至对经济产生反作用，使生态效率降低，环境压力增大。污染排放与污染治理量有关，污染物处理率提高，环境污染就会相应减少，对经济增长的限制和约束作用也会降低；自然资源（水资源、耕地资源、能源）的消耗和经济成本有关，在经济飞速增长、资源消耗量随之急剧增长的情况下，资源短缺对经济增长的制约程度越来越严重。基于这一思想建立了自然水平和SD模型水平的开发区生态工业系统管理反馈关系图(图6-9)。其中正、负反馈关系分别用“+”、“－”表示。自然水平表明当前形势是在高速经济发展压力下存在潜在问题，资源和污染环境恶化；SD模型水平仿真生态工业管理战略下，经济发展对资源和污染排放（基于自然水平研究）的影响。

6.3.1.2 模型结构

利用SD建模得出的结论不仅来自模型的最终计算结果，还来自模型过程中通过各阶段迭代所得到的认识。依据各子系统的相互联系、相互制约及动态变化特征构建开发区生态工业管理SD模型，模型包含状态变量、速率变量、辅助变量及常量。模型结构包括：

（1）经济产出模块（图6-10）。表示工业投入与工业产出的关系，探讨该开发区经济生产部门在环境条件（资源、污染排放）限制下合理的发展速度和产业关系；

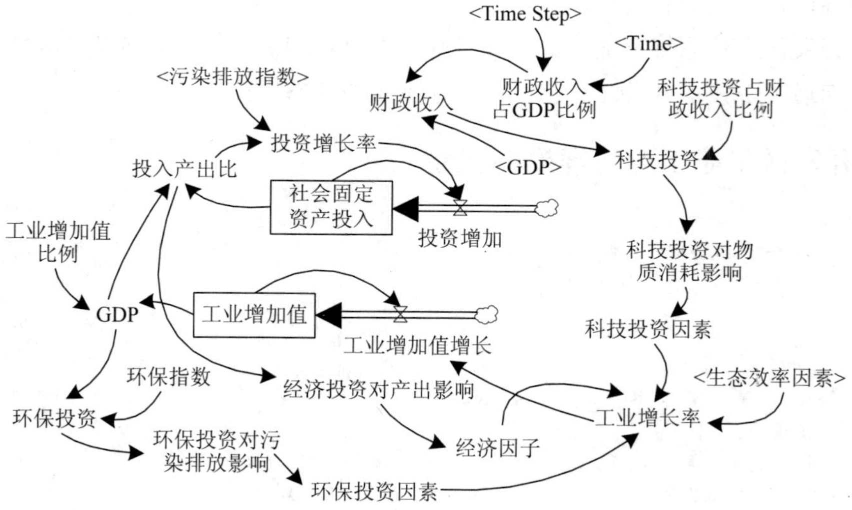

图6-10 经济产出系统流程图

（2）物质消耗模块（图6-11）。研究开发区投入等物质增长机制，探讨在经济发展和环境条件限制下，开发区的物耗适度规模和控制策略；

（3）综合集成模块（图6-12）。探讨生态工业发展模式下，产业生态网络度和生态管理因子对物耗和经济产出的影响；

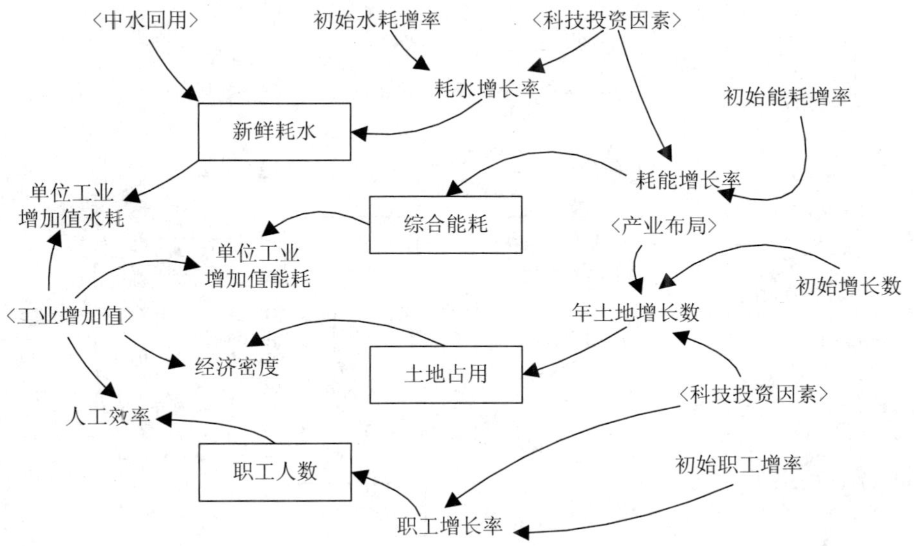

图 6-11　物质消耗系统流程图

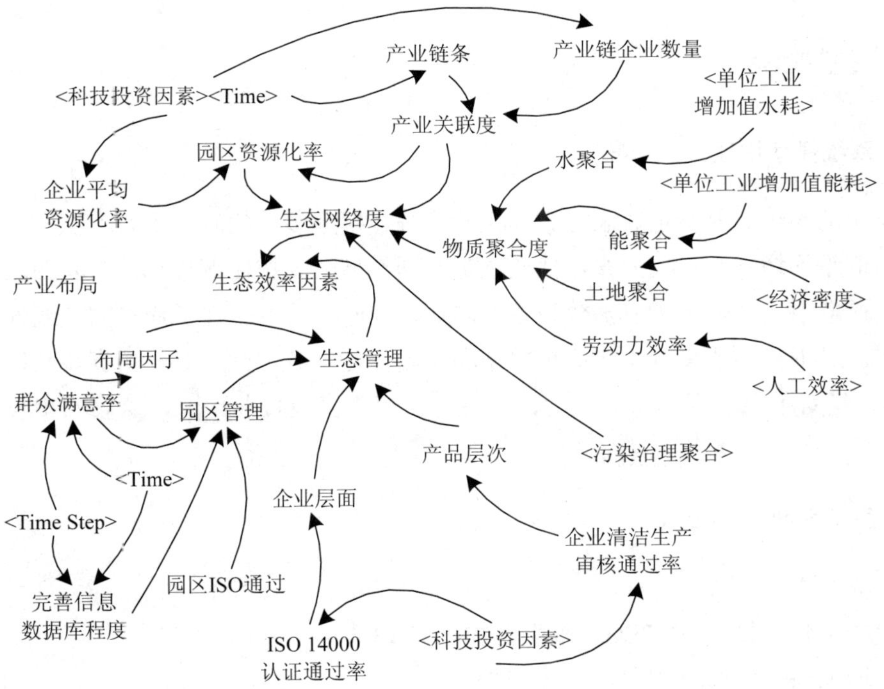

图 6-12　综合集成系统流程图

（4）污染控制模块（图 6-13）。主要研究污染排放的发生处理机制，探讨一定的工业发展速度，物耗总量控制、投资比例下的污染排放与经济产出的关系。

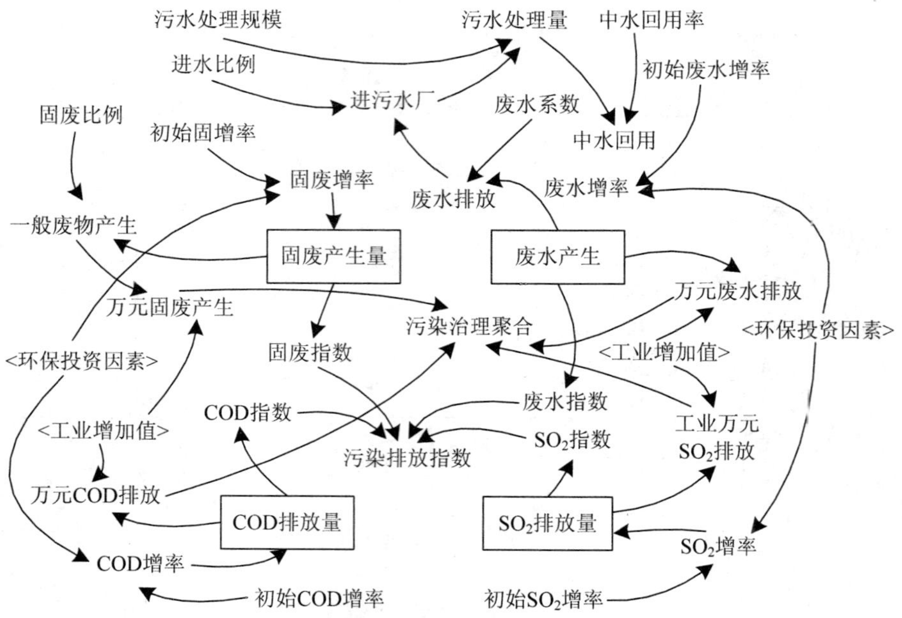

图 6-13　污染控制系统流程图

6.3.2　模型检验

6.3.2.1　系统模型说明

模型中的参数有常数值、表函数、初始值等。模型参数的确定主要方法有：利用历史统计资料取平均增长率；根据参数性质选定不同类型公式按比例推算；用回归法确定参数和方程。模型中大量使用了表函数和条件函数，方便有效地处理了众多的非线性问题和不确定因素。对于初始值采取拟合历史数据和初始化处理等方法。对于仿真步长，模型取为 DT=l 年，经对模型进行测试后认为，模型未出现失真及振荡现象，这表明步长选取合理可行。

6.3.2.2　各子系统主要公式

（1）模块主要公式有：

社会固定资产投入=INTEG（投资增加，50.13）

投资增加=社会固定资产投入×投资增长率

投资增长率=0.418 96+0.139 056×投入产出比−0.174 233×污染排放指数

科技投资因素=WITHLOOKUP（科技投资对物质消耗影响{[（0，0）−（20，1）]，（0.1，0.9），（1，0.8），（2，0.7），（3，0.6），（4，0.5），（6，0.45），（8，0.4），（12，0.3），（15，0.2），（18，0.1），（20，0.05）}

工业增长率=科技投资因素（0.25）×经济因子（0.25）×生态效率因素（0.25）×
环保投资因素（0.25）

（2）模块主要公式有：

新鲜耗水= INTEG[新鲜耗水×耗水增长率−中水回用（1 934.05）]

耗水增长率=初始水耗增率×科技投资因素

初始水耗增率=0.302

单位工业增加值水耗=新鲜耗水/工业增加值

（3）模块主要公式有：

生态效率因素=生态网络度（0.5）×生态管理（0.5）

生态管理=产品层次（0.3）×布局因子（0.1）×企业层面（0.3）×园区管理（0.3）

生态网络度=园区资源化率（0.2）×物质聚合度（0.3）×污染治理聚合（0.3）×
产业关联度（0.2）

物质聚合度=土地聚合（0.2）×水聚合（0.3）×能聚合（0.3）×劳动力效率（0.2）

园区资源化率=产业关联度×企业平均资源化率

产业关联度=产业链条/[（产业链企业数量−1）×产业链企业数量/2]

（4）模块主要公式有：

污染排放指数=（废水指数+固废指数+COD 指数+SO_2 指数）/4

污染治理聚合=（（1/工业万元 SO_2 排放）+（1/万元 COD 排放）+（8/万元废水排放）+
（0.1/万元固废产生））/4

COD 排放量= INTEG[COD 排放量×COD 增率（1 025.6）]

COD 增率=初始 COD 增率×环保投资因素

初始 COD 增率=0.32

COD 指数=COD 排放量/1 025.6

万元 COD 排放量=COD 排放量/工业增加值

6.3.3　仿真实验

在建立的 SD 模型基础上运行后，可模拟自然水平下生态工业管理动态系统，按现有废水产生速度设计的污水处理规模满足发展需要；现有科技投入下，实施中水回用可抑制新鲜耗水投入；现有投资对产出的影响表现为 S 形发展影响；现有环保高投入下，单位产污量减少，但污染指数一直增加。

6.3.3.1　仿真检验

（1）直观检验

主要通过对资料的进一步分析，用来检验模型是否与系统的内部机制相一致，因果关系是否合理，对每个元素、变量是否有正确的定义，模型方程表述是否合理、量纲是否一致。直观检验可通过 Vensim_DSS 的编译检错与跟踪功能实现，是模型运行的前提。

（2）历史检验

由于该开发区 2000 年后发展迅速，生态工业建设取得一定成绩，通过模型中水平变量社会总投资、工业增加值、年总耗水、年总耗能、年废水产生、年 SO_2、COD 排放为例，验证模型是否有效代表实际系统。验证起始年为 2002 年，2006 年为止，时间 5 年。对系统模型检验的目的是验证所建立的模型是否较好地反映系统的本质特征和某些主要特征。系统模型历史检验结果见表 6-8，误差都小于 10%，说明建立的模型仿真有效。除个别变量（2004 年后的年总耗水，2005 年 SO_2 排放）误差稍大于 10%外，其余误差均较小，由此可见构建的模型所描述的系统行为与实际系统行为是基本相符的，是有效的，能够代表现有生态工业系统发展趋势。

表 6-8 模型仿真输出与历史数据比较

年份	工业增加值/亿元			社会固定资产投入/亿元		
	仿真值	历史值	误差	仿真值	历史值	误差
2002	16.78	16.78	0.000 00	13.26	13.26	−0.000 24
2003	21.70	22.58	0.038 97	21.89	22.39	0.022 45
2004	30.06	32.10	0.063 55	34.80	32.70	−0.064 29
2005	42.26	46.90	0.098 89	52.82	50.13	−0.053 66
2006	59.41	58.82	−0.010 03	75.20	70.61	−0.065 08
年份	年总能耗/吨标煤			年总水耗/万 t		
	仿真值	历史值	误差	仿真值	历史值	误差
2002	340 600	340 634	0.000 10	1 300	1 300	0.000 35
2003	425 073	405 763	−0.047 59	1 659	1 633	−0.016 21
2004	546 381	563 355	0.030 13	2 056	1 802	−0.140 89
2005	725 009	787 878	0.079 80	2 487	1 934	−0.285 90
2006	979 095	894 064	−0.095 11	2 972	3 588	0.171 69
年份	职工人数/人			SO_2 排放/t		
	仿真值	历史值	误差	仿真值	历史值	误差
2002	10 567	10 567	0.000 00	976.59	976.6	0.000 01
2003	15 168	14 169	−0.070 51	1 243	1 314	0.054 03
2004	20 908	20 214	−0.034 33	1 692	1 868	0.094 22
2005	27 816	29 532	0.058 11	2 363	2 727	0.133 48
2006	36 388	34 702	−0.048 59	3 298	2 986	−0.104 49
年份	废水产生/万 t			COD 排放/t		
	仿真值	历史值	误差	仿真值	历史值	误差
2002	763.5	763.5	0.000 01	367.0	367.0	0.000 00
2003	909.8	914.0	0.004 66	472.5	494.5	0.044 53
2004	1 139.0	1 080.2	−0.054 47	651.4	703.0	0.073 41
2005	1 455.0	1 578.1	0.078 01	922.7	1 025.6	0.100 35
2006	1 858.0	1 742.2	−0.066 44	1 305.0	1 265.3	−0.031 38

（3）灵敏度分析

灵敏度分析，就是改变模型中的参数、结构，运行模型、比较模型的输出，而确定其影响的程度。当改变的是参数 X，输出变量为 Y 时，可建立灵敏度 S 分析表达式：

$$S_Q=\left|\frac{\Delta Q(t)}{Q(t)}\cdot\frac{X(t)}{\Delta X(t)}\right| \tag{6-1}$$

$$S=\frac{1}{n}\cdot\sum_{i=1}^{n}S_{Q_i} \tag{6-2}$$

式中：t 为时间，Q（t）为 t 时刻的状态变量值，X（t）为 t 时刻的参数值，ΔQ（t），ΔX（t）为状态变量和参数值的改变量。S 为 n 个状态变量的平均灵敏度。

本模型以科技投资比例参数的上下 10%的变化量来模拟研究 2006 年开发区 10 个状态变量的影响。根据式（6-1）、式（6-2）计算，对比两个参数值变化情况下的状态变量值各年份的误差，可得到科技投资比例的灵敏度分析见表 6-9。

参数科技投资比例灵敏度 $S1=-0.000\ 864$；$S2=0.000\ 948$。

表 6-9　科技投资比例参数灵敏度分析

状态变量	10%累积变化	−10%累积变化
废水产生	0.000 00	0.000 00
固废产生量	0.000 56	0.000 56
工业增加值	0.004 16	0.004 15
COD 排放量	0.000 34	0.000 34
新鲜耗水	−0.149 75	−0.156 25
社会固定资产投入	0.001 07	0.001 06
土地占用	−0.238 30	−0.253 63
职工人数	−0.209 29	−0.222 23
综合能耗	0.158 71	0.151 79
SO_2 排放量	0.000 30	0.000 30
灵敏度分析	−0.000 864	−0.000 948

参数灵敏度都在合理范围以内，模型行为模式并未因为参数的微小变动而出现异常变动，因此模型是可信的，表明模型可以应用政策实验室进行模拟分析。

6.3.3.2　仿真模拟结果

（1）现状模拟

模型基础调控参数为 2005 年数据，仿真时间为 2006—2020 年，仿真命名为 base。在未改变任何参数的情况下进行仿真模拟，模型参数初始值见表 6-10。在建立的 SD 模型基础上运行后，可模拟生态工业动态系统，得出相关变量的模拟曲线。通过建立开发区生态工业系统模型系统流图及 vensim_DSS 软件进行仿真，该软件具有根据初始条件自动动态仿真功能。

表 6-10 模型参数值

参数	数值
环保指数 envronment protection costs index	0.03
科技指数 investment index of science and technology	0.1
工业增加值率 industrial added value ratio	0.746
废水系数 waste water dicharged ratio	0.86
初始水耗增率 initial rate water consumption	0.302
初始能耗增率 initial rate energy consumption	0.21
初始职工增率 initial rate Increase in Labor	0.357
初始土地增长 initial annual average increase	8.2
初始废水增率 initial rate waste water produced	0.227
初始固废增率 initial rate solid waste produced	0.7
初始 COD 增率 initial rate of COD discharged	0.32
初始 SO_2 增率 initial rate of SO_2 emission	0.28
进水比例 wastewater ratio entering plants	0.55
固废产生系数 solid waste dicharged ratio	0.732

（2）模拟结果分析

开发区规划远期污水处理规模满足废水产生增长需要，实施中水回用抑制新鲜耗水投入增加；物质消耗、污染排放系统受科技投入和环保投入双重影响。

1）开发区循环经济系统输入变量包括职工人数 A1、新鲜耗水 A2、综合能耗 A3、土地占用 A4、社会固定资产投入 A5，见图 6-14；输出变量包括工业增加值 B1、废水产生量 B2、SO_2 排放量 B3、一般废物产生 B4、COD 排放量 B5，见图 6-15。由于开发区投入土地资源增加，循环经济系统的输入输出总量呈现增长趋势，但物质消耗和污染排放增长速度逐渐减缓；现有社会投入受污染排放指数的影响，会有所上下波动，对产出 GDP 的影响表现为投入产出比呈 S 形增长，工业增长率受环保、经济、科技、系统生态效率因子影响，最高 31%，到 2015 年降到 21%，2010 年降到 13%，呈先增后减趋势。

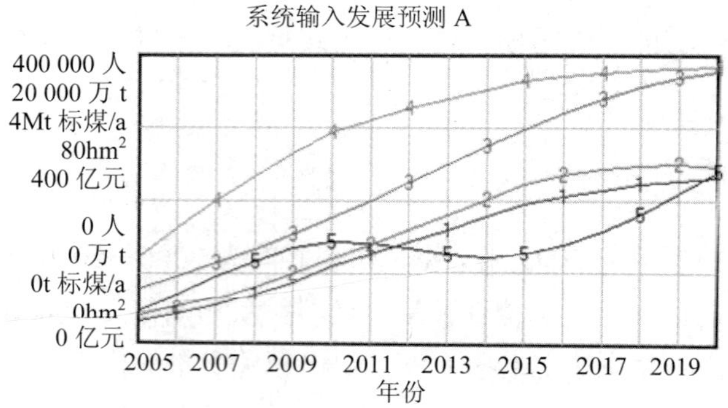

图 6-14 模型仿真系统输入变化

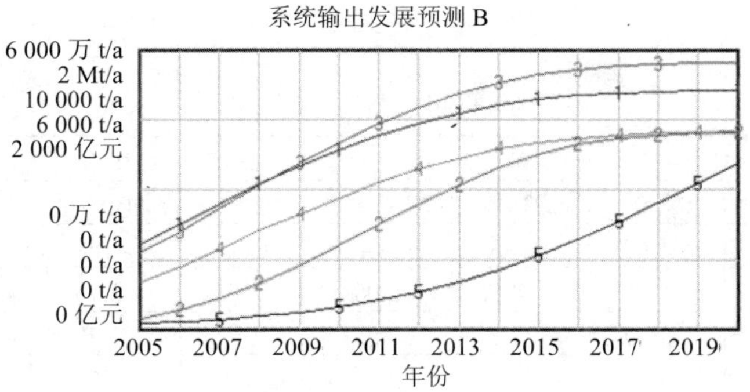

图 6-15　模型仿真系统输出变化

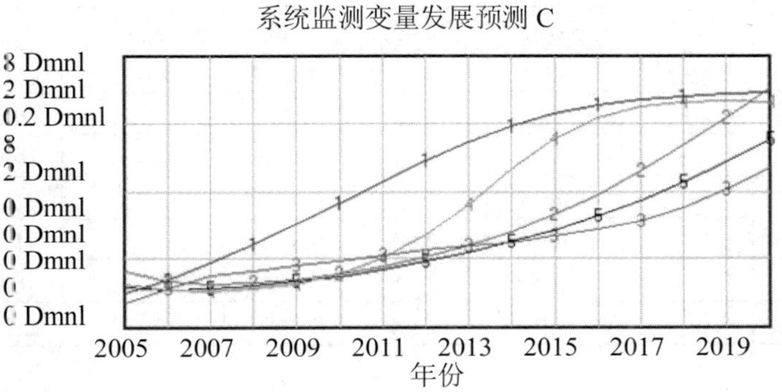

图 6-16　模型仿真系统监测变量变化

2）开发区循环经济发展模式下，需要了解和评估系统发展状态，选取投入产出比 C1、物质消耗聚合度 C2、污染控制聚合指数 C3、污染排放指数 C4、生态效率 C5 为监测变量，结果见图 6-16。现有环保科技投入下，物质消耗量、单位工业增加值产污量减少，系统生态效率持续增加，但污染排放总量增幅达 6.91 倍，环境压力很大。

3）按照理想的开发区工业系统生态化模拟，开发区系统的输入输出呈倍数增长的趋势，见表 6-11。输出变量工业增加值增幅 25.38 倍，说明循环经济系统将取得明显的工业经济效益；一般废物产生量增幅 17.08 倍，说明今后系统固体废物的综合利用是开发区循环经济的首要减量对象。输入变量增长幅度最大的是职工人数，说明开发区循环经济系统能创造更多的就业岗位；系统输入输出增幅下降，“十二五”比“十一五”期间，每 5 年的平均增幅由 3.24 倍降为 1.69 倍，“十三五”降为 1.03 倍。

应用系统动力学建立南通市经济技术开发区循环经济系统模型进行动态仿真，可以预测现有技术、政策水平下，开发区系统输入输出变化趋势，同时监测系统效率变量，发现系统存在的潜在问题。系统动力学最重要的特点就是能模拟不同策略下系统的动态变化过程和发展趋势。因此，对开发区循环经济系统决策支持系统开发中模型库的研发只是刚刚开始，可以应用这种方法对循环经济系统效率进行多方案设计和分析，从而更好地为决策提供依据。

表 6-11 系统输入输出仿真

项别	2005 年		2010 年（5 年）		2015 年（10 年）		2020 年（15 年）	
	仿真值	单位	仿真值	增至倍数	仿真值	增至倍数	仿真值	增至倍数
A1	2.95	万人	10.93	3.70	19.67	6.66	23.14	7.84
A2	1934	万 t	5 975	3.09	11 171	5.78	12 326	6.37
A3	78.8	万 t 标煤	177.2	2.25	298.8	3.79	378.8	4.81
A4	24.29	km^2	58.71	2.42	73.05	3.01	76.86	3.16
A5	50.13	亿元	142.97	2.85	127.17	2.54	240.39	4.80
B1	46.89	亿元	162.18	3.46	527.14	11.24	1 190	25.38
B2	1 833	万 t	3 843	2.10	4 944	2.70	5 145	2.81
B3	2 727	t	6 690	2.45	9 110	3.34	9 570	3.51
B4	6.02	万 t	43.92	7.30	91.59	15.22	102.8	17.08
B5	1025	t	2 823	2.75	4 011	3.91	4 243	4.14
C1	1.254	—	1.520	1.21	5.556	4.43	6.637	5.29
C2	0.289 3	—	0.360 9	1.25	0.707 4	2.45	1.384	4.78
C3	0.403 3	—	0.380 9	0.94	0.830 3	2.06	1.762	4.37
C4	1.00	—	3.65	3.65	6.292	6.29	6.912	6.91
C5	0.017 7	—	0.047 4	2.68	0.065 9	3.72	0.117 5	6.64

6.4 生态工业系统管理策略研究

本章基于开发区生态工业系统动态仿真模拟及分析，从系统设计方面研究不同发展战略下的情景调控，试图构建系统效率评估过程，提出实现相对最优发展情景的管理策略。国内综合工业园在形成过程中有浓厚的非市场因素，园区循环经济系统注意纵向与横向的产业链网协调，强调物质、能量和信息三类关系的综合。由于管理制度的不完善，园区不同规模、不同产业水平企业共存，甚至土地使用结构的经济格局尚未形成；企业行业性质差别大，相互间难以建立沟通和联系，整体开发区经济环境系统目标需要统筹，存在生态工业系统优化空间。

6.4.1 生态工业调控情景参数设置

为了在开发区层次进行多方案发展情景分析，模型采用前述第 4 章建立的基于现状产业构成、环保、科技投入水平下的生态工业系统动态仿真模型，本节主要在现状发展情景基础上，系统设计不同发展战略动态情景模拟，模型参数设置主要考虑历史变化范围作为调控基础。

在未改变任何参数的情况下进行仿真模拟，模型参数初始值采取拟合历史数据和初始化处理等方法。模型仿真步长取为 DT=1 年，对模型进行测试后认为，未出现失真及震荡现象，这表明步长选取合理可行。模型检验以社会总投资和工业增加值为例，设定模型验证起始年为 2002 年，2006 年为止，时间 5 年，系统模型检验所有误差都小于 10%，说明建立的模型仿真有效，能够代表现有生态工业系统发展趋势。向已经建立的开发区生态工业系统的 SD 模型输入初始值数据，通过改变模型中与生态工业系统环保指数、科技指数、工业增加值率 3 个参数变量取值，模拟设定的系统发展情景。根据预先设定的调控参数，利用 vensim_DSS 软件进行模拟情景仿真，得出不同情景下的系统相关变量的模拟曲线，基础调控参数为 2005 年数据，仿真时间为 2006—2020 年。设定调控参数变化范围见表 6-12。

表 6-12　重要参数和变化范围

调控参数	调控范围
环保指数	0.021～0.039
科技指数	0.1～0.2
工业增加值率	0.55～0.88

根据开发区参数变化范围，设定三种生态工业管理战略，5 个模拟情景，见表 6-13。具体调控思路：提高经济效率战略，情景 1 为环保投资比例由基础情景 0.03 增加到 0.4，2020 年工业产值比重由 0.746 增加为 0.9；提高生态效率战略，情景 2 为科技投资比例由 0.1 增加为 0.2，2020 年工业增加值比例由 0.746 调整为 0.5；控制污染排放战略，情景 3 为减少污染排放，维持现状工业比重 0.746 和环保投资比重 0.03，科技投资比例由 0.1 增加为 0.2；情景 4 为提高污染治理，维持现状工业比重 0.746 和科技投资比例 0.1，环保投资比例由 0.03 增加为 0.04；情景 5 为维持现状，工业增加值率、环保、科技投入比例不变。基于复杂管理战略下的多个情景模拟分析，输出系统效率高的综合管理方案。模拟所采用的基本数据源于开发区创建 ISO 14000 国家示范区技术报告等资料。

表 6-13　生态工业系统仿真模拟调控参量及方案

方案	环保投入比例	科技投入比例	工业增加值率
情景 1	0.04	0.1	0.9
情景 2	0.03	0.2	0.5
情景 3	0.03	0.2	0.746
情景 4	0.04	0.1	0.746
情景 5	0.03	0.1	0.746

6.4.2 情景模拟与分析

在 NTEDTA 循环经济发展模式下，根据设定的管理战略，生态工业发展情景，需要了解和评估系统效率。系统经济产出、物质消耗、综合集成、污染控制模块间的 SD 反馈关系被仿真，模拟基础发展情景（情景 5）发现经济产出 GDP、污染排放指数都为持续增长的趋势。

6.4.2.1 不同管理战略下 GDP 变化

2020 年 GDP 值情景 2＞情景 5＞情景 3＞情景 4＞情景 1，表 6-14 为 5 种情景下南通经济开发区 GDP 总值的变化趋势。情景 1 由于加大工业比重，GDP 值增长最慢；情景 2 由于调整产业结构，GDP 值增速最大；发展情景 3、情景 4 的 GDP 值增长率低于现状（情景 5）发展速度。根据“十一五”规划目标，开发区 GDP 值要达到 250 亿元以上，人均 20 万元，在不断调整产业结构，提高科技投入比例战略下，才有可能实现目标。设定不同工业增加值率比重的管理战略下，系统发展情景有很大不同，情景 2 的 GDP 值增长快于工业比重高的其他情景，2020 年达 2 214 亿元，是情景 1 的 1.78 倍。

表 6-14 不同发展情景下 GDP 值变化

年份	GDP 变化/10^6 元				
	情景 1	情景 2	情景 3	情景 4	情景 5
2005	62.86	62.86	62.86	62.86	62.86
2010	219.8	264.2	247.1	224.2	231.7
2015	613.3	962.5	751.4	675.3	721.0
2020	1 246	2 214	1 502	1 413	1 574

模型中经济产出系统，投入产出比为当年 GDP 值与固定资产投入的比值，根据历史数据拟合，系统模型中社会固定资产投入增长率受到投入产出比和污染排放指数的制约，见式（6-4）。

$$投资增长率=(0.418\,96+0.139\,056)\times 投入产出比-0.174\,233\times 污染排放指数 \tag{6-4}$$

5 种生态工业发展情景下，投入产出比、污染排放指数在 2010 年后差距增大，在 2015 年前的快速增长后增长趋于缓慢，模拟值见图 6-17。情景 5 经济发展效率最高，2019 年达最高值 6.586，是 2005 年的 5.3 倍，污染排放指数最高达 6.892，是 2005 年的 6 倍多；情景 1 和情景 4 两指标相差不大，说明产业结构调整不能完全解决经济发展效率和污染排放增加的问题；情景 3 的经济效率低，发展期末仅 2.6，污染排放也少，污染排放指数仅 3.7，说明科技投资比例增加会减少生产投资，同时能很好地解决污染增加问题。

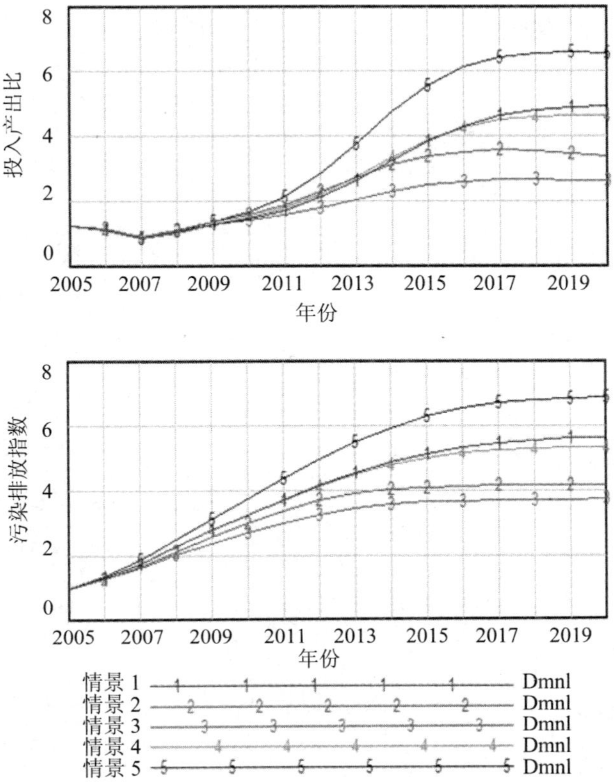

图 6-17　不同发展情景下投入产出比和污染排放指数的仿真

6.4.2.2　不同管理战略下系统物质消耗的变化

开发区生态工业动态仿真模型中消耗物质包括职工人数、新鲜水耗、综合能耗、土地占用。系统随仿真时间的变化，总的物质消耗呈递增的趋势，见图 6-18。开发区系统模拟结果显示，在仿真期间内物质消耗量情景 1＞情景 4＞情景 5，且增长很快；情景 3＞情景 2 系统物质消耗增加慢，物耗水平趋于平缓。从图 6-18（a）可知，在 2016 年后，由于中水回用技术的实施，模拟情景 2、情景 3、情景 5 新鲜水耗有减少的趋势，在规划 2020 年，情景 2 为 3 733 万 t，是现状情景 5 模拟值 12 198 万 t 的 0.3 倍，仅是模拟起始年 2005 年全年耗水量 1 934 万 t 的 1.9 倍，而情景 1 在 2020 年模拟值 14 624 万 t 是 2005 年的近 7.6 倍；图 6-18（b）中能源消耗量一直呈增长趋势，在 2020 年情景 2 为现状情景 5 的 0.5 倍，仅是 2005 年的 2.5 倍，情景 1 是 2005 年的 5.2 倍；图 6-18（c）情景 2 就业人口最少，是 2005 年 29 532 人的近 3.9 倍和 2.4 倍；图 6-18（d）模拟情景中土地占用最大值近 80 km^2 占到开发区总面积 146.98 km^2 的 50%以上，土地利用水平过高，情景 2、情景 3 土地利用面积 58 km^2 是相对合理的发展用地比例。系统 2020 年模拟情景表明开发区资源压力很大。

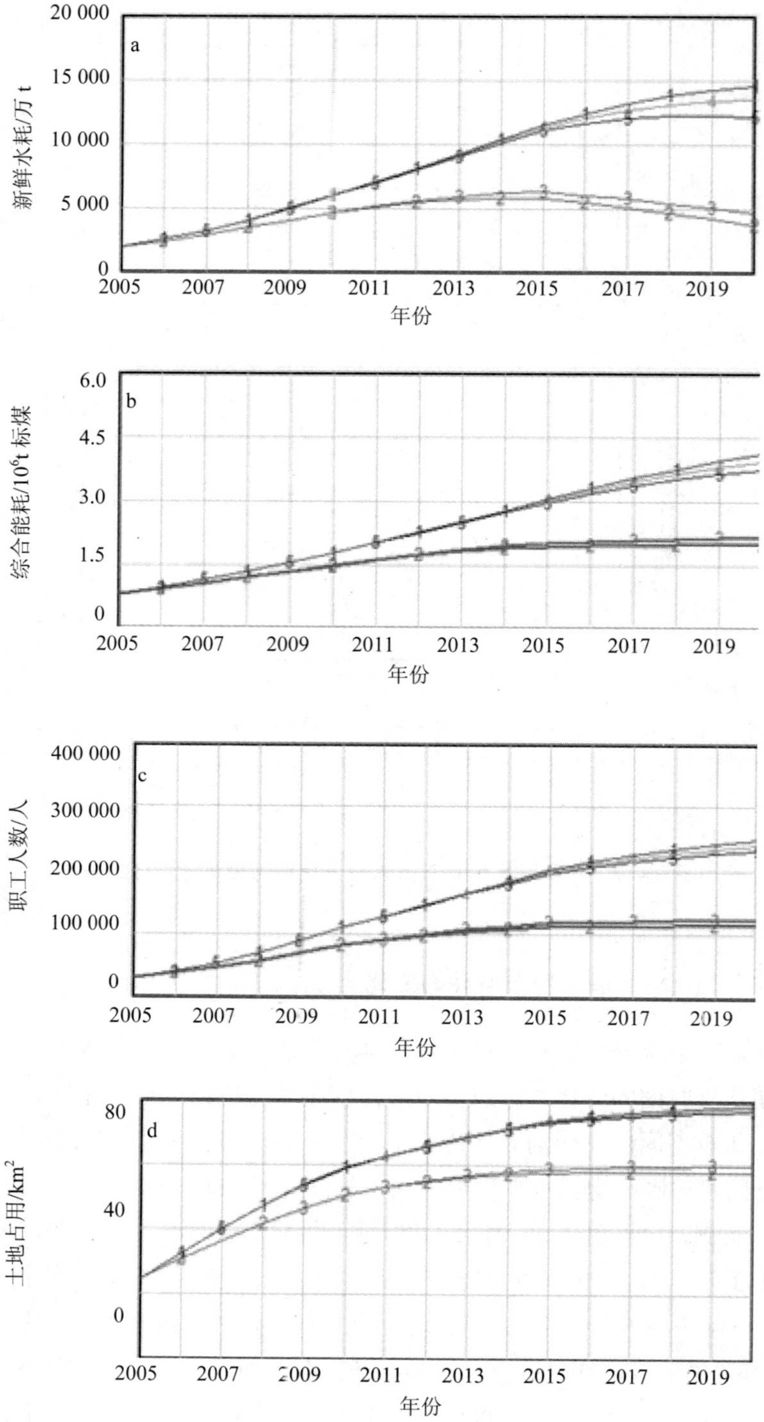

图 6-18　不同发展情景下物质消耗的模拟结果

6.4.2.3　不同管理战略下系统污染排放的变化

开发区生态工业动态仿真模型中污染排放五类型包括 SO_2 排放量、化学需氧量、废水产生量、一般固废产生量，系统随仿真时间的推移，污染排放呈递增的趋势，见图 6-19。开发区系统模拟结果显示，在仿真期间内不同类型污染物排放量变化情景 5>情景 1>情景 4>情景 2>情景 3，且 2016 年后污染排放增长都趋于平稳。按照现状发展情景 5，2020 年废物产生量是 2005 年排放量的最高 5 倍以上；情景 5 污染排放量最大，超过了情景 1，说明经济的快速增长是造成污染排放增长的直接原因；情景 3 的污染排放增长最慢，与情景 2 污染排放接近，说明科技投入比例提高是有效减少污染的原因；情景 1、情景 4 由于加大了环保投资比例，污染排放量低于基础发展情景 5，但还是高于提高科技投入比例的发展情景。在 2020 年，从图 6-19（a）可知，基础情景 5 SO_2 排放量达 9 572 t 增长最快，是 2005 年 2 727 t 的 3.51 倍，情景 3 排放量增长达 6 619 t，是 2005 年的 2.43 倍；图 6-19（b）中情景 3 最少一般废物排放量是 2005 年 6.017 万 t 的 7.7 倍，排放量最高情景达 17 倍；图 6-19（c）中情景 3 的 COD 排放量是 2005 年 1 025 t 的 2.14 倍，排放量最高情景达 4.14 倍；图 6-19（d）情景 3 废水排放量是 2005 年 1 833 万 t 的 2.48 倍，排放量最高情景达 2.81 倍。系统环境容量压力很大。

6.4.2.4　不同管理战略下系统对经济的影响

由于 NTEDTA 生态工业战略的实施，单位工业增加值物耗呈逐年下降的趋势，模型中用物质聚合度来表示不同情景下的系统物质消耗对经济的影响强度，情景 2>情景 3>情景 4>情景 1>情景 5，见图 6-20（a）。说明继续增加工业增加值率情景 1 和依靠增加环保投入情景 4 对经济的增长作用弱于其他发展情景。物质聚合度越大，物质消耗生态效率越高，其中万元工业增加值水耗情景 2 比情景 1 下降多 27%；万元工业增加值能耗情景 2 比情景 4 下降多 11%；2020 年生产效率和经济密度情景 2 分别是情景 1、情景 4 的 2.2 倍、1.4 倍。

系统单位工业增加值污染排放呈先增后减的趋势。模型中用污染控制聚合度来表示不同情景下的系统污染排放对经济的影响强度，情景 3>情景 2>情景 1>情景 4>情景 5，见图 6-20（b）。系统不同情景在前期单位产值污染排放还会增加，系统效率降低；后期随着时间的推移，单位产值污染排放量持续减少，系统效率恢复提升。污染控制聚合度越大，污染排放强度降低，生态效率提高，其中万元工业增加值一般废物产生情景 3 比情景 5 下降多 36%，万元工业增加值废水产生下降多 2%，万元工业增加值 SO_2 排放下降多 3.8%，万元工业增加值 COD 下降多 5.1%。不同管理战略下生态效率因素对系统效率的影响强度不同。

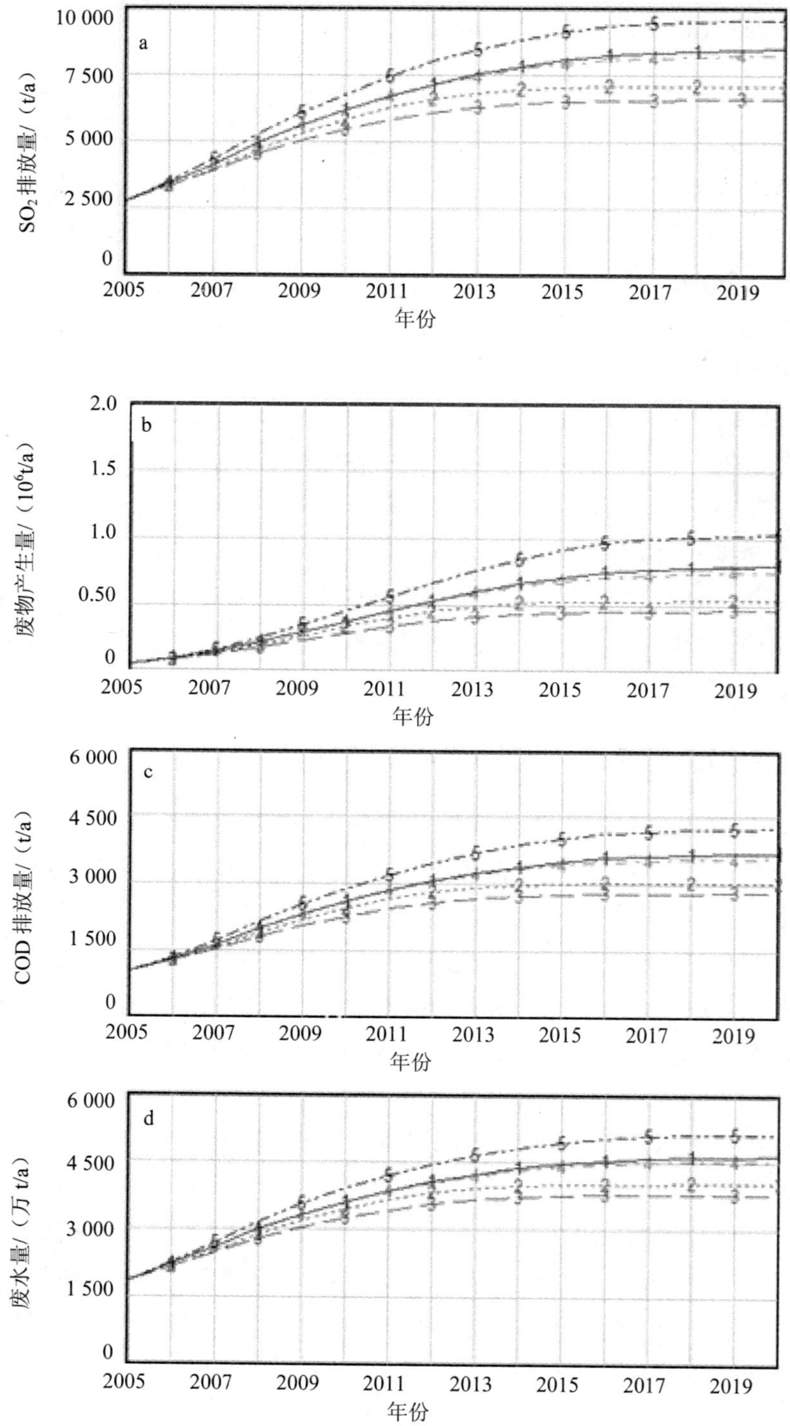

图 6-19 不同发展情景下污染排放的模拟结果

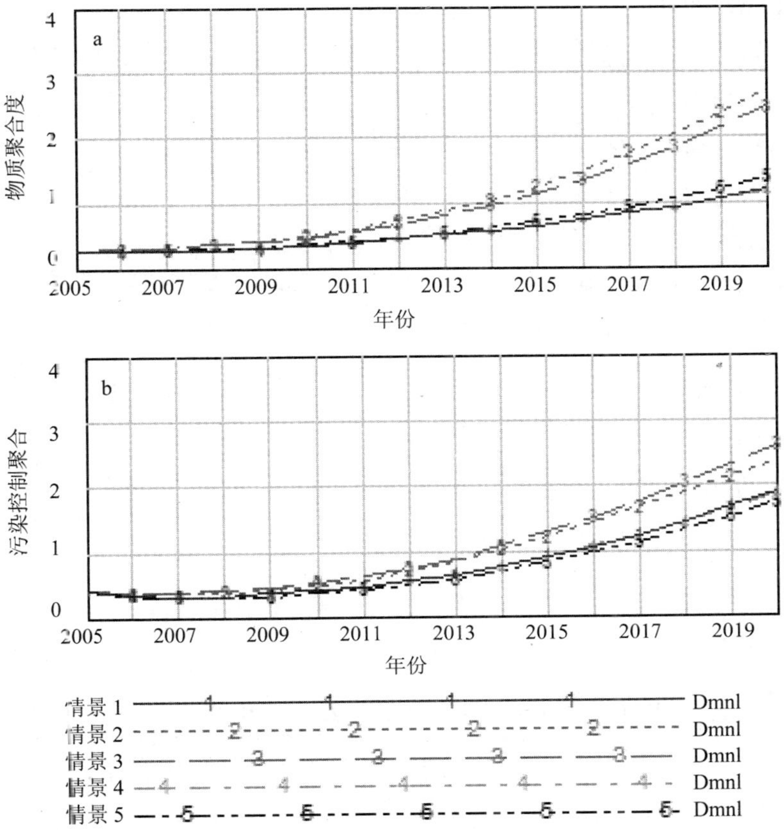

图 6-20 不同发展情景下污染物和资源对经济的影响

6.4.3 生态工业系统评价

随着开发区土地占用的增加，污染排放和资源消耗日趋严重，资源环境压力已成为制约开发区循环经济发展的重要问题。单就目前来看，南通经济技术开发区生态工业战略正处于初期实施阶段，强烈的现代化需求、密集的人类活动、快速的结构性增长和高物耗、高污染型的产化发展对生态环境的胁迫效应以正反馈形式发展。

6.4.3.1 相对系统效率灰色关联度分析

灰色关联度分析是依据各因素数列曲线形状的接近程度做发展态势的分析，对于一个系统发展变化态势提供了量化的度量，非常适合动态（Dynamic）的历程分析。

设定有开发区生态工业系统 5 个评价因素 $x_1, x_2, \cdots, x_n$，每个评价对象有反映各因素变化特征的序列 $\{x_1(t)\},\{x_2(t)\},\cdots,\{x_n(t)\}(t=1,2,\cdots,m)$，见表 6-15，比较数列 x_j 对参考数列 x_i 在 t 时刻的关联度。

（1）数据无量纲处理

对原始数据做初值化处理，假设 d_{ij} 为原始数据，μ_{ij} 为标准数型，M_j 和 m_j 分别为第 j 项指标的最大值和最小值。

令极大型指标转换：$\mu_{ij}=M_j/d_{ij}$；

极小型指标转换：$\mu_{ij}=m_j/d_{ij}$

（2）求差序列

确定比较数列（评价对象）和参考数列（评价标准），最优参考数据列由各项指标在以上数据列中最优秀的值所构成，记为 x_0。先求参考数列 x_i 与比较数列 x_j 之间的差列，即 $\Delta_{ij}(t)=\left|x_i(t)-x_j^{*}(t)\right|(i,j=1,2,\cdots,n)$；再从差列中找出最小与最大值；最后，从不同比较数列的最小与最大值中再分别取最小与最大值，即 $\min\min\left|x_i(t)-x_j(t)\right|$ 和 $\max\max\left|x_i(t)-x_j(t)\right|$。

（3）求关联系数

$$\eta_{ij}(t)=\frac{\min\min\left|x_i(t)-x_j(t)\right|+\rho\max\max\left|x_i(t)-x_j(t)\right|}{\left|x_i(t)-x_j(t)\right|+\max\max\left|x_i(t)-x_j(t)\right|}$$

式中：ρ为分辨系数，取值范围在[0，1]之间，取ρ=0.5。

（4）求关联度

$$\gamma_{ij}=\frac{1}{m}\sum_{i=m}^{m}(t)$$

γ_{ij} 越大说明该情景发展战略下系统效率越高。

6.4.3.2 相对系统效率评价

根据 2020 年生态工业系统仿真输出，选取开发区评价系统效率参数，见表 6-15。其中 A1 为投入产出比；A2 为 GDP（103×10^6 元）；B1 为物质聚合度；B2 为污染控制聚合；B3 为污染排放指数。参考数据列为 $\{6.57,2.21,2.72,2.62,3.73\}$，模拟 5 种发展情景进行系统效率灰色关联度$\gamma$分析，见表 6-16，关联度结果为情景 2＞情景 3＞情景 5＞情景 4＞情景 1，其中情景 2 的系统效率最高，情景 1 的系统效率最低，说明影响系统效率的主要因素是工业增加值率，其次是科技投入比例作用，环保投入比例在未来系统效率影响中作用最小。综合投入产出比和 GDP 两个因素，生态工业系统经济效率灰色关联度γ（1）结果为情景 5＞情景 2＞情景 4＞情景 1＞情景 3，发展情景 5 经济效率最高，情景 3 最低；综合物质聚合度、污染控制聚合和污染排放指数三个因素，系统生态效率灰色关联度γ（2）结果为情景 3＞情景 2＞情景 4＞情景 1＞情景 5，发展情景 3 最高，情景 5 最低。说明现状是以经济效率为主的发展情景；单一减少污染排放、进行污染控制或降低工业比重的战略是不能保证系统整体效率。生态工业战略的实施，能协调开发区经济发展和生态环境发展的关系，但通过微调系统参数，能获得决策的系统效率高的组合发展情景。

表 6-15　系统效率评价参数结果输出

评价因素	系统效率				
	情景 1	情景 2	情景 3	情景 4	情景 5
A1	4.91	3.36	2.60	4.62	6.57
A2	1.25	2.21	1.50	1.41	1.57
B1	1.19	2.72	2.46	1.17	1.37
B2	1.92	2.37	2.62	1.87	1.74
B3	5.65	4.17	3.73	5.36	6.89

表 6-16　相对系统效率灰色关联度结果

评价因素及关联度 GRA	关联系数 η（1）	关联系数 η（2）	关联系数 η（3）	关联系数 η（4）	关联系数 η（5）
A1	0.544	0.382	0.333	0.504	1.000
A2	0.333	1.000	0.405	0.377	0.431
B1	0.336	1.0	0.749	0.333	0.365
B2	0.386	0.638	1.000	0.370	0.333
B3	0.403	0.685	1.000	0.430	0.333
γ（1）	0.439	0.691	0.369	0.440	0.715
γ（2）	0.375	0.774	0.916	0.378	0.344
γ	0.401	0.741	0.697	0.403	0.492

NTEDTA 生态工业系统通过仿真研究，未来 2005—2020 年，不同生态工业管理战略实施下，系统物质输入输出规模、产业结构、经济影响有显著差异；影响系统效率的主要因素是工业增加值率，其次是科技投入比例作用，环保投入比例在未来系统效率影响中作用最小；现状是以经济效率为主的发展情景。情景 2 是开发区相对系统效率最佳的实施战略，它既能使经济实现较快的发展，又能促进经济、生态系统协调发展。开发区生态工业化建设是复杂得多因素控制系统，一些发展战略实施效果，也是动态变化的，这就需要我们掌握系统的结构和动态变化趋势，在不同的发展阶段和发展情景下，选择相对最优的政策战略组合，为动态地实现综合管理提供依据。

6.4.4 生态工业管理策略

6.4.4.1 优化发展情景管理策略分析

南通经济技术开发区生态工业系统是在前期几十年发展的基础上形成的，受工业园区原有产业结构限制，很难按照循环经济的理想模式来构建产业链，致使企业之间的共生关系比较薄弱，产业链横向耦合性不强，现有的开发区生态工业园建设与循环经济理念存在一些差距。开发区生态工业系统仿真情景 2 实施提高生态效率战略，是系统相对效率最高发展情景，情景 2 为科技投资比例由 0.1 增加为 0.2，2005—2020 年工业增加值比例由 0.746 逐步调整为 0.5，环保投资比例维持 2005 年 0.03 不变。

（1）环保投资比例参数通过模型的环保投资因素与科技投资因素共同作用于系统污染排放的增长率，直接影响污染物的排放量。环保投资比例在开发区建设初期需要投入较大，2002—2005 年连续几年都在 3%～4%，后期环保投入产出比下降，高投入水平也不能保证高的污染物治理效率，还会影响经济增长的投入。所以执行维持一定环保投入比例的生态工业管理策略。

（2）生态效率战略的实施，旨在控制系统物质消耗和污染排放强度，通过培育产业网络度和生态管理，提高生态效率，同时保持一定的经济增长速度。据此科技投入比例参数通过模型的科技投资因素作用于系统的多个方面，一方面通过控制物质消耗增长率作用于系统物质的输入规模，物质聚合度极大提高；另一方面还作用于企业平均资源化率和产业关联度，极大提高了生态网络度；还通过生态管理的影响，提高了系统生态效率。工业增加值率的调整主要的含义是产业的提档升级。作为综合类开发区，第二产业涉及的产业类型多，产业升级有赖于船舶制造及配套产业、物流基地产业的发展，产业结构整体升级向重型化、装备化、高新化转变。根据南通经济技术开发区生态工业系统能耗、水耗模拟结果，2005—2020 年基础情景 5 能耗平均每年消耗 2 352 万 t 标煤，情景 2 平均每年少耗 748 万 t 标煤；水耗平均每年消耗 8 033 万 t，情景 2 平均每年少耗 3 627 万 t；情景 2 单位物质消耗在 2014 年最先达到生态工业园标准。根据系统经济产出结果，2020 年情景 2 工业增加值会低于基础发展情景 5.7%，产业结构升级，GDP 会高于基础发展情景 28.9%。情景 2 生态效率战略实施后，物质消耗和污染排放在减少的同时，系统的经济效率也会得到保障，是系统效率相对最优的发展调控情景。

6.4.4.2 生态工业管理策略

不同层次的开发区生态工业管理包括工业企业循环经济与清洁生产管理，园区横向、纵向产业链构建管理，产业系统输入输出管理。三个层次的管理目标和管理措施各有不同侧重点。

开发区工业企业的循环经济与清洁生产管理目标为节能减排、提高物质利用效率和效益，减少污染排放。具体管理措施包括：①建设项目管理。坚持标准，严格控制项目入口关，对高能耗、高污染项目坚决拒之门外。优先引进无环境影响或较小环境影响的项目，规划布局在建设项目定点时，征求环保局意见，充分考虑功能区规划和建设布局，合理选择建设项目的地块；严格执行“三同时”、环境影响评价制度。②污染控制管理。企业废水经预处理后达到污水处理厂接管标准集中控制，统一热电厂供热，工艺废气处理后达标排放；所有建设项目建成后都要进行排污申报登记，所有排污单位按照国家规定征收排污费和超标排污费。③环境监测信息管理。对各企业产品、原料及“三废”排放情况进行及时了解和登记，定期发布环境评价信息；根据社会反馈，在管理过程中体现出公众意见和要求，接受公众的监督。

目前南通经济技术开发区通过清洁生产审核的企业有南通帝人有限公司、东丽酒伊织染（南通）有限公司、南通江天化学品有限公司、江苏天舒电器有限公司、南通关西化学有限公司。相应制定的生态工业管理政策有实行重点工业行业的强制性清洁生产审核；支持工业企业清洁生产与循环经济工艺改造；加强工业企业清洁生产的管理；制定严格的奖惩标准。

开发区建立的多条生态产业链，其特征为一对一原料、副产品和废弃物的产业链。每条产业链链条短，园区资源化率低，与园区外还未建立联网关系，处于园区闭路循环体系构建初期，需要提高企业间的相互依存度、关联度，避免园区企业合作风险。园区横向、纵向产业链构建管理目标为保证园区企业产业链稳定，实现污染的集中治理及资源化。具体管理措施包括：①产业规模控制。园区区内大部分企业规模偏小，单位面积及单位销售额产污较大，投资密度较低。一些废弃物回收项目展开的静脉型企业，成立时间短，企业和效益规模都比较小。要加大扶持力度，引进与产业规模需求相匹配的企业。②污染处理工艺及排放控制。在园区实现污染的集中处理，加强污染治理配套工程及污染处理的再生工艺建设；加强污染处理的运营监管，保证科学的排放标准控制。③园区网上信息共享平台。政府开展促进生态工业建设的物质流管理系统、区域废弃物和副产品网上汇集管理系统、危险废弃物网上管理系统等的建立。产业链网中很多产业链企业并未将具有一定经济效益的核心环节提供给其他企业，企业技术、信息共享度低。建立区域交易中心，为区内企业提供良好的信息平台。

经过多年的发展，南通开发区目前已形成精细化工、纺织印染、机械、电子等产业类型，园区产业链网的经济构成还有待提高。相应制定的生态工业管理政策有在做大、做长现有产业链的同时，继续挖掘开发区的企业资源，开拓新的产业链；对于不符合产业链的产业暂停招商，或限制其发展规模，进一步优化本区产业。

基于生态工业系统物流、能流、信息流管理要素，开发区生态工业管理目标是为了开发行为与经济环境系统的和谐统一，具体为在经济发展上，适度规模、持续发展、经济增长健康；在环境保护上，环境容量允许、资源能源利用高效、实现生态工业综合集成管理。具体管理措施包括：①生态工业复杂系统问题诊断、管理目标确定。充分把握系统运动状态和演化规律的基础上，测度系统的动态变化指数，诊断复杂系统的循环经济发展程度，确定规划期内管理目标。②系统影响因子控制。把握开发区生态工业系统主要关系变化，定量分析因子影响程度，确定影响因子控制范围。③系统生态修复控制。根据系统问题诊断结果对复杂系统进行调控管理，以维持系统可持续运行状态。对老工业园区产业技术严重落后，布局明显不合理的部分进行生态化改造，增加技术先进互补性强的产业门类，构建互补的生态工业网链，从而实现产业的升级和布局的优化、资源配置的合理化。④系统综合管理。通过产品生命周期管理、水的梯级利用、能源集成、信息管理实现园区内物质循环使用、能量高效利用、废物排放最少和系统的稳定性最大。进行产业系统的生态效率分析，提高资源、经济环境效率。

2005 年，南通经济技术开发区通过 ISO 14001 环境管理体系认证。中心区域通过或正在实施认证的企业达 25%以上。相应制定的生态工业管理政策有园区内企业的输入输出渠道多样性；严格的工业企业环保准入制度；促进开发区产业结构整体升级，优化第二产业结构与布局；完善开发区生态工业信息平台，加强预警系统建设。

6.5 小结

基于物流、能流、信息流的开发区生态工业系统综合集成管理是集物质流分析、信息管理、环境影响决策为一体的动态管理过程。开发区产业系统输入输出管理目标为维护开发区产业系统多样性与生态管理政策实行，实现循环经济综合决策。通过对典型开发区单位工业增加值能源利用分析、水资源利用分析、废物的排放与再利用的分析以及土地规划利用的经济分析，研究工业园的循环经济发展现状。在构建基础仿真情景的基础上，进行南通经济技术开发区政策实验研究。设定不同发展策略的生态工业发展情景，运用构建模型进行仿真研究，分析系统的输入、输出。设定生态工业系统生态效率监测指标，研究其动态变化，用灰色关联度法进行相对效率评价实证研究。

生态工业系统调控情景确定工业增加值率、环保投资比例、科技投资比例为调控参数进行情景仿真。设定三种生态工业管理战略，5 个模拟情景。具体调控思路：提高经济效率战略；提高生态效率战略；控制污染排放战略；情景 5 为维持现状，工业增加值率、环保、科技投入比例不变。基于复杂管理战略下的多个情景模拟分析，输出系统效率高的综合管理方案。在现有产业结构下，提高科技投入比例，才有可能实现目标。5 种生态工业发展情景下，投入产出比、污染排放指数在 2010 年后差距增大，在 2015 年前的快速增长后增长趋于缓慢；系统模拟结果，消耗物质随时间的推移消耗量呈递增的趋势，情景 1 物质消耗增长最快，情景 2 增长最慢，节约资源；系统污染排放量随时间的推移呈递增的趋势，情景 5 污染排放最多，情景 3 排放最少；单位工业增加值物耗呈逐年下降的趋势，模型中用物质聚合度、污染控制聚合度来表示不同情景下的系统物质消耗、污染排放对经济的影响强度，情景 5 聚合度最低。

在设定的仿真情景动态模拟基础上，通过系统效率灰色关联度分析，综合计算评价结果，综合生态效率和经济效率因素，情景 2 实施的发展战略系统效率相对最优；现状发展情景 5 是经济效率最高，生态效率最低的情景。通过微调决策变量仿真发展情景，决策者可选择提高系统效率的综合管理情景，推进开发区的产业生态化战略。

在具体分析相对系统效率最高发展情景管理策略的基础上，从工业企业循环经济与清洁生产管理、园区闭合产业链构建管理、开发区产业系统输入输出管理等方面提出了不同层面、不同管理目标的具体的生态工业管理措施。